职业教育畜牧兽医类专业系列教材

动物药理

DONGWU YAOLI

刘立英　谢淑玲　主编

化学工业出版社

·北京·

内容简介

本书主要内容包括动物药理基础知识，阐明动物药理的基本概念和发展历程，然后分模块讲述抗感染药物、内脏系统药物、神经系统药物、调节组织代谢及抗过敏药物、解毒药物和毒理学基础。阐明药物在动物体内的作用机制、药物代谢和排泄、药物相互作用以及各类药物的适应证及不良反应等。教材融入行业、企业新标准、新技术以及课程思政元素，富有微课、视频等数字资源，扫描二维码即可观看。

本教材适合高职高专院校畜牧兽医、动物医学、动物药学、动物防疫与检疫等专业师生使用，也可作为基层专业技术人员、职业农民培训人员、广大养殖户和兽药行政监管人员等的参考书籍。

图书在版编目（CIP）数据

动物药理/刘立英，谢淑玲主编．—北京：化学工业出版社，2024.5

ISBN 978-7-122-44861-3

Ⅰ.①动…　Ⅱ.①刘…②谢…　Ⅲ.①兽医学-药理学-高等职业教育-教材　Ⅳ.①S859.7

中国国家版本馆CIP数据核字（2024）第079801号

责任编辑：张雨璐　迟　蕾　李植峰　　文字编辑：李玲子
责任校对：王鹏飞　　装帧设计：王晓宇

出版发行：化学工业出版社
（北京市东城区青年湖南街13号　邮政编码100011）
印　　装：北京云浩印刷有限责任公司
787mm×1092mm　1/16　印张13　字数336千字
2025年4月北京第1版第1次印刷

购书咨询：010-64518888　　售后服务：010-64518899
网　　址：http://www.cip.com.cn
凡购买本书，如有缺损质量问题，本社销售中心负责调换。

定　　价：45.00元

《动物药理》编审人员

主　　编　刘立英　谢淑玲

副 主 编　黄解珠　路卫星　吉尚雷　孟令楠　叶存栋

编写人员（按照姓名汉语拼音排列）

包文武　塔城职业技术学院

曹　晶　辽宁农业职业技术学院

陈荣光　惠州工程职业学院

黄解珠　江西生物科技职业学院

吉尚雷　辽宁农业职业技术学院

孔令聪　吉林农业大学

库莱夏·阿力别克　塔城职业技术学院

冷寒冰　大连三仪动物药品有限公司

李春华　辽宁农业职业技术学院

李建光　辽宁农业职业技术学院

刘立英　辽宁农业职业技术学院

路卫星　辽宁农业职业技术学院

孟令楠　辽宁农业职业技术学院

潘　姗　大连三仪动物药品有限公司

史振兴　辽宁华飞药业有限公司

王雅华　辽宁农业职业技术学院

谢淑玲　辽宁农业职业技术学院

叶存栋　广东农工商职业技术学院

赵丽梅　辽宁农业职业技术学院

主　　审　马红霞　吉林农业大学

江国托　大连三仪动物药品有限公司

前言

“动物药理”是畜牧兽医、动物医学、动物药学、动物防疫与检疫专业的基础课，同时也是从事畜牧生产和兽医临床必备的课程，此外还可以为从事兽药销售、技术服务工作的人员提供参考。

为落实《国家职业教育改革实施方案》（国发〔2019〕4号），落实立德树人根本任务，将价值塑造、知识传授和能力培养三者融为一体，深化专业、课程、教材改革，提升实习实训水平，努力实现职业技能和职业精神培养高度融合，编写了融入行业、企业新标准、新技术以及课程思政元素、数字资源的新形态教材，为畜牧行业各岗位培养出知农爱农的高素质技术技能型创新人才。

为编写本教材，特组织高职高专院校专业教师，依照《职业院校教材管理办法》（教材〔2019〕3号）开展工作，促进产教融合、校企“双元”育人机制，还邀请了兽药行业的专家参与建设，结合行业规范，参与编写了教材中部分内容，并参与录制了在线教学视频，体现了职业教育教材融入行业、企业新技术。教材参考最新版《中华人民共和国兽药典》，同时结合“国家兽药基础数据库”动态更新的核心内容进行完善，体现职业教育教材融入行业新标准。教材配有同步练习题，加深学生对基础知识的理解，同时配有案例分析，提升学生对知识的应用、实践和创新能力。

本书配有丰富的在线教学微课，方便学员随时随地进行学习，同时将农业农村部最新颁布的法律法规的条文也纳入教材中，体现了家国情怀、法治意识、职业道德、科学素养、安全意识等思政元素的有机融入，深入贯彻落实立德树人根本任务。

因编者专业水平有限，虽然尽最大努力，但难免存在不足，恳请读者批评指正。

编者

目录

模块一　动物药理基础知识

内容摘要

本模块主要介绍动物药理的基本概念、药物的一般知识、药物对动物机体的作用（药效学）、动物机体对药物的作用（药动学）、影响药物作用的因素与合理用药、兽医处方等药理基础知识。通过实训了解处方开具方法。

学习目标

1. 知识目标：①了解动物药理的课程性质和研究内容、兽药的发展简史和一般知识，掌握基本概念及常用术语。②掌握药物作用的基本表现、药物作用的方式、药物作用的选择性、药物治疗作用与不良反应、药物作用的机制，理解药物的构效关系和量效关系。③理解药物的转运方式,掌握药物的体内过程，掌握影响药物作用的因素及合理用药。

2. 能力目标：抓取、保定实验动物；正确开具处方，纠正错误处方。

3. 素质目标：树立家国情怀，培养民族自信；培养专业兴趣，树立安全用药意识。

单元一　动物药理概述

一、动物药理的性质、内容

动物药理又称兽医药理，是研究兽药和动物机体（包括病原体）的相互作用规律的学科。其是一门为临床合理用药、防治疾病提供基本理论的兽医基础学科。化学药物、抗生素、生化药物及其制剂是该学科的主要研究对象。

动物药理的性质、内容及发展简史

动物药理运用动物生理、动物生化、动物病理、动物微生物与免疫等基础理论和知识，阐明药物的作用机制、主要适应证和禁忌证，为兽医临床合理选用药物提供理论依据。它与动物食品中的药物残留、动物疾病模型的实验治疗、毒物鉴定与毒理研究等有着密切的联系，是动物医学、动物药学、畜牧兽医等专业的专业基础课程。

动物药理的内容包括两个方面：

1. 药物效应动力学

药物效应动力学（简称药效学）是指研究药物对动物机体（包括病原体）的作用，即药物引起机体生理生化功能的变化或效应及其作用原理。主要包括药物的作用、作用机制、适应证、不良反应和禁忌证等。

2. 药物代谢动力学

药物代谢动力学（简称药动学）是指研究药物在动物机体内的吸收、分布、生物转化和排泄过程，即研究动物机体对进入体内药物的处置或处理过程，以及血药浓度与药物效应之间的动态规律。

$$药物 \underset{药效学}{\overset{药动学}{\rightleftharpoons}} 动物机体（包括病原）$$

药物对机体的作用（药效学）和机体对药物的处置过程（药动学）在体内同时进行，是同一个过程而又紧密联系的两个方面。加强这两方面的学习和研究，就更能全面、客观地了解药物与机体之间的相互作用原理和规律。

二、学习动物药理的目的与方法

学习动物药理课程目的主要有两方面：一是指导临床正确选药、合理用药，减少不良反应，更好地为畜牧生产和兽医临床实践服务，保证动物性食品的安全，维护人民身体健康；二是为进行兽医临床药理实验研究，开发新兽药及新兽药制剂奠定基础。

学习动物药理应以辩证唯物主义思想为指导，认识和掌握药物与机体之间的相互作用关系，正确评价药物在防治疾病中的作用。重点学习动物药理基础知识，以及各模块中的代表性药物，分析每类药物的共性和特点。对重点药物要全面掌握其作用机制、作用、应用、不良反应及注意事项。要掌握常用的实验方法和基本操作，重视各项技能实训，通过实验实训培养实事求是的科学作风和分析解决问题的能力。这些对培养学生职业道德和职业素养、价值观、爱国情怀、社会责任感和科学探索精神等具有重要作用。

三、动物药理的发展简史

药物是劳动人民在长期的生产实践中发现和创造出来的，从古代的本草发展成为现代的药物学经历了漫长的岁月，是人类药物知识和经验的总结。动物药理是药理学的组成部分，由于许多药理学的研究大多以动物为基础，所以，动物药理的发展与药理学的发展有着密切的联系。

（一）古代本草学或药物学阶段

本草为天然药物的古称，以植物药为主，还包括动物药和矿物药。古代无兽医专用本草，历代的重要药学著作均包含兽用本草内容。在西周时，设专职兽医，采用灌药等方法，开始把人用和兽用本草分开。

1. 最早的药物学著作《神农本草经》

大约公元前1世纪（公元前104年），《神农本草经》简称《本经》或《本草经》，系统地总结了秦汉以来医家和民间的用药经验，贯穿着朴素唯物主义思想。《神农本草经》当时把“本草”作为对药物的总称，即含有以草类治病为本之意，借神农之名问世，是集东汉以前药物学之大成的名著，也是我国现存最早的药物学专著。《神农本草经》收载药物365种。其中，植物药252种、动物药67种、矿物药46种。该书对药物的功效、主治、用法、服法均有论述。如麻黄平喘、常山截疟、黄连止痢、海藻疗瘿、瓜蒂催吐、猪苓利尿、黄芩清热、雷丸杀虫等，至今仍为临床疗效和科学实验所证明。同时，提出了“药有君、臣、佐、使”的组方用药等方剂学理论，堪称现代的药物配伍应用实践的典范。

2. 世界第一部药典《新修本草》

《新修本草》又称《唐本草》，由唐代苏敬等二十余人于公元657年开始集体编写，完成于659年，是最早由国家颁行的药典，比欧洲著名的《纽伦堡药典》还要早近1000年。全书是在陶弘景的《本草经集注》730种药物基础上，新增114味，共844种，共54卷。收录了安息香、胡椒、血竭、密陀僧等许多外来药。《新修本草》的颁发，对药品的统一、药性的订正、药物的发展都有积极的促进作用，具有较高学术水平和科学价值。其曾在日本作为医学学生必修课本。

3. 闻名世界的药学巨著《本草纲目》

明代李时珍广泛收集民间用药知识和经验，历经 27 年的辛勤努力，至 1578 年完成了《本草纲目》，全书 52 卷、190 万字、收药 1892 种、插图 1160 幅、药方 11000 条，曾被译为英、日、德、俄、法、朝、拉丁 7 种文字。《本草纲目》总结了十六世纪以前我国的药物学，纠正了以往本草书中的某些错误，提出在当时纲目清晰的、最先进的药物分类法，系统论述了各种药物的知识，纠正了反科学见解，丰富了世界科学宝库，辑录保存了大量古代文献，促进了我国医药的发展，被誉为中国古代的百科全书。

4. 最早的兽医专著《元亨疗马集》

公元 13～14 世纪，在《痊骥通玄论》中有兽医中草药篇的系统记载。公元 1608 年，明代喻本元、喻本亨等集以前及当时兽医实践经验，编著了《元亨疗马集》，收载药物 400 多种，方 400 余条。

（二）近代、现代药理学阶段

近代我国药物学的研究有清代赵学敏的《本草纲目拾遗》，吴其濬的《植物名实图考》及《植物名实图考长篇》、陈存仁的《中国药学大辞典》（1935 年）等都是在《本草纲目》的基础上整理补充的。近代药理学是 19 世纪药物化学与生理学相继发展而创新的学科。1803 年，从罂粟中分离出具有镇痛作用的纯化物吗啡；1819 年，发现士的宁对中枢系统有兴奋作用等。自此之后，许多植物药物的有效成分被提纯，如咖啡因（1819 年）、奎宁（1820 年）、阿托品（1831 年）、可卡因（1860 年）等；人工合成药也相继问世，如氯仿（1831 年）、氯醛（1831 年）、乙醚（1842 年）用于外科麻醉和无痛拔牙（1846 年），伦敦皇家兽医学院对马用氯仿麻醉（1847 年）以及用可卡因对犬的脊髓麻醉（1865 年），均是在广泛试验的基础上被应用到临床上。

现代药理学大约从 20 世纪 20 年代开始。砷凡纳明治疗锥虫和梅毒的发现开创了应用化学药物治疗传染病的新纪元。1940 年，英国 Florey（弗洛里）在 Fleming（弗莱明）研究基础上分离出了作用于革兰氏阳性菌的青霉素，从此进入抗生素的新时代。随着研究的广泛与深入，人们发现抗生素是有效抗菌药物的重要来源，时至今日，抗生素在防治动物疾病中仍具有十分重要的地位。

二十世纪六七十年代，生物化学、生物物理学和生理学的飞跃发展，新技术如同位素、电子显微镜、精密分析仪器等的应用，对药物作用原理的探讨由原来的器官水平，进入细胞水平、亚细胞水平以及分子水平。对细胞中具有特殊生物活性的结构——受体进行分离、提纯及建立测试方法，先后分离得到乙酰胆碱受体、肾上腺素受体、组胺受体等。这就使本来极其复杂的药物作用机制的研究相对地变得简单了，即变成研究药物小分子和机体大分子中一部分或基团（受体或活性中心）之间的相互作用。药理学也就在深度和广度方面出现许多分支学科，如生化药理学、分子药理学、免疫药理学、临床药理学、遗传药理学和时间药理学等边缘学科。

兽医药理学作为独立学科建立的准确年代无从考查。我国于 20 世纪 50 年代开设兽医药理学，1959 年出版了全国试用教材《兽医药理学》。之后出版了《兽医临床药理学》《兽医药物代谢动力学》《动物毒理学》等著作；其中较为重要的是冯淇辉教授等主编的《兽医临床药理学》一书，它总结和反映了中华人民共和国成立后中西兽药理论研究和临床实践的主要成果，广泛介绍了国外有关兽药方面的新动向和新成就，具有较高的学术水平和实用价值，对提高我国兽药研究水平，促进兽医药理学的发展都有重大作用。我国兽医药理学得到较好发展是在改革开放以来，科学研究蓬勃开展，各高等农业院校为兽医药理学培养了大量人才，兽医药理学工作者的队伍逐渐壮大，并取得一批重要研究成果，经农业农村部批准注册的一、二、三类新兽药与新制剂上百种，如海南霉素、恩诺沙星、达诺沙星、伊维菌素、替米考星、马度米星铵、氟苯尼考、喹烯酮等，为满足动物生产提供了可靠保证，并极大地丰富了兽医药理学的内容。

单元二　兽药的一般知识

一、常用概念

1. 药物

药物是用于治疗、预防或诊断疾病的物质。以动物为使用对象的药物称为兽药，兽药还包括有目的地调节机体生理功能的物质。主要有：化学药品、抗生素、生化药品、血清制品、疫苗、微生态制品、诊断制品、中药材、中成药、放射性药品、外用杀虫剂、消毒剂及药物饲料添加剂等。兽药的使用对象为家畜、家禽、宠物、野生动物、水产动物、蜂及蚕等。

2. 毒物

毒物是指能对动物机体产生损害作用的物质。药物超过一定剂量或用法不当，对动物也能产生毒害作用，所以在药物与毒物之间并没有绝对的界限，它们的区别仅在于剂量的差别。药物长期使用或剂量过大有可能成为毒物。

3. 兽用处方药

兽用处方药是指凭兽医师开写的处方才可购买和使用的兽药。

兽药处方目录由农业农村部制定并公布。未经兽医开具处方，任何人不得销售、购买和使用处方兽药。我国实行《兽用处方药和非处方药管理办法》，可以防止滥用兽药（特别是抗生素和合成抗菌药），避免或减少动物性食品中的兽药残留问题，达到保障动物用药规范、安全有效的目的。

4. 兽用非处方药

兽用非处方药是指由国务院兽医行政管理部门公布的、不需要凭兽医处方就可以自行购买并按照说明书使用的兽药。

5. 制剂

制剂是指根据《中华人民共和国兽药典》等将药物制成符合一定要求的具有一定形态和规格的药品的过程。

6. 剂型

剂型是指经加工后的兽药的各种物理形态，也就是兽药经加工制成适合防治疾病应用的一种形式，具有一定规格的药品形态。

7. 方剂

方剂是指按兽医师临时处方，专门为患病动物配制的并明确指出用法和用量的药剂。

二、兽药的来源

药物的种类虽然很多，但就其来源来说，大体可分为以下三大类：

1. 天然药物

天然药物是利用自然界的物质，经过加工而作药用者。这类药物包括来源于植物的中草药，如黄连、龙胆；来源于动物的生化药物，如胰岛素、胃蛋白酶；来源于矿物的无机药物，如硫酸钠、硫酸镁；利用微生物发酵生产的抗生素，如青霉素等。

2. 人工合成和半合成药物

人工合成和半合成药物是用化学方法人工合成的有机化合物，如磺胺类、氟喹诺酮类药物，或根据天然药物的化学结构，用化学方法制备的药物，如肾上腺素、麻黄碱等。所谓半合成多在原有天然药物的化学结构基础上引入不同的化学基团，制得一系列的化学药物，如羟氨苄青霉素等半合成抗生素。人工合成和半合成药物的应用非常广泛，是药物生产和获得新药的主要途径。

3. 生物技术药物

生物技术药物是指通过细胞工程、酶工程、基因工程等新技术生产的药物，如生长激素、酶制剂、疫苗等。

三、兽药制剂与剂型

药物的原料一般不能直接用于动物疾病的预防或治疗，必须进行加工制成安全、稳定和便于应用的剂型。根据《中华人民共和国兽药典》及《中华人民共和国兽药规范》有注射剂、粉剂、片剂等。药物的有效性首先是本身特有的药理作用，但仅有药理作用而无合理的剂型，必然妨碍药理作用的发挥，甚至出现意外。先进合理的剂型有利于药物的贮存和使用，能够提高药物的生物利用度，降低不良反应，发挥最佳的疗效等。兽药剂型种类繁多，根据剂型、给药途径、方法和制剂的制备工艺或采用的分散系统不同等综合分类方法，常用兽药剂型如下：

兽药的制剂和剂型

1. 片剂

其系指药物与适宜的辅料混匀压制而成的圆片状或异形片状的固体制剂。片剂以内服普通片为主，也有泡腾片、缓释片、控释片、肠溶片等。①普通压制片剂，系指药物与辅料混合，压制而成的普通片剂。②泡腾片，系指含有碳酸氢钠和有机酸，遇水可产生气体而呈泡腾状的片剂。有机酸一般用柠檬酸、酒石酸、富马酸等。③缓释片，系指在水中或规定的释放介质中缓慢地非恒速释放药物的片剂。④控释片，系指在水中或规定的释放介质中缓慢地恒速或接近恒速释放药物的片剂。⑤肠溶片，系指用肠溶性包衣材料进行包衣的片剂。此目的是为防止药物在胃内分解失效和减少对胃的刺激或控制药物在胃内定位释放，以及治疗结肠部位疾病等（如对片剂包结肠定位肠溶衣）。常用肠溶衣材料有甲醛明胶、聚丙烯酸Ⅱ号树脂等。

2. 注射剂（又称针剂）

注射剂系指药物与适宜的溶剂或分散介质制成的供注射入体内用的溶液型注射液、乳状液型注射液、混悬型注射液和注射用无菌粉末或浓溶液的无菌制剂。可用于肌内注射、静脉注射、静脉滴注等。①溶液型注射液，系指药物溶解于适宜溶剂中制成稳定的、可供注射给药的澄清液体制剂。②乳状液型注射液，系指以难溶于水的挥发油、植物油或以溶于脂肪油中的脂溶性药物为原料，加入乳化剂和注射用水经乳化制成的油/水（O/W）型、水/油（W/O）型或复合型（W/O/W）的可供注射给药的乳浊液；或以水溶性药物为原料，加入乳化剂和矿物油经乳化制成的乳浊液。常用乳化剂有蛋黄磷脂、豆磷脂等。③混悬型注射液，系指难溶性固体药物的微粒分散在液体分散介质中，形成混悬液，具有延长药效的作用。常用单硬脂酸铝、羧甲基纤维素钠、甲基纤维素和海藻酸钠等作助悬剂。④注射用无菌粉末（粉针），系指药物制成的供临用前用适宜的无菌溶液配制成澄清溶液或均匀混悬液的无菌粉末或无菌块状物。⑤注射用浓溶液，系指药物制成的供临用前稀释供静脉滴注用的无菌浓溶液。

3. 酊剂

酊剂系指将药物用规定浓度的乙醇浸出或溶解而制成的澄清液体制剂，也可用流浸膏稀释制成。供内服或外用。

4. 胶囊剂

胶囊剂系指药物或加有辅料充填于空心胶囊或密封于软质囊材中的固体制剂。主要供内服用。①硬胶囊（通称为胶囊），系指采用适宜的制剂技术，将药物或加适宜辅料制成粉末、颗粒、小片或小丸等充填于空心胶囊中的胶囊剂。②软胶囊，系指将一定量的液体药物直接包封，或将固体药物溶解或分散在适宜的赋形剂中制备成溶液、混悬液、乳状液或半固体，密封于球形或椭圆形的软质囊材中的胶囊剂。囊材是由胶囊用明胶、甘油或其他适宜的药用材料单独或混合制成。③缓释胶囊，系指在水中或规定的释放介质中缓慢地非恒速释放药物的胶囊剂。④控释胶囊，系指在水中或规定的释放介质中缓慢地恒速或接近恒速释放药物的胶囊剂。⑤肠溶胶囊，系指硬胶囊或软胶囊用适宜的肠溶材料制备而得，或用经肠溶材料包衣的颗粒或小丸充填胶囊而制成的胶囊剂。

5. 可溶性粉剂

可溶性粉剂系指药物或与适宜的辅料经粉碎、均匀混合制成的可溶于水的干燥粉末状制剂。专用于动物饮水给药。

6. 预混剂

预混剂系指药物与适宜的基质均匀混合制成的粉末状或颗粒状制剂。预混剂通过饲料以一定的药物浓度给药。

7. 颗粒剂

颗粒剂系指药物与适宜的辅料制成具有一定粒度的干燥颗粒状制剂。分为可溶颗粒（又称颗粒）、混悬颗粒、泡腾颗粒、肠溶颗粒、缓释颗粒和控释颗粒等。供内服用。

8. 内服溶液剂、混悬剂、乳剂

①内服溶液剂，系指药物溶解于适宜溶剂中制成供内服的澄清液体制剂。②内服混悬剂，系指难溶性固体药物，分散在液体介质中，制成供内服的混悬液体制剂，也包括干混悬剂或浓混悬液。③内服乳剂，系指两种互不相溶的液体，制成供内服的稳定的水包油型乳液制剂。

9. 外用液体制剂

外用液体制剂系指药物与适宜的溶剂或分散介质制成的，通过动物体表给药，以产生局部或全身性作用的溶液、混悬液或乳状液及供临用前稀释的高浓度液体制剂。一般有涂剂、浇泼剂、滴剂、乳头浸剂、浸洗剂等。

10. 乳房注入剂

乳房注入剂系指药物或与适宜基质制成的通过乳头管注入乳池的溶液、乳状液、混悬液、乳膏以及供临用前配制或稀释成溶液或混悬液的粉末无菌制剂。该制剂一般分为两类，一类用于泌乳期动物乳腺炎的治疗或预防，另一类用于泌乳后期和干乳期动物乳腺炎的治疗或预防。

11. 阴道用制剂

阴道用制剂系指药物与适宜基质制成直接用于阴道发挥局部治疗作用的制剂。包括阴道药棉及阴道药栓等。

12. 滴眼剂

滴眼剂系指由药物与适宜辅料制成的无菌水性或油性澄明溶液、混悬液或乳状液，供滴入的眼用液体制剂，也可将药物以粉末、颗粒、块状或片状形式包装，另备溶剂，在临用前配成澄明溶液或混悬液。

13. 眼膏剂

眼膏剂系指由药物与适宜基质均匀混合，制成无菌溶液型或混悬型膏状的眼用半固体制剂。常用基质有油脂型、乳剂型及凝胶剂型。

14. 软膏剂、乳膏剂、糊剂

①软膏剂，系指药物与油脂性或水溶性基质混合制成的均匀的半固体外用制剂。②乳膏剂，系指药物溶解或分散于乳状液型基质中制成的均匀的半固体外用制剂。③糊剂，系指大量的固体粉末（一般25%以上）均匀地分散在适宜的基质中所制成的半固体外用制剂。

15. 气雾状制剂

① 烟雾剂是通过化学反应或加热而形成的药物过饱和蒸气，又称凝聚气雾剂。如甲醛溶液遇高锰酸钾产生高温，前者即形成蒸气，常供犬舍、猫舍消毒等。

② 喷雾剂是借助机械（喷雾器或雾化器）作用，将药物喷成雾状的制剂。药物喷出时，呈雾状微粒或微滴，直径0.5～5.0μm，供吸入给药，也可用于环境消毒。

③ 气雾剂是将药物和适宜的抛射剂，共同封装于具有特制阀门系统的耐压容器中。使用时，揿按阀门，借助抛射剂的压力，将药物抛射成雾。供吸入进行全身治疗、外用局部治疗及环境消毒等。

为使药物产生靶向、缓释、速效作用或降低其毒性、刺激性，提高溶解度、溶出度与生物利用度等，兽药制剂的新技术，如固体分散技术、β-环糊精包合技术（又称分子胶囊）、脂质体、微球、微囊制备技术等在兽药领域的应用研究工作备受关注，这必将会使未来兽药更能满足临床需要。

实训一　常用药物制剂——碘酊的配制

【原理】酊剂是用不同浓度乙醇溶解化学药物或浸制生药而制成的液体剂型。碘易溶于乙醇而微溶于水，能与碘化钾形成络合物增加其在溶液中的溶解度和稳定性，故在配制碘的溶液或酊剂时须加适量的助溶剂碘化钾。

【材料】

（1）药品　蒸馏水、95%乙醇、碘片、碘化钾。

（2）器材　天平、量筒或量杯、烧杯、移液管、搅拌棒、研钵。

【方法与步骤】

1. 采用溶液浓度稀释法配制溶液

（1）反比法

$$c_1 : c_2 = V_2 : V_1$$

式中，c_1、V_1、c_2、V_2分别代表高浓度溶液的浓度和体积、低浓度溶液的浓度和体积。

例如：将 95%乙醇用蒸馏水稀释成 75%乙醇 100ml，按照公式计算：

$$95:75=100:x$$

$$x=78.9(\text{ml})$$

结果为取 95%乙醇 78.9ml，加蒸馏水稀释至 100ml，即成 75%的乙醇。

（2）交叉法

X　　$Z-Y$

Z

Y　　$X-Z$

X、Y 分别为已知高浓度和低浓度；Z 为需配中间浓度；$Z-Y$、$X-Z$ 分别为已知高浓度和低浓度溶液的体积。

例如：用 95%乙醇和 40%乙醇稀释成 70%乙醇，按照公式计算：

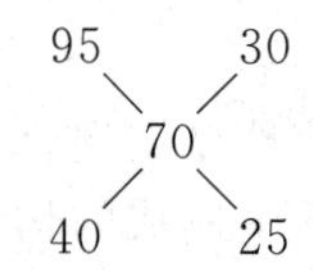

结果为取 95%乙醇 30ml 和 40%乙醇 25ml 混合搅拌，即成 70%乙醇。

2. 采用助溶法配制 5%碘酊 100ml

取碘化钾 3.5g，加蒸馏水 2ml 溶解后，加入研磨好的碘片 5g 和适量的 95%乙醇，搅拌溶解后转移到容量瓶中，加蒸馏水至 100ml。配制碘酊操作过程见图 1-1。

图 1-1　配制碘酊的操作过程

【注意事项】

① 溶解碘化钾时应尽量少加水，最好配成饱和或过饱和溶液。

② 将碘在碘化钾饱和溶液中溶解后，应先加入乙醇后加水。如果先加水后加乙醇或加少量低浓度乙醇（含醇量低于 38%时），均会析出沉淀。

单元三　药物对机体的作用

药物接触或进入机体后，使机体的生理功能或生化反应过程发生改变，或抑制入侵的病原微生物，提高机体的抗病能力，达到防治疾病的效果，称药物对机体作用或效应，简称药效学，是药物防治疾病的依据。

一、药物作用的基本表现

药物作用是指药物小分子与机体细胞大分子之间的初始反应，而药物对机体所产生的反应则称药理效应。例如阿托品选择性地阻断腺体、眼、平滑肌等的M受体，产生相应的药物效应。药物的作用是十分复杂的，对机体的反应主要表现为功能活动的加强和减弱两个方面。

1. 兴奋作用

凡能使动物机体生理、生化功能加强的药物作用称为兴奋作用。引起兴奋作用的药物称为兴奋药。如肾上腺素的强心作用，使心肌收缩力加强，心率加快。

2. 抑制作用

引起机体功能活动减弱的药物作用，称为抑制作用。引起抑制作用的药物称为抑制药。如镇静催眠药及麻醉药对中枢神经系统的抑制；盐酸赛拉唑注射液肌内注射后产生麻醉作用，使疼痛消失、肌肉松弛、心率下降。

药物的兴奋和抑制作用是可以转化的。当兴奋药剂量过大或作用时间过久时，往往在兴奋之后出现抑制。同样，抑制药在产生抑制之前也可出现短时而微弱的兴奋，如麻醉分期中的第二期有兴奋现象出现。

二、药物作用的方式

1. 局部作用与吸收作用

无需药物吸收而在用药局部发挥的直接作用，称局部作用。如在肠道内硫酸镁不易吸收，产生导泻作用。而当药物吸收入血液循环后分布到机体各组织器官而发挥的作用称为吸收作用或全身作用。如肌内注射硫酸镁注射液产生的对中枢的镇静作用和对神经肌肉接头部位阻断而呈现的抗惊厥作用。

2. 直接作用与间接作用

药物与组织器官直接接触后或药物吸收后直接作用于靶器官所产生的原发作用称为直接作用，如局麻药普鲁卡因的局部麻醉作用。而药物作用于机体通过神经反射、体液调节所引起的作用称为间接作用或继发作用，如氯化铵对胃黏膜的刺激引起迷走神经的反射作用，使支气管分泌增加而用于祛痰；强心苷（洋地黄）的强心作用引起的利尿，用于消除水肿。

3. 药物作用的选择性

多数药物在使用适当剂量时，只对某些组织器官产生比较明显的作用，而对其他组织器官作用较弱或不产生作用，称为药物作用的选择性或选择性作用。选择性高是由于药物与组织的亲和力大，且组织细胞对药物的反应性高。选择性高的药物，大多数药理活性也较高，使用时针对性强；选择性低的药物，作用范围广，应用时针对性不强，不良作用常较多。临床用药应尽可能用选择性高的药物，但在有多种病因或诊断未明时，应用选择性低的药物，反而显得有利。具有明显选择性的药物，如具有催产作用的缩宫素，具有强心作用的洋地黄，作用于肾小管的利尿药，对病原微生物作用大、对机体作用小的抗菌药等。

与选择性作用相反，有些药物几乎没有选择性地影响机体各组织器官，对它们都有类似作用，称为普遍细胞毒作用或原生质毒作用。由于这类药物大多能对组织产生损伤性毒性，一般作为环境或用具的消毒药。

4. 药物的治疗作用与不良反应

药物作用于机体后，既具有防治疾病的作用，也会产生与治疗无关，甚至对机体不利的作用，即不良反应。这就是药物作用的两重性。临床用药时，应注意充分发挥药物的防治作用，尽量减少药物的不良反应。

（1）治疗作用 凡能达到防治效果的作用称为治疗作用。

① 对因治疗 针对病因，消除疾病的原发性致病因子，中医称治本。如用化学药物杀死病原微生物以控制感染性疾病。

② 对症治疗 用药物改善疾病症状，但不能消除病因，也称治标。如解热镇痛药使发热动物的体温降至正常，但是如果病因不除，药物作用过后体温又会升高。所以对因治疗比对症治疗更重要。但是对于一些严重的症状，甚至可能危及患病动物的生命，比如急性心力衰竭、呼吸困难、惊厥等，必须首先解除症状，待症状缓解后再考虑对因治疗。在一定情况下，应采用标本兼治的措施，急则治其标，缓则治其本。

（2）不良反应 凡与治疗目的无关的、对机体不利的药物作用，称为药物不良反应。

药物的不良反应

① 副作用 药物在治疗时出现的与治疗无关的不适反应称副作用。副作用产生的原因是药物的选择性低，作用范围广。副作用是可预知的，有时可设法纠正。如链霉素引起的肌麻痹可用钙制剂予以纠正。每个药物的副作用和治疗作用伴随治疗的目的不同而转化。如利用阿托品的平滑肌松弛作用治疗腹痛，出现口干等副作用；然而全身麻醉时选用阿托品的抑制分泌作用作为治疗作用，而松弛平滑肌引起的腹气胀或尿潴留则成为副作用。

② 毒性反应 是指用药剂量过大或用药时间过长对机体产生损害。主要表现为中枢神经系统、消化系统、血液循环系统，以及肝肾功能等方面的功能性或器质性的损害。从毒性发生的时间上看，用药后在短时间内或突然发生的称为急性毒性反应，主要是用药量过大引起，表现为心血管、呼吸系统的损害，如敌百虫片剂用于犬驱虫，量过大易发生急性中毒；长期反复用药，因蓄积而逐渐发生的称为慢性毒性反应，主要是由于用药时间过长，如链霉素的耳毒性、肾毒性。另外，部分药物具有致癌、致畸、致突变等特殊毒性反应，如阿苯达唑可对早期妊娠的绵羊有致畸和胚胎毒性作用。

③ 过敏反应 又称变态反应，是指机体接触某些半抗原性、低分子物质如抗生素、磺胺类、碘等，与体内细胞蛋白质结合成完全抗原，产生抗体，当再用药时出现抗原-抗体反应。表现为皮疹、支气管哮喘、血清病综合征，甚至过敏性休克。这种反应和药物剂量无关。如青霉素、链霉素、普鲁卡因等易发生过敏性反应。临床上采取的防治措施通常是用药前对易引起过敏的药物先进行过敏试验，当用药后出现过敏症状时，根据情况可用抗组胺药、糖皮质激素类药、肾上腺素和葡萄糖酸钙等抢救。

④ 后遗效应 指停药后的血药浓度已降至阈值以下时残存的药理效应。如长期用糖皮质激素致使肾上腺皮质功能低下，可持续数月。一般情况下是不利的效应，但对于抗菌药则为有利方面。如大环内酯类抗生素和氟喹诺酮类药有较长的抗菌后效应，使抗菌药的作用时间延长。

⑤ 继发性反应 是药物治疗作用引起的不良反应，也称治疗矛盾。如成年草食动物以微生物消化为主，胃肠道内的菌群之间维持平衡的共生状态，如果长期应用广谱抗生素，对药物敏感的菌株受到抑制，而不敏感的，甚至是有害的微生物如真菌、大肠杆菌、葡萄球菌、沙门菌等大量繁殖，菌群之间的相对平衡受到破坏，可能会造成中毒性胃肠炎和全身感染。这种继发性感染也称为二重感染。

三、药物作用的机制

药物作用的机制是指药物为什么起作用和如何发挥作用。由于药物的种类繁多、性质各异，且机体的生化过程和生理功能十分复杂，虽然人们的认识已从细胞水平、亚细胞水平深入到分子水平，但其学说也不完全相同。目前公认的药物作用机制有以下五种：

药物作用的机制

1. 通过受体产生作用

特异性药物大多数都经过受体机制而产生特定的生理、生化功能的变化，从而发挥药物的作用，称为受体学说。受体是存在于细胞膜或细胞内的一种特殊蛋白质，可特异地与某些药物或内源性的神经递质、激素或生物活性物质等结合，产生特定的生物效应，具有特异性、高亲和力、饱和性、可逆性等特性。与受体结合并产生药理效应的药物称激动剂，如乙酰胆碱为胆碱受体的激动剂。与受体结合，但不产生药理效应的药物称拮抗剂，如阿托品为M-胆碱受体的拮抗剂。

2. 改变酶的活性

药物通过对体内某些酶活性的抑制或激活而起作用。如碘解磷定和新斯的明分别对胆碱酯酶起到激活与抑制作用，从而产生相应药效。

3. 影响离子通道和改变细胞膜通透性

如局麻药普鲁卡因等抑制 Na^+ 通道，阻断神经冲动的传导，产生局麻作用；苯扎溴铵、两性霉素、制霉菌素等均影响细菌细胞膜通透性发挥抗菌作用。

4. 影响体内活性物质的合成和释放

体内活性物质很多，如神经递质、激素、前列腺素等。如阿司匹林能抑制生物活性物质前列腺素的合成而发挥解热作用；小剂量碘能促进甲状腺素合成；麻黄碱促进体内交感神经末梢释放去甲肾上腺素而产生升压作用。

5. 影响细胞物质代谢

如磺胺类药物参与细菌叶酸代谢而抑制细菌生长繁殖；维生素、微量元素等作为酶的辅酶或辅基成分，通过参与或影响细胞的物质代谢过程而发挥作用。如维生素 B_1 形成的焦磷酸硫胺素是 α-酮酸脱氢酶复合体中的辅酶，参与 α-酮酸氧化脱羧反应；铜作为酪氨酸酶的组成成分，影响黑色素合成；硒是谷胱甘肽氧化酶的必需组分，发挥抗氧化作用，保护细胞膜结构和功能稳定。

四、药物的构效关系

药物的构效关系是指药物的化学结构与药理效应之间的关系。化学结构非常近似的药物能与同一受体或酶结合，引起相似（如拟似药）或相反的作用（如拮抗药）。例如肾上腺素、去甲肾上腺素、异丙肾上腺素、普萘洛尔都有类似苯乙胺的基本结构，但因存在不同取代基团，前三者分别有强心、升血压、平喘等不同药效，后者则表现为抗肾上腺素作用（图 1-2）。

HO, HO —CH(OH)—CH_2—NH— { —H—— 去甲肾上腺素; —CH_3—— 肾上腺素; —$CH(CH_3)_2$—— 异丙肾上腺素 }

OCH_2—CH(OH)—CH_2—NH—$CH(CH_3)_2$　普萘洛尔

图 1-2　肾上腺素、去甲肾上腺素、异丙肾上腺素、普萘洛尔结构式

有时，许多化学结构完全相同的药物，由于光学活性不同而存在光学异构体，它们的药理作用既可表现有量（作用强度）的差异，也可发生质（作用性质）的变化。如奎宁为左旋体时有抗疟作用，而其右旋体奎尼丁有抗心律失常的作用；左旋氧氟沙星的抗菌活性是氧氟沙星的 2 倍。

五、药物的量效关系

在一定范围内药物效应的强弱与其剂量或浓度大小成一定关系，简称量效关系。它定量地分析和阐明药物剂量与效应之间的关系，有助于了解药物作用的性质，也可为临床用药提供参考。

药物的量效关系

1. 剂量及其相关概念

药物的用量称为剂量。在一定范围内，药物剂量增加，药物效应相应增加，剂量减少，药效减弱；当剂量超过一定限度时能引起质的变化，产生中毒反应。如给动物静注亚甲蓝注射液时，若按每千克体重 1～2mg 给药，用于解救亚硝酸盐中毒引起高铁血红蛋白症，而使用剂量达每千克体重 5～10mg 时，反而引起血中的高铁血红蛋白升高，则用于解救氰化物中毒。剂量太小不出现药理作用，称为“无效量”；当剂量增加到开始出现效应的药量，称为“最小有效量”。比最小有效量大，并对机体产生明显效应，但并不引起毒性反应的剂量，称为“有效量”或“治疗量”，即通常所说的“常用量”。随着剂量增加，效应强度相应增大，达到最大效应，称为极量。以后再增加剂量，超过有效量并能引起毒性反应的剂量称为“中毒量”。能引起毒性反应的最小剂量称为“最小中毒量”。比中毒量大并能引起死亡的剂量称为“致死量”。最小有效量与极量之间的范围，称为“安全范围”或称“安全度”。这个范围愈大，用药愈安全，反之则不安全（图 1-3）。

2. 量效曲线

量效关系可用曲线来表示，称为量效曲线。如以效应强度（E）为纵坐标，以剂量或剂量对数值为横坐标作图，量效曲线呈直方双曲形或 S 形曲线（图 1-4）。

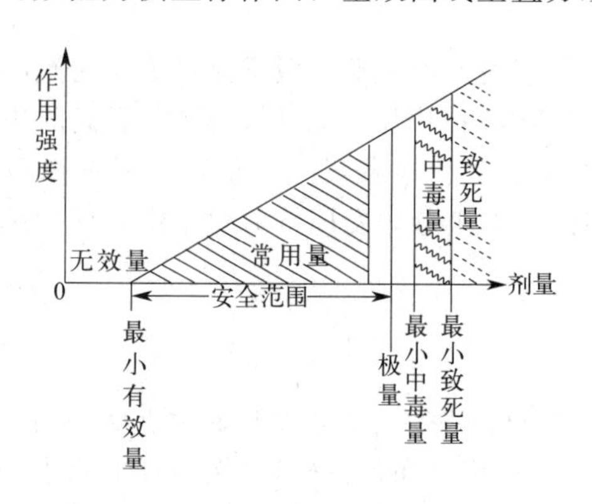

图 1-3 药物作用与剂量的关系

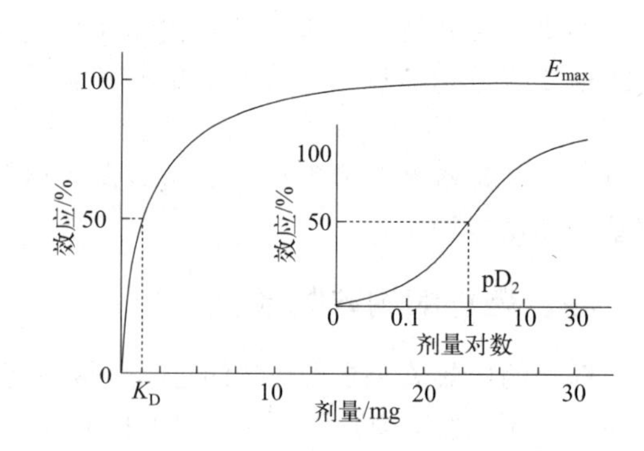

图 1-4 量效曲线图

量效关系存在下述规律：①药物必须达到一定的剂量才能产生效应；②在一定范围内，剂量增加，效应也增强；③效应的增加并不是无止境的，而有一定的极限，这个极限称为最大效应或效能，达到最大效应后，剂量再增加，效应也不再增强；④量效曲线的对称点在 50％处，此处曲线斜率最大，即剂量稍有变化，效应就产生明显差别。所以在进行急性毒性试验时，以 50％动物死亡的剂量即半数致死量（LD_{50}）衡量药物毒性大小；同理，在进行治疗试验时，以对 50％动物有效的剂量即半数有效量（ED_{50}）衡量药物的疗效（图 1-5）。

在药效试验中如致死量越大，有效量越小，则药物的安全性和药效越高。通常以治疗指数的大小来衡量药物的安全性，治疗指数（TI）是指药物半数致死量和药物半数有效量的比值，常以 LD_{50}/ED_{50} 表示。该指数用来衡量药物的安全性，TI 值愈大，药物毒性愈小，疗效相对愈高。一般认为 TI>3 时，有临床试用意义；TI>7 时，为最小安全值。如青霉素安全指数大于 1000。但以此计算的治疗指数不够完善，没有考虑到药物最大有效量时的毒性。

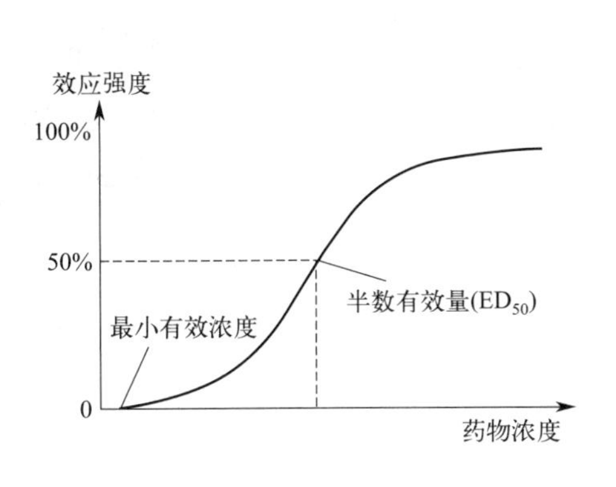

图 1-5　半数有效量的示意图

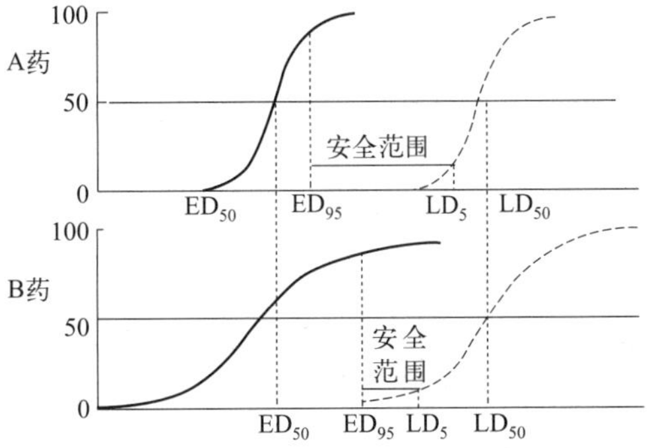

图 1-6　药物的安全范围

从图 1-6 可以看出，A、B 两种药的 ED_{50} 和 LD_{50} 相同，两种药的治疗指数值也相同，但由图可见两种药的量效曲线斜率不同。A 药 ED_{95}～LD_{5} 之间在量效曲线图上的距离（或 LD_{5}/ED_{95} 的值）比 B 药宽（或高），表明 A 药比 B 药安全，所以认为用 ED_{95}～LD_{5} 之间在量效曲线图上的距离或 LD_{5}/ED_{95} 的值作为安全范围评价药物的安全性比 LD_{50}/ED_{50} 更好。

3. 药物的效价和效能

效价也称强度，是指产生一定效应所需的药物剂量大小，剂量愈小，表示效价愈高。随着剂量或浓度的增加，效应强度也随之增加，但其速率不一。当效应增强到最大程度后，再增加剂量或浓度，效应也不再增强，此时的最大效应称为效能（图 1-7）。

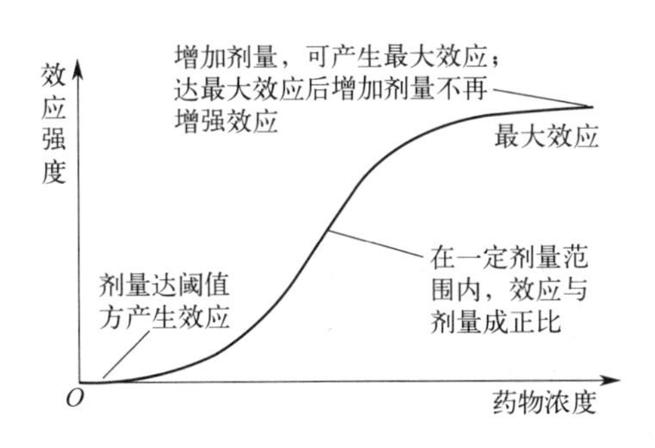

图 1-7　药物效应强度与剂量的关系

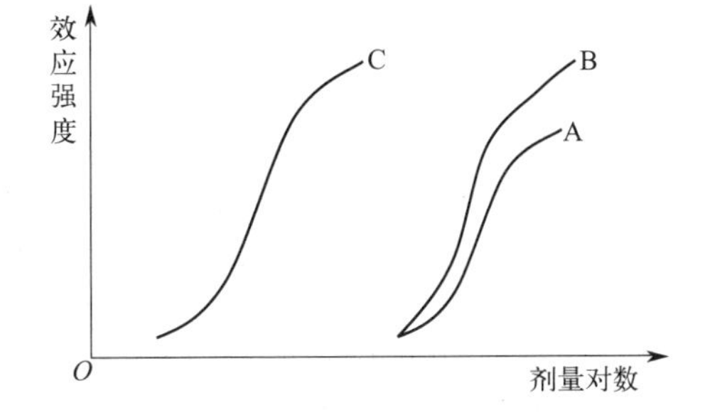

图 1-8　药物效应与强度的区别

每个药物由于化学结构的不同，因而具有独特的量效曲线。药物的化学结构、作用机制相似，其量效曲线的形态也相似。我们可以通过量效曲线以及效能或等效剂量来比较各药作用的强弱。从图 1-8 可以看出，A、C 两种药在产生同样效应时，C 药所需剂量较 A 药少，说明 C 药的效价高于 A 药。如氢氯噻嗪 100mg 与氢噻嗪 1g 所产生的利尿作用大致相同，而氢氯噻嗪的效价比氢噻嗪高 10 倍。A、B 两种药在剂量相同时，B 药产生的效能比 A 药高。如吗啡能止剧痛，而阿司匹林能用于一般的疼痛，故吗啡的镇痛效能高于阿司匹林。从临床角度，药物效能高比效价高更有价值。

单元四 动物机体对药物的作用

一、药物的跨膜转运

药物进入机体内要到达作用部位才能产生效应，在到达作用部位前药物必须通过生物膜，称为跨膜转运。药物的跨膜转运主要有被动转运、主动转运和膜动转运三种方式，它们各具特点，且与药物代谢动力学的特点有密切关系（图 1-9）。

药物的跨膜转运

1. 被动转运

被动转运又称“顺流转运”是由药物浓度高的一侧扩散到浓度低的一侧。其转运速度与膜两侧药物浓度差（浓度梯度）的大小成正比。浓度梯度愈大，愈易扩散。当膜两侧的药物浓度达到平衡时，转运便停止。这种转运不需消耗能量，依靠浓度梯度的方式转运，包括简单扩散、滤过及易化扩散。

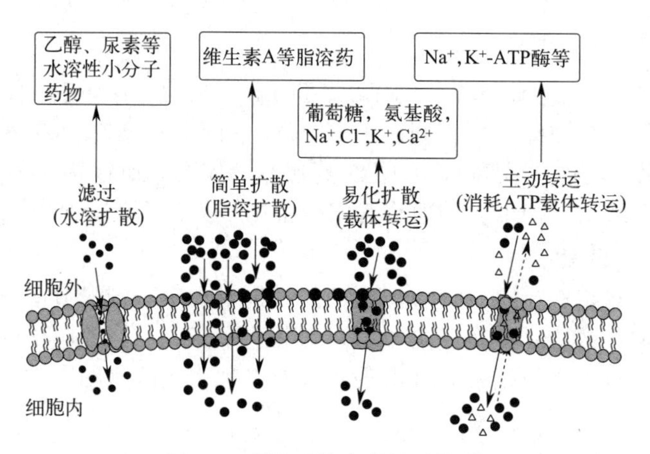

图 1-9 药物在体内的转运方式

（1）简单扩散 又称脂溶扩散，是药物转运的最主要方式。由于生物膜具有类脂质特性，许多脂溶性药物可以直接溶解于脂质中，从而通过生物膜，其速度与膜两侧浓度差的大小成正比。同时，转运受药物的解离度、脂溶性影响，脂溶性愈大，愈易扩散。由于大多数药物是弱酸或弱碱，在体内均有一定程度的解离，以解离型和非解离型混合存在。非解离型脂溶性高，容易通过生物膜，而解离型或极性物质脂溶性低，难于通过。

（2）滤过 是指直径小于膜孔通道的一些药物（如乙醇、甘油、乳酸、尿素等），借助膜两侧的渗透压差，被水携带到低压侧的过程。这些药物往往能通过肾小球膜而排出，而大分子蛋白质却被滤除。

（3）易化扩散 又称载体转运，是通过细胞膜上的某些特异性蛋白质帮助而扩散，不需供应 ATP。如葡萄糖进入红细胞需要葡萄糖通透酶，多种离子转运均需通道蛋白等。该扩散的速率比简单扩散快得多。

2. 主动转运

主动转运又称逆流转运，是药物逆浓度差由膜的一侧转运到另一侧。这种转运方式需要消耗能量及膜上的特异性载体蛋白（如 Na^{+}，K^{+}-ATP 酶）参与。这种转运能力有一定限度，即载体蛋白有饱和性，且同一载体转运的两种药物之间可出现竞争性抑制作用。

3. 膜动转运

膜动转运是指大分子物质的转运都伴有膜的运动，膜动转运又分为两种情况：

（1）胞饮　又称入胞，某些液态蛋白质或大分子物质可通过由生物膜内陷形成的小泡吞噬而进入细胞内。如垂体后叶激素粉剂可经鼻黏膜给药吸收（图 1-10）。

（2）胞吐　又称出胞，某些液态大分子物质可从细胞内转运到细胞外，如腺体分泌物及递质释放等（图 1-11）。

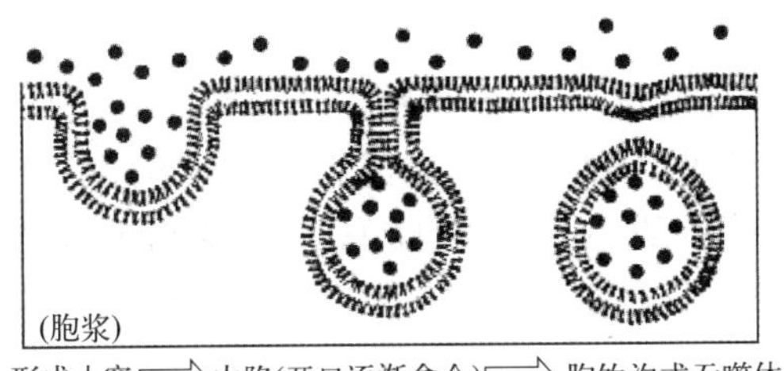

图 1-10　胞饮作用

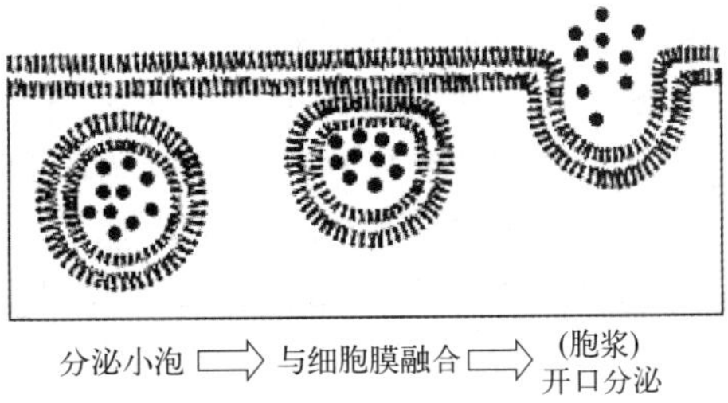

分泌小泡 与细胞膜融合 (胞浆) 开口分泌

图 1-11　胞吐作用

4. 离子对转运

有些高度解离的化合物，如磺胺类和某些季铵盐化合物能从胃肠道吸收，现认为这些高度亲水性的药物，在胃肠道内可与某些内源性化合物，如与有机阴离子黏蛋白结合，形成中性离子对复合物，既有亲脂性，又具水溶性，可通过被动扩散穿过脂质膜。这种方式称为离子对转运。

二、药物的体内过程

在药物影响机体的生理、生化功能产生效应的同时，动物的组织器官也不断地作用于药物，使药物发生变化。从药物进入机体至排出体外，包括吸收、分布、转化和排泄，这个过程称为药物的体内过程。药物在体内的吸收、分布和排泄统称为药物在体内的转运，而代谢过程则称为药物的转化，把转化和排泄统称为消除。药物的体内过程如图 1-12。

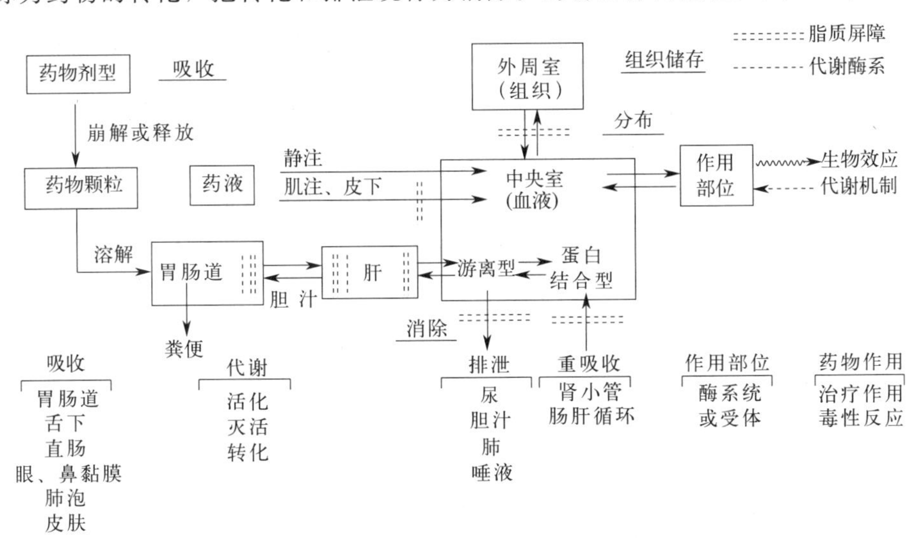

图 1-12　药物的体内过程示意图

（引自李端主编《药理学》）

1. 药物的吸收

吸收是指药物从用药部位进入血液循环的过程。除静脉注射外，一般的给药途径都存在吸收过程。药物吸收的快慢和多少与药物的给药途径、理化性质和吸收环境等有关。

药物的吸收

（1）内服给药　吸收部位主要在小肠，小肠吸收面积大，肠蠕动快，血流量大，肠段愈向下 pH 愈高，不管是弱酸、弱碱或中性化合物均可在小肠吸收。药物分子量愈小、脂溶性愈大或非解离型比例越大，越易吸收。一般溶解的药物或者液体剂型较易吸收。

影响药物内服吸收的因素，主要有：①胃排空、肠蠕动与内容物的充盈度。胃排空迟缓、肠蠕动过快或胃肠内容物多等均不利于药物的吸收。据报道，猪饲喂后对土霉素的吸收少且慢，饥饿猪的生物利用度可达 23%，饲喂后猪的血药峰浓度只有饥饿猪的 10%。②pH。不同动物胃液的 pH 有较大差别，其是影响吸收的重要因素。如马为 5.5；猪、犬为 3～4；牛前胃为 5.5～6.5，真胃约为 3；鸡嗉囊为 3.17。一般酸性药物在胃液中多不解离，容易吸收；碱性药物在胃液中解离，不易吸收，主要在碱性环境的小肠内吸收。③溶解度与脂溶性。溶解度大的水溶性小分子和脂溶性药物易于吸收，油与脂肪等食物可促进脂溶性药物的吸收。④药物的相互作用。有些金属或矿物质元素（如钙、镁、铁、锌等离子），可与四环素、恩诺沙星等在胃肠道发生螯合作用，而阻碍药物吸收或使药物失活。⑤首过效应。内服药物从胃肠道吸收入门静脉系统，在肝药酶和胃肠道上皮酶的联合作用下进行首次代谢，而使进入全身循环的药量减少的现象称首过效应，又称首过消除或首过代谢。不同药物的首过效应强度不同，药物的首过效应越强，生物利用度越低，机体可利用的有效药物量越少。故首过效应强的药物，治疗全身性疾病时，则不宜选用内服给药。有的药物吸收进入肠壁细胞后可被部分代谢也属首过效应（图 1-13）。

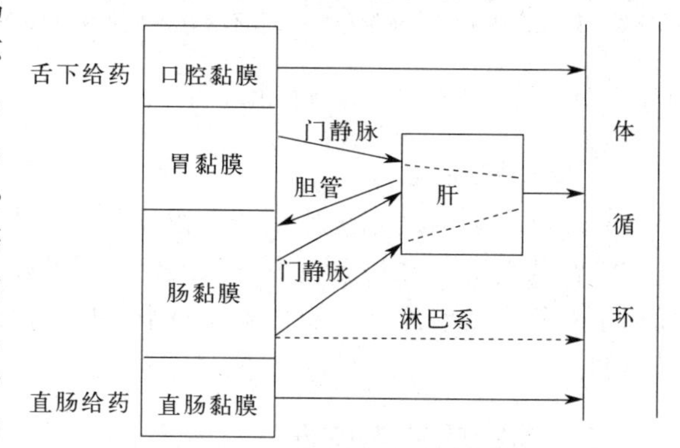

图 1-13　药物经胃肠道进入循环
（引自周新民主编《动物药理》）

（2）注射给药　主要有静脉、肌内和皮下注射，其他还包括腹腔注射、关节内注射、硬膜下腔和硬膜外腔注射等。静脉注射药物直接入血，无吸收过程。药物从肌内、皮下注射部位吸收一般经 0.5～2h 达峰值，吸收速率取决于注射部位的血管分布状态。其他因素也会影响，如水溶液吸收迅速；混悬剂或油脂剂由于在注射部位的滞留而吸收较慢；缓释剂型能减缓吸收速率；使用影响局部血管通透性的药物（如肾上腺素）可影响药物吸收，延长药效时间。

（3）呼吸道给药　气体或挥发性液体麻醉药和其他气雾剂型药物可通过呼吸道吸收。肺有很大表面积（如马 $500m^2$、猪 $50\sim80m^2$），血流量大，经肺的血流量为全身的 10%～12%，肺泡细胞结构较薄，故药物极易吸收。气雾剂中的颗粒很小，可以悬浮于空气中，其颗粒可以沉着在支气管树或肺泡内发挥作用，也可从肺泡吸收入血。药物经呼吸道吸入的优点是吸收快、无首过效应，特别是对呼吸道感染，可直接局部给药使药物达到感染部位发挥作用，主要缺点是难以掌握剂量，给药方法比较复杂。

（4）皮肤黏膜给药　完整的皮肤吸收能力差，多发挥局部作用。黏膜的吸收能力较皮肤强，但治疗意义不大。一般药物在完整皮肤均很难吸收，目前主要通过浇泼剂作用促进药物吸收，但其最好的生物利用度也不足20%。所以，用抗菌药或抗真菌药治疗皮肤较深层的感染时，全身治疗常比局部用药效果更好。少数脂溶性高、毒性大的药物，可通过皮肤吸收而引起机体中毒。

2. 药物的分布

分布是指药物从血液转运到各组织器官的过程。大多数药物在体内的分布是不均匀的。通常，药物在组织器官内的浓度越大，对该组织器官的作用就越强。但实际上，影响药物在体内分布的因素很多，包括药物与血浆蛋白的结合率、各器官的血流量、药物与组织的亲和力、血脑屏障以及体液pH和药物的理化性质等。

药物的分布

（1）药物与血浆蛋白结合率　药物与血浆蛋白结合率是决定药物在体内分布的重要因素之一。部分药物可与血浆蛋白呈可逆性结合，结合型药物由于分子量增大，不能跨膜转运，暂无生物效应，又不被代谢和排泄，在血液中暂时贮存，只有游离型药物才能被转运到作用部位产生生物效应。当血液中游离型药物被转运代谢而浓度降低时，结合型药物又可转变成游离型，两者处于动态平衡之中。蛋白结合率较高的药物在体内消除慢，作用维持时间长。各种药物与血浆蛋白的结合率不同，血浆蛋白与药物的结合能力有限（具有饱和性），而且是非特异性的，具有可逆性和竞争性。

（2）药物的理化特性和局部组织的血流量　脂溶性或水溶性小分子药物易透过生物膜，非脂溶性的大分子或解离型药物则难以透过生物膜，从而影响其分布。局部组织的血管丰富、血流量大，药物就易于透过血管壁而分布于该组织。

（3）药物与组织的亲和力　某些药物对特殊组织有较高的亲和力。如碘主要集中在甲状腺；钙沉积于骨骼中；汞、砷、锑等重金属和类金属在肝、肾中分布较多，中毒时可损害这些器官。但是对多数药物而言，药物分布量的高低与其作用并无规律性的联系，如强心苷选择性分布于肝脏和骨骼肌，却表现强心作用。

（4）体内屏障

① 血脑屏障　血-脑之间有一种选择性地阻止各种物质由血入脑的屏障，它有利于维持中枢神经系统内环境的相对稳定（图1-14）。

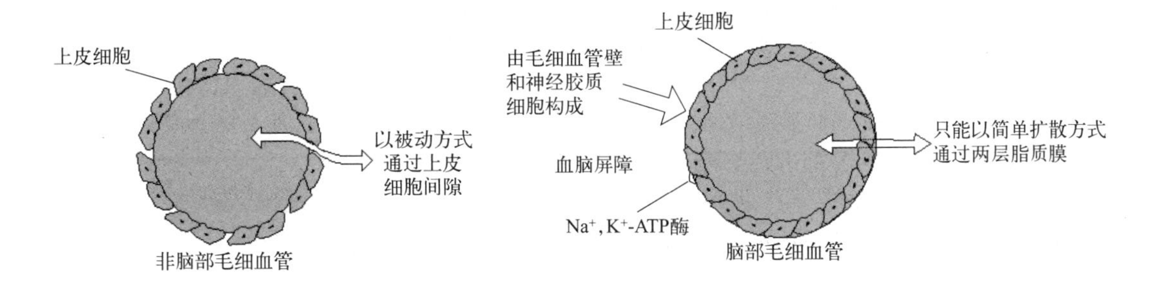

图1-14　脑部与非脑部毛细血管结构示意图

中枢神经系统中物质转运以主动转运和脂溶扩散为主。葡萄糖和某些氨基酸可易化扩散。分子较大、极性较高的药物不能通过血脑屏障。患脑膜炎时，血脑屏障的通透性增加，如青霉素，即使静脉注射也难进入正常人的脑脊液，而对于脑膜炎患者，青霉素就较易透过血脑屏障，在脑脊液内达到有效浓度。

② 胎盘屏障　是指母体与胎儿血液隔开的胎盘具有的屏障作用。脂溶性高的全身麻醉

药和巴比妥类可进入胎儿血液，脂溶性低、解离型或大分子药物如右旋糖酐则不易通过胎盘，有些药物能进入胎儿循环，有些对胎儿有毒性甚至引起畸胎。

3. 药物的生物转化

药物的代谢和排泄

生物转化也称药物代谢，是指药物在体内发生的化学变化。大多数药物主要在肝脏经药物代谢酶（简称药酶）催化，发生化学变化，多数药物经生物转化后失去药理活性，称为灭活；少数由无活性药物转化为有活性药物或者由活性弱的药物变为活性强的药物，称为活化。某些水溶性药物可在体内不转化，以原形从肾排出。但大多数脂溶性药物在体内转化成为水溶性高的或解离型代谢物，以致肾小管对它们的重吸收降低，迅速从肾脏排出。转化的最终目的是有利于药物排出体外。

（1）第一相反应　该反应包括氧化、还原和水解等方式，反应使多数药物灭活（如去甲肾上腺素），但少数药物例外，反而被活化（如某些抗癌药），故药物代谢不能称为解毒过程。

（2）第二相反应　该反应为结合反应，使药物与体内某些物质（如葡萄糖醛酸、甘氨酸等）结合，结合后使药物活性降低或灭活，使极性和水溶性增加，易由肾脏排泄。

（3）肝细胞微粒体混合功能氧化酶系（又称为肝药酶）　此酶系是药物代谢最重要的酶系统，主要存在于肝细胞内质网中，包括细胞色素P-450、还原型辅酶Ⅱ（NADPH）、黄蛋白（FP）和非血红素铁蛋白（NHIP）等。该类酶的专一性和活性均较低，可对许多脂溶性药物呈现氧化还原反应。该类酶的个体差异很大，其活性受生理因素（年龄和性别）、营养状态、遗传因素及病理状态等因素的影响。

4. 药物的排泄

药物以原形或代谢产物的形式通过不同途径排出体外的过程称为排泄。挥发性药物及气体可从呼吸道排出。非挥发性药物则主要由肾脏排泄。

（1）肾脏排泄　肾脏是药物排泄最重要的器官，肾小球毛细血管的膜孔较大，且滤过压也较高，故通透性大。除了与血浆蛋白结合的药物外，解离型药物及其代谢产物可水溶扩散，其滤过速度受肾小球滤过率及分子大小的影响。在近曲小管内已滤过的葡萄糖和氨基酸可分别与Na^{+}同向转运，也可易化扩散重吸收。有些弱酸性药（如青霉素、氢氯噻嗪等）以及弱碱性药物（如普鲁卡因胺等）可分别通过两种不同的非特异性转运过程从近曲小管排出。当排泄机制相同的两种药物合并用药时，可发生竞争性抑制（图1-15）。

（2）胆汁排泄　许多药物经肝脏进入胆汁，由胆汁流入肠腔，然后随粪便排出。有些脂溶性大的药物随胆汁排入肠腔后又被肠道重吸收，便形成肝肠循环（图1-16）。强心苷类药物（洋地黄毒苷）在体内可进行肝肠循环，使药物作用持续时间延长。

（3）乳腺排泄　大部分药物可从乳汁排泄，一般为被动扩散机制。由于乳汁的pH（6.5～6.8）较血浆低，故碱性药物在乳中的浓度高于血浆，酸性药物则相反。犬和羊的研究发现，静脉注射碱性药物易从乳汁排泄，如红霉素、甲氧苄啶（TMP）在乳汁中的浓度高于在血浆的浓度；酸性药物如青霉素G、磺胺二甲嘧啶（SM_2）等则较难从乳汁排泄，乳汁中浓度均低于血浆中浓度。药物从乳汁排泄易造成药物残留，这与消费者的健康密切相关，尤其对抗菌药物、抗寄生虫药物和毒性作用强的药物，要规定弃乳期。

（4）其他途径　有些药物可从肠液、唾液、眼泪或汗中排泄。

三、主要药物动力学参数

药动学涉及的常用参数及其意义如下。

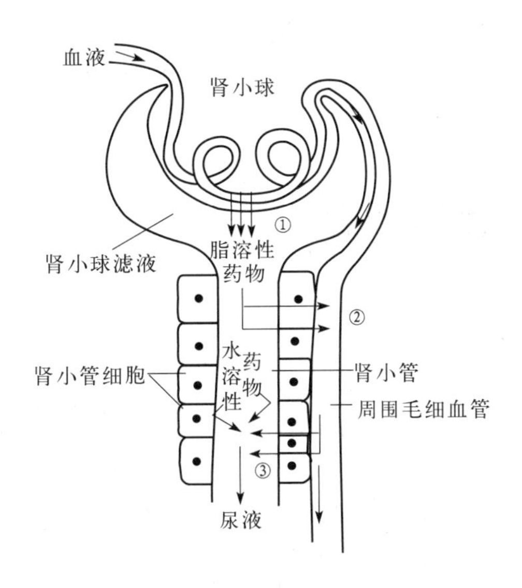

①—滤过；②—重吸收；③—排泄

图 1-15　药物的肾脏排泄

（引自周新民主编《动物药理》）

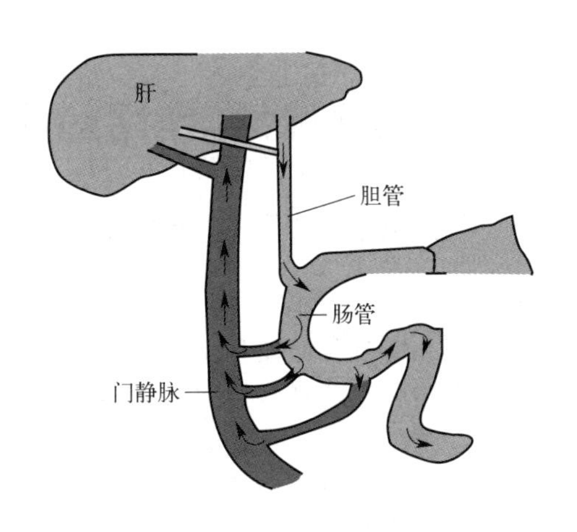

图 1-16　药物的肝肠循环

1. 生物利用度

又称生物有效度，是指药物被机体吸收利用的程度。药物内服或肌注时的药时曲线下面积（AUC）与该药静注后的 AUC 的比值，称绝对生物利用度；若与另一非经血管途径给药后的标准剂型的 AUC 相比，则称相对生物利用度。药物颗粒的大小、晶型、填充剂的紧密度、赋形剂的差异以及生产工艺的不同均可影响药物的生物利用度。如不同药厂生产的不同批号的同一品种也有此种现象。制剂工艺的改变可加速或延长片剂的崩解与溶出的速率，进而影响生物利用度。为了保证药效，对新制剂应测定生物利用度。

2. 血浆半衰期

血浆半衰期（$t_{1/2}$）是指血浆药物浓度下降一半所需的时间。绝大多数药物的消除是一级动力学，因此其半衰期是固定的数值，不因血浆药物浓度高低不同而改变。按零级动力学消除的药物，其 $t_{1/2}$ 可随着药物的血浆浓度而有所改变（图 1-17）。

了解药物的 $t_{1/2}$ 具有重要的实际意义。在临床上一般均为多次用药，目的是使血浆药物浓度保持在有效浓度以上，且在中毒浓度以下。因此可根据 $t_{1/2}$ 确定给药间隔时间。通常用药的时间约等于 1 个 $t_{1/2}$。如磺胺异噁唑血浆半衰期为 6h，可每 6h 给药 1 次。也可根据 $t_{1/2}$ 预测连续给药后达到稳态血药浓度的时间。

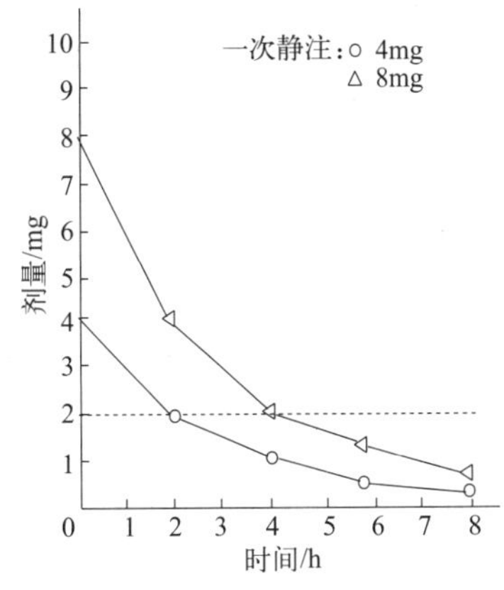

图 1-17　半衰期、血药浓度与剂量的关系（$t_{1/2}=2h$）

3. 表观分布容积

表观分布容积是指假定药物均匀分布于机体所需要的理论容积，即药物在体内分布达到动态平衡时体内药量与血药浓度的比值。

4. 清除率

又称体清除率，是指单位时间内体内清除药物的血浆容积，即每分钟有多少毫升血中药量被清除。体清除率是体内各种消除率的总和，包括肾消除率、肝消除率和肺、乳汁、皮肤等消除率。因为药物的消除主要靠肾排泄和肝的生物转化，故体清除率主要为肾清除率与肝清除率之和。

单元五　影响药物作用的因素及合理用药

一、影响药物作用的因素

1. 药物方面的因素

（1）药物的理化性质和化学结构　药物脂溶性、溶解度、pH、旋光性及特异性化学结构与药理作用关系极为密切。

（2）药物的剂型　药物的剂型或所用赋形剂不同可影响药物吸收及消除。同一药物剂型不同或同一药物的剂型相同，但所用赋形剂不同，均可影响药物的疗效。如土霉素临床常用的剂型有注射剂、片剂等，它们的药理作用虽相同，但注射液产生的药效快，其生物利用度亦高。

影响药物作用的因素（药物方面）

（3）药物的剂量　剂量的大小可决定药物在体内的浓度，因而在一定范围内，剂量越大，血药浓度越高，作用也越强。但超过一定范围，剂量不断增加、血药浓度继续升高，则会引起毒性反应，出现中毒甚至死亡。因此，临床用药应严格掌握剂量。

（4）药物的给药途径　不同的给药途径使药物进入血液的速度和数量均有不同，产生药效的快慢和强度也有很大差别，甚至产生质的差别。如硫酸镁溶液内服起下泻作用，用于便秘；注射则起中枢抑制作用，用于抗惊厥。因此，应熟悉各种常用给药途径的特点，以便根据药物性质和病情需要，选择适当的给药途径。

在各种给药途径中的药物发挥作用的速度依次是：静脉注射＞吸入＞肌内注射＞皮下注射＞直肠给药＞内服。

① 内服给药　包括经口投服和混入饲料（饮水）中给予。内服给药方法简便，适合于大多数药物，特别是能发挥药物在胃肠道内的作用。但胃肠内容物较多，吸收不规则、不完全，或者药物因胃肠道内酸碱度和消化酶等的影响而被破坏，故药效出现较慢。且内服给药，多数药物存在首过效应影响。

② 注射给药　为常用给药方法。a. 皮下注射，是将药物注入皮下组织中。皮下组织血管较少，吸收较慢。刺激性较强的药物不宜使用该方法。b. 肌内注射，是将药物注入肌肉组织中。肌肉组织含丰富的血管，吸收较快而完全。油溶液、混悬液、乳浊液都可肌内注射。刺激性较强的药物应深层分点肌注。c. 静脉注射，是将药液直接注射入静脉血管，故无吸收过程，药效出现最快，适于急救或需要输入大量液体的情况。但一般的油溶液、混悬液、乳浊液不可静注，以免发生栓塞；刺激性大的药物不可漏出血管。此外，尚有皮内注射、腹腔注射、关节腔内注射等，可根据用药目的选用。

③ 直肠给药　将药物灌注至直肠深部的给药方法。直肠给药能发挥局部作用（如治疗便秘）和吸收作用（如补充营养）。药物吸收较慢，但不需经过肝脏。

④ 吸入给药　将某些挥发性药物或药物的气雾剂等，供病畜吸入的给药方法。可发挥局部作用（如治疗呼吸道疾病）和吸收作用（如吸入麻醉）。刺激性大的药物不宜应用。

⑤ 皮肤、黏膜给药　将药物涂敷于皮肤、黏膜局部，主要发挥局部作用（如治疗外寄生虫病）。刺激性强的药物不宜用于黏膜；脂溶性大的杀虫药可被皮肤吸收，应防中毒。

（5）药物的联合使用

两种或两种以上的药物联合使用，引起药物作用和效应的变化，称为药物相互作用。按照作用的机制不同分为药动学相互作用和药效学相互作用。

① 药动学相互作用 两种以上药物同时使用，一种药物可能改变另一种药物在体内的吸收、分布、生物转化或排泄，而使药物的半衰期、峰浓度和生物利用度等发生改变。

② 药效学相互作用 在联合用药或配伍用药中，可出现药物疗效增强或不良反应减少等有利的相互作用，也可出现作用减弱或消失、毒副作用增强等有害的相互作用。a. 协同作用。合并用药使作用增强的作用，称为协同作用。如氨基糖苷类药物、氟喹诺酮类药物、磺胺类药物与碱性药物碳酸氢钠合用，抗菌活性增强或不良反应减轻。其中，将协同作用又可分为相加作用和增强作用。相加作用即药效等于两种药物分别作用的总和，如三溴合剂的总药效等于溴化钠、溴化钾、溴化钙三药相加的总和；增强作用即药效大于各药分别效应的和，如磺胺类药物与抗菌增效剂甲氧苄啶合用，其抗菌作用大大超过各药单用时的总和。b. 拮抗作用。合并用药效应减弱的作用，称为拮抗作用。磺胺类药物不宜与含对氨基苯甲酰基的局麻药如普鲁卡因、丁卡因合用，因后者能降低磺胺类药物防治创口感染的抑菌效果。c. 配伍禁忌。两种以上药物联合使用时，在体外发生相互作用，产生药物中和、水解、破坏失效等理化反应，出现浑浊、沉淀、气体及变色等异常现象，或者体内产生的药理性拮抗作用称为配伍禁忌。一般分为药理性、物理性、化学性三类配伍禁忌。如青霉素类药物与大环内酯类抗生素（如红霉素或四环素类药物）合用，使青霉素无法发挥杀菌作用，从而降低药效；微生态制剂不宜与抗生素合用；人工盐不宜与胃蛋白酶合用；氨基糖苷类药物与呋塞米联用可引起耳毒性和肾毒性增强，与地西泮联用引起肌肉松弛，与头孢菌素合用肾毒性增强，与红霉素合用耳毒性增强；阿司匹林与红霉素合用，引起耳鸣、听觉减弱。所以，临床联合使用两种以上药物时应避免配伍禁忌。

2. 动物方面的因素

（1）种属差异 动物品种繁多，解剖结构、生理特点各异，在大多数情况下不同种属动物对同一药物的反应敏感性不同，表现出量的差异（作用的强弱和维持时间的长短不同）或者质的差异。例如牛对赛拉嗪最敏感，使用剂量仅为马、犬、猫的 1/10，而猪最不敏感，临床化学保定使用剂量是牛的 20～30 倍；猫对氢溴酸槟榔碱最为敏感，犬则不敏感；犬对吗啡表现为抑制作用，而猫则表现为兴奋作用。

影响药物作用的因素（动物方面）

（2）生理因素 不同年龄及性别、怀孕或哺乳期动物对同一药物的反应往往有一定差异。如幼龄和老龄动物的肝细胞微粒体混合功能氧化酶代谢、肾功能较弱，一般对药物的反应较成年动物敏感，所以临床上用药剂量应适当减少；怀孕动物对拟胆碱药、泻药或能引起子宫收缩加强的药物比较敏感，可能引起流产，临床用药必须慎重；牛幼畜、羊在哺乳期的胃肠道还没有大量微生物参与消化活动，内服四环素类药物不会影响其消化功能，而成年牛、羊则因药物能抑制胃肠道微生物的正常活动，会造成消化障碍，甚至会引起继发性感染。

（3）病理状态 动物在病理状态下对药物的反应性存在一定程度的差异。解热镇痛药能使发热动物降温，对正常体温没有影响；严重的肝、肾功能障碍，可影响药物的生物转化和排泄，易引起药物蓄积，增强药物的作用，严重者可能引发毒性反应。如当鸡肾脏出现尿酸盐沉积的损害时，若用磺胺类药物治疗则会加剧病情，造成鸡的大批死亡。

（4）个体差异 同种动物在基本条件相同的情况下，有少数个体对药物表现为高敏性或耐受性，这种个体之间的差异最高可达 10 倍。原因在于不同个体之间的药物代谢酶类活性可能存在很大的差异，造成药物代谢速率上的差异。个体差异除表现药物作用量的差异外，有的还出现质的差异，例如马、犬等动物应用青霉素后，个别可出现过敏反应。

3. 饲养管理与环境因素

药物的作用是通过动物机体来表现的，机体的健康状态对药物的效应可以产生直接或间接的影响，而动物的健康主要取决于饲养和管理水平。如营养不良，使蛋白质合成减少，药物与血浆蛋白结合率降低，血中游离型药物增多；由于肝细胞微粒体混合功能氧化酶活性减低，使药物代谢减慢，药物的半衰期延长。在管理上应考虑动物群体的大小，防止密度过大，房舍的建设要注意通风、采光和动物活动的空间，加强病畜的护理，提高机体的抵抗力，使药物的作用得到更好的发挥。例如，用镇静药治疗破伤风时，要注意保持环境安静；全身麻醉的动物，应注意保温，给予易消化的饲料，使患病动物尽快恢复健康。

环境生态的条件对药物的作用也能产生影响，例如，不同季节、温度和湿度均可影响消毒药、抗寄生虫药的疗效。环境若存在大量的有机物可大大减弱消毒药的作用；通风不良、空气中高浓度的氨气污染，可增加动物的应激反应，加重疾病过程，影响药效。

二、合理用药

合理用药是指运用医药知识，在充分了解动物、疾病及药物的基础上，安全、有效、适时、简便、经济地使用药物，以达到最大疗效和最小的不良反应。做到合理用药不是一件容易的事情，必须理论联系实际，不断总结兽医临床用药的实际经验，在充分考虑影响药物作用的各种因素的基础上，正确选择药物，制订出对动物和病理过程都合适的给药方案。合理用药应考虑如下基本原则。

合理用药原则

1. 正确诊断和明确用药指征

合理用药的先决条件是正确诊断，对动物发病的原因、病理学过程要有充分的了解才能对因、对症用药，否则会耽误疾病的治疗。每种疾病都有其特定的病理学过程和临床症状，用药时必须对症下药。例如，动物腹泻可由多种原因引起，细菌、病毒、原虫等均可引起腹泻，有些腹泻还可能由于饲养管理不当引起，所以不能凡是腹泻都使用抗菌药。正确诊断后，再针对患畜的具体疾病指征，选用药效可靠、安全、给药方便、价廉易得的药物。反对滥用药物，尤其不能滥用抗菌药物。

2. 熟悉药物在靶动物的药动学特征

药物的作用或效应取决于作用靶位的浓度。只有熟悉药物在靶动物的药动学特征及其影响因素，才能做到正确选药并制订合理的给药方案，达到预期的治疗效果。例如，阿莫西林与氨苄西林的体外抗菌活性很相似，但前者在犬体内的口服生物利用度比后者约高 1 倍，血清浓度高 1.5～3 倍，所以在治疗犬全身性感染时，阿莫西林的疗效比氨苄西林好；如果胃肠道感染时则宜选择后者，因其吸收不良，在胃肠道有较高的药物浓度。

3. 预期药物的治疗作用与不良反应

临床使用药物防治疾病时，可能产生多种药理效应，大多数药物在发挥治疗作用的同时，都存在程度不同的不良反应，这就是药物作用的两重性。一般情况，药物的疗效和不良反应（如副作用和毒性反应）是可以预期的。临床用药时，应该把不良反应尽量减少或消除。例如，反刍动物用赛拉嗪后可分泌大量的唾液，此时，应考虑使用阿托品抑制唾液分泌。当然，有些不良反应如变态反应、特异性反应等是不可预期的，可根据患畜的反应采取必要的防治措施。

4. 制订合理的给药方案

对动物疾病进行治疗时，要针对疾病的临床症状和病原诊断制订给药方案。给药方案包括给药剂量、途径、频率（间隔时间）和疗程。在确定治疗药物后，首先应按《中华人民共和国兽药典》《兽药使用指南》规定确定用药剂量，兽医师也可根据病畜情况在规定范围内做必要的调整。给药途径主要取决于制剂。但是，还应考虑疾病类型和用药目的，如利多卡因在非静脉注射给药时，对控制室性心律不齐是无效的。给药的频率是由药物的药动学、药效学和经证实的药物维持有效作用的时间决定的。每种药物或制剂有其特定的作用时间，如地塞米松比氢化可的松有较长时间的抗炎作用，所以前者的给药间隔较长。多数疾病必须反复多次给药，才能达到治疗效果。临床上，不能在动物体温下降或病情好转时就停止给药，这样往往会引起疾病复发，造成后续治疗困难，危害十分严重。

5. 合理的联合用药

确诊后，兽医师的任务就是选择最有效、安全的药物进行治疗，一般情况下应避免同时使用多种药物（尤其抗菌药物），因为多种药物治疗会极大地增加药物间相互作用的概率。但在某些情况，特别是在病重时，建议采用合理的联合用药，以达到确实的协同作用，也可从对因治疗与对症治疗多方面着手选择联合用药以提高治疗效果。当然，绝不应采用“大包围”的方法盲目联合用药。除了确实有协同作用的联合用药外，要慎重使用固定剂量的联合用药（如某些复方制剂），否则会使兽医师失去了根据动物病情需要去调整药物剂量的机会。

6. 正确处理对因治疗与对症治疗的关系

一般用药首先要考虑对因治疗，但也要重视对症治疗，两者巧妙地结合才能取得更好的疗效。我国传统中医理论对此有精辟的论述：“治病必求其本，急则治其标，缓则治其本。”

7. 避免动物性产品中的兽药残留

食品动物用药后，药物的原形或其代谢产物和有关杂质可能蓄积、残存在动物的组织、器官或食用产品（如蛋、乳）中，这样便造成了兽药在动物性食品中残留（简称兽药残留）。兽药残留对人类有潜在危害作用，为避免兽药残留，保证动物性食品的安全，兽医师用药时应严格遵循：执行兽药使用的登记制度；遵守休药期规定；避免标签外用药；严禁非法使用违禁药物。

单元六　兽医处方

兽医处方是指经注册的执业兽医师在动物诊疗活动中为患病动物开具的，作为患病动物用药凭证的医疗文书。兽医处方标准和样式由农业农村部规定，从事动物诊疗活动的单位应当按照规定的标准和样式印制兽医处方或者设计电子处方。执业兽医师应当根据动物诊疗需要和兽药使用规范，遵循安全、有效、经济的原则开具兽医处方。

兽医处方

兽医处方开具当日有效。特殊情况下需延长有效期的，由开具兽医处方的执业兽医师注明有效期限，但有效期最长不得超过 3 天。兽医处方一般不得超过 7 日用量；急诊处方一般不得超过 3 日用量；对于某些慢性病或特殊情况，用量可延长至 14 日，但执业兽医师应当注明理由。

执业兽医师利用计算机开具、传递兽医处方时，应当同时打印出纸质处方，其格式与手写处方一致；打印的纸质处方经签名或者加盖签章后有效。

一、兽医处方标准

1\. 前记

动物诊疗机构对个体动物进行诊疗的，应当包括动物主人姓名、档案号、开具日期和动物的种类、性别、体重、年（日）龄。

其他动物饲养单位对个体动物进行诊疗的，应当包括饲养单位名称、档案号、开具日期和动物的种类、性别、体重、年（日）龄；对群体动物进行诊疗的，应当包括饲养单位名称、档案号、开具日期和动物的种类、数量、年（日）龄。

使用麻醉药品或精神药品的兽医处方，还应当记录患病动物主人或代办人的身份证号码。

2\. 正文

包括初步诊断情况和 Rp（拉丁文 Recipe“请取”的缩写）。初步诊断情况应当包括临床症状和临床诊断；Rp 应当分列药品名称、规格、数量、用法、用量及休药期等内容。

3\. 后记

包括执业兽医师、发药人员、收款人员签名或者加盖专用签章和执业兽医师注册号、费用情况。

二、兽医处方规格

① 兽医处方一式三联。第一联由开具处方药的动物诊疗机构或执业兽医保存，第二联由兽药经营者保存，第三联由畜主或动物饲养场保存。动物饲养场（养殖小区）、动物园、实验动物饲育场等单位专职执业兽医开具的处方笺由专职执业兽医所在单位保存。处方笺应当保存二年以上。

② 兽医处方应当三联均为白色，或者第一联白色、第二联蓝色、第三联红色。长 182～190mm、宽 130mm，上边距 2.0～2.5cm，下边距 1.5～2.0cm，左右边距各 1.5cm。

③ 急诊兽医处方应当在右上角加盖蓝色的“急诊”印章；麻醉药品、精神药品、医疗用毒性药品、放射性药品兽医处方应当在右上角加盖红色“麻、精、毒、放”印章。

三、兽医处方参考样式

见图 1-18。

××××××××兽医处方笺

动物主人/饲养单位＿＿＿＿＿＿ 档案号＿＿＿＿＿＿

动物品种＿＿＿＿ 动物性别＿＿＿＿ 体重/数量＿＿＿＿

年(日)龄＿＿＿＿ 开具日期＿＿＿＿

诊断：	Rp：

执业兽医师＿＿＿＿＿＿ 注册号＿＿＿＿＿＿

费用＿＿＿＿ 发药＿＿＿＿ 收款＿＿＿＿

第一联 从事动物诊疗活动的单位留存

图 1-18 兽医处方笺

四、兽医处方书写要求

① 患病动物一般情况、临床诊断填写清晰、完整，并与病历记载相一致。

② 每张兽医处方限于一次诊疗结果用药。

③ 字迹清楚，不得涂改；如需修改，应当在修改处签名及注明修改日期。

④ 药品名称以《中华人民共和国兽药典》收录的药品名称为准。如无收录，可采用农业农村部批准的兽药通用名称。药品名称简写或者缩写应当符合国内通用写法。书写药品名称、规格、数量、用法、用量及休药期要准确规范。

⑤ 兽医处方中包含兽用化学药品及抗生素、兽用中药制剂的，每种药品应当另起一行。

⑥ 药品剂量与数量用阿拉伯数字书写。剂量应当使用法定计量单位：重量以千克（kg）、克（g）、毫克（mg）、微克（μg）、纳克（ng）为单位；容量以升（L）、毫升（ml）为单位；有效量单位用国际单位制单位；溶液剂以支、瓶为单位；软膏剂及乳膏剂以支、盒为单位；注射剂以支、瓶为单位，应当注明含量；兽用中药制剂应当以剂为单位。

⑦ 兽医处方后的空白处应当画一斜线，以示开具完毕。

实训二　药物的配伍禁忌

【原理】 药物的配伍禁忌是由两种或两种以上的药物配伍应用时，使药物在外观上出现分离、析出、潮解、溶化等物理反应或产生沉淀、变色、产气、爆炸等化学反应，或配伍应用时药效降低、毒性增强。分为物理性、化学性、药理性配伍禁忌。

【材料】

（1）药品　液状石蜡、5%碳酸氢钠、10%葡萄糖、5%碘酊、2%氢氧化钠、葡萄糖酸钙、10%稀盐酸、0.1%肾上腺素、3%亚硝酸钠、高锰酸钾、甘油（或甘油甲缩醛）、维生素 B_1、维生素 C、福尔马林。

（2）器材　试管、乳钵、平皿、移液管、滴管、玻璃棒、试管架、试纸、天平。

【方法与步骤】

1. 分离实验

取试管一支，分别加入液状石蜡和水各 3ml，充分振荡，使试管内两种液体互相充分混合后，放在试管架上进行观察。

2. 沉淀实验

① 取试管一支，分别加入磺胺嘧啶钠 2ml 和维生素 B_1 2ml，观察现象。

② 取试管一支，分别加入碳酸氢钠 2ml 和葡萄糖酸钙 2ml，充分混合，观察现象。

3. 中和实验

取试管一支先加入 5ml 稀盐酸，再加 5%碳酸氢钠 2ml，观察现象，同时用 pH 试纸测定两药混合前后的 pH。

4. 变色实验

① 取试管一支，分别加入 0.1%肾上腺素和 3%亚硝酸钠各 1ml，加温观察现象。

② 取试管一支，分别加入 0.1%高锰酸钾 2ml 和维生素 C 2ml，观察现象。

③ 取试管一支，分别加入 5%碘酊 2ml 和 2%氢氧化钠 1ml，观察现象。

5. 燃烧或爆炸实验

强氧化剂与还原剂相遇，常常可以发生燃烧甚至爆炸。

① 称取高锰酸钾 1g，放入乳钵内，再滴加一滴甘油或甘油甲缩醛，然后研磨，观察现象。

② 取平皿一个，分别加入 2ml 福尔马林、1g 高锰酸钾和 0.5ml 蒸馏水，观察现象。

【实验结果】见表 1-1。

【讨论与作业】根据实验结果分析产生原因，并判定属于哪种药物配伍禁忌。

表 1-1　药物的配伍禁忌实验结果

药品	器皿	取量	加入药品	取量	结果
液状石蜡	试管	3ml	蒸馏水	3ml	
20%磺胺嘧啶钠	试管	2ml	维生素 B_1	2ml	
5%碳酸氢钠	试管	2ml	葡萄糖酸钙	2ml	
5%碳酸氢钠	试管	2ml	10%稀盐酸	5ml	
5%碘酊	试管	2ml	2%氢氧化钠	1ml	
0.1%肾上腺素	试管	1ml	3%亚硝酸钠	1ml	
0.1%高锰酸钾	试管	2ml	维生素 C	2ml	
高锰酸钾	乳钵	1g	甘油或甘油甲缩醛	1 滴	
福尔马林和蒸馏水	平皿	2ml 和 0.5ml	高锰酸钾	1g	

实训三　实验动物的保定及给药方式

【目的要求】掌握常用实验动物的捉拿、保定及给药方法，为药理及毒理实验打下基础。培养团队协作意识，严谨、认真的科学精神。

【材料】

（1）动物　小鼠、家兔、蟾蜍。

（2）器材　1ml 注射器、2ml 注射器、6 号针头、兔固定器、兔开口器、兔胃导管、烧杯、酒精棉球、小鼠投胃管、鼠笼、小鼠固定筒。

【方法与步骤】

1. 实验动物的捉拿、保定方法

（1）小鼠　捉住小鼠的尾巴提起，转几圈，放在鼠笼盖铁纱网上，轻轻向后拉鼠尾，然后用左手的拇指与食指沿其背部向前抓住其颈部皮肤，使腹部朝上，左手的无名指及小指压住鼠尾，使小鼠完全固定（图 1-19）。

（2）家兔　用手抓起家兔背脊近颈处皮肤，提起家兔，然后用另一只手托住臀部，将重心承于手上（图 1-20）。手术时，可将家兔固定在兔实验台上，四肢固定，门齿用细绳拴住，固定在实验台的铁柱上（图 1-21）。

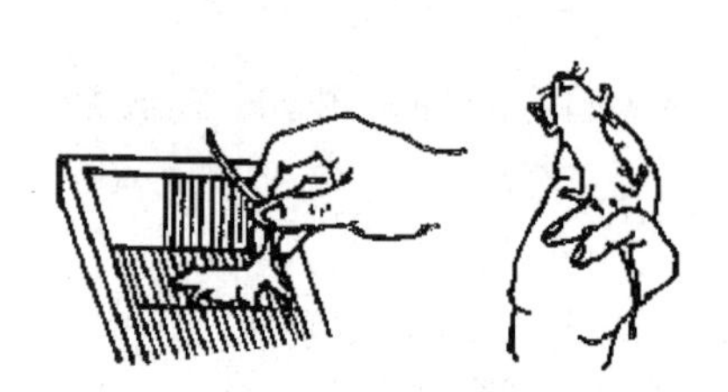

图 1-19　小鼠的徒手保定

图 1-20　家兔的徒手保定

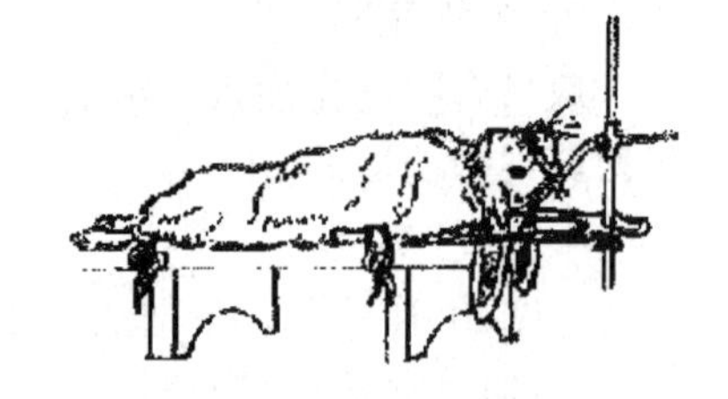

图 1-21　家兔的保定

（3）蟾蜍　抓取蟾蜍时，可先在蟾蜍体部包一层湿布，用左手将其背部贴紧手掌固定，把后肢拉直，并用左手的中指、无名指及小指夹住，前肢可用拇指及食指压住，右手即可进行实验操作。抓取蟾蜍时不要挤压两侧耳部突起的毒腺，以免蟾蜍将毒液射到使用者眼睛里。需要长时间固定时，可将蟾蜍麻醉或捣毁脑脊髓后，用大头针钉在蛙板上。

2. 实验动物给药方法

（1）小鼠的给药方法　有灌胃给药、腹腔注射、皮下注射、肌内注射、尾静脉注射等。

① 灌胃给药。固定，口部朝上，颈部宜拉直，但不宜过紧，以免窒息。右手持连有胃管的注射器，小心地自口角插入口腔内，将灌胃管自舌背面沿上腭轻轻进入食管，缓慢推入药物。

② 腹腔注射。用左手固定小鼠，使其头低位，腹部朝上，右手持注射器从左侧下腹部（避免损伤肝）向头部方向刺入皮下，沿皮下向前推进 3～5mm，然后使针头与皮肤呈 45°方向穿入腹腔。针尖进入腹腔抵抗感消失，回抽无血，此时可轻推药物。

③ 肌内注射。固定好小鼠，将注射器针头插入小鼠后肢大腿外侧肌肉，注入药液。

④ 皮下注射。选取背部皮下，轻轻拉起背部皮肤，将注射针头刺入皮下，稍稍摆动针头，若容易摆动则表明针尖的位置确定在皮下，推入药物，拔针时，轻捏针刺部位片刻，以防药液逸出。

⑤ 尾静脉注射。选取尾静脉注射，将小鼠装入固定桶内或反转烧杯内，使其尾巴露出。尾部有四条静脉很清楚，用注射器针头选出较粗静脉注入药液。

（2）家兔的给药方法　有耳静脉注射、腹腔注射、皮下注射、肌内注射、灌胃等。

① 耳静脉注射。选取耳缘静脉。用酒精棉球涂擦耳缘静脉部皮肤，左手食指放在耳下将兔耳垫起，并以拇指压耳缘部分，右手持带有针头的注射器，尽量从血管远端刺入血管，注射时针头先刺入皮下，沿皮下向前推进少许，然后刺入血管。针头刺入血管后再稍向前推进，轻轻推动针栓，若无阻力即可注药。注射完毕后，用棉球压住针眼，拔去针头。

② 皮下注射。选取背部皮肤、腹内侧皮肤。用左手拇指及中指将家兔的背部皮肤拉起，用食指按压皱褶的一端，使成三角体，以右手持注射器，自皱褶下刺入，松开皱褶将药液注入。

③ 肌内注射。选取两侧臀肌大腿处肌肉，右手持注射器，使注射器与肌肉成 90°再刺入肌肉中。为防止药液进入血管，在注射药液之前，应回抽针栓，如无回血，则可给药。注射完毕后，用手轻轻按摩注射部位，帮助扩散。

④ 灌胃。如用兔固定箱，则一人可操作，右手持固定开口器置于兔口中，左手插胃管。如无兔固定箱，需两人合作，一人左手固定兔身及头部，右手将开口器插入兔口腔并压在兔舌上，另一人用合适的胃导管从开口器中间小孔插入食管约 15cm，将胃导管的另一头管口放入一装满水的水杯中，如不见气泡表示导管已插入胃中，然后将药液慢慢注入，最后注入少量空气，使导管中残存的药液全部灌入胃内。灌毕后先将导管慢慢抽出，再取出开口器。注意灌药前要先禁食。

（3）蟾蜍给药方法　腹淋巴囊或胸淋巴囊注射。

蟾蜍淋巴注入法：蟾蜍的皮下有数个淋巴囊，注入药物易吸收，一般以腹淋巴囊或胸淋巴囊作为给药部位。腹淋巴囊注射方法，左手抓蟾蜍，固定四肢使腹部朝上，右手取已经准备好的注射器针头从蛙大腿上端刺入大腿肌，朝前经腹壁肌再浅出于腹壁皮下，进入腹淋巴腔注入药液。另外还可从口部正中前缘插针，穿过下颌肌层而入胸淋巴腔（见图 1-22）。因蟾蜍皮肤弹性差，不经肌层，药液易漏出。

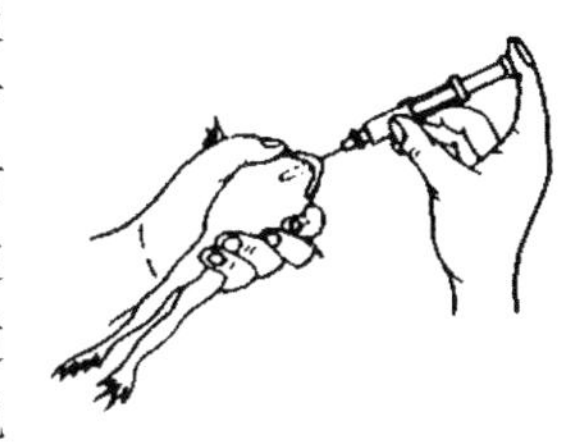

图 1-22　蟾蜍的给药方法

【注意事项】注意安全。按照生物安全要求，处理动物尸体。

【作业】按要求撰写实验报告。

实训四　一般动物的给药技术

【目的要求】通过实训初步掌握不同剂型药物的给药方法及牛、羊、猪等各种动物的不同途径给药技术，熟悉动物的保定，注射器、胃管的使用方法及注意事项。培养团队合作意识，严谨、认真的科学精神。

【材料】

(1) 动物　牛、羊、猪、犬、猫、禽等。

(2) 器材　5ml、10ml一次性注射器，20ml金属注射器，镊子，酒精棉球，碘酊棉球，各种规格的胃导管，各种规格的开口器，瓷缸等。

(3) 试剂　生理盐水。

【方法与步骤】

1. 动物口服及胃导管给药法

适用于食欲不振和哺乳动物给药，投喂气味不佳的药物时也可采用此法。将少量的水剂药物或将粉剂、研碎的片剂加适量的水而制成的溶液、混悬液、中药煎剂进行灌药或胃导管给药，糊剂、片剂、丸剂等仅适用于灌药。

(1) 动物灌药

① 牛的灌药法。灌喂给药时，让牛自然站立，一人将牛头保定好，另一人站在牛的斜前方，左手掌心朝下从牛的一侧口角处伸入口腔，轻压舌头，右手将盛有药液的灌药筒送进口腔，跟随抬高筒底使药液流出，同时闭合口腔，抬高牛头，使药液自然流入食管。必要时，刺激喉头外部，促使吞咽动作。如此，可连续操作直至将药液灌完。如灌喂药片、药丸时，可将药片、药丸放在灌药桶中，再加些水，同样操作。

注意：灌喂的药丸不宜太大，灌喂的速度不宜太快。

② 猪的灌药法。通常用药匙、竹片或注射器（不连接针头）。一人握住猪两前肢或两耳，使腹部向前，将猪提起，并将后躯夹于两腿之间，灌药时一手用小木棒将嘴撬开，另一只手用药匙、竹片或注射器（不带针头）进行灌服。片剂、丸剂可直接从口角送入舌背部，舔剂可用药匙或竹片送入。投入药后使其闭嘴，可自行咽下。

③ 犬灌药法。固体药物灌喂时，一人保定好犬，另一人一手抵压唇及皮肤覆盖在牙齿面上，打开口腔，用喂药器将药物倒在舌根部，迅速抽回喂药器，用手托起下颌部，将嘴合拢；当犬舌伸出或出现吞咽动作说明已将药物咽下。液体药物可用注射器将药物从口角缓慢注入。

④ 鸡的口服给药。一人捉住翅膀保定好鸡，另一人左手打开口腔，右手把药丸塞到舌根部，将嘴合拢，当鸡出现吞咽动作说明已将药物咽下。

注意：灌药时动作要缓慢、仔细，切忌粗暴；灌溶液性药剂时，头部不宜过高（嘴角不宜高于耳根），谨防将药物灌入气管或肺中；每次灌入的药量不宜太多，灌药中动物如发生强烈咳嗽时，应立即停止灌药，并使其头部低下，促使药液咳出，安静后再灌。

(2) 胃导管给药　当需要灌服大量药液或给予刺激性大或带有特殊气味的药物时，经口不易灌服时，一般都需用胃导管经鼻或口腔灌药。

① 牛经口或经鼻插入胃导管。经口插入时，将牛保定好，并给牛戴上开口器，固定好头部。将胃导管涂润滑油后，从开口器的孔内送入。如经鼻插入时，将胃导管涂润滑油后，

自鼻孔送入。胃导管尖端到达咽部时，牛将自然咽下。确定胃管插入食管无误后，接上漏斗即可灌药。灌完后缓慢抽出胃管，并解下开口器（图 1-23）。

② 猪经口插入胃导管。先将猪保定好，视情况采取直立、侧卧或站立方式，一般多用侧卧保定。用开口器将口打开（无开口器时，可用一根木棒中央钻一孔），然后将胃导管沿孔向咽部插入。当胃导管前端插至咽部时，轻轻抽动胃导管，引起吞咽动作，并随吞咽顺势插入食管。判定胃导管确实插入食管后，接上漏斗即可灌药。灌完后慢慢抽出胃导管，并解下开口器（图 1-24）。

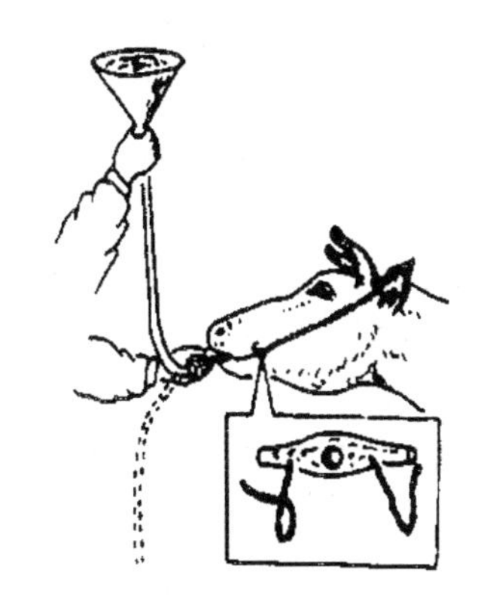

图 1-23　牛的胃导管给药

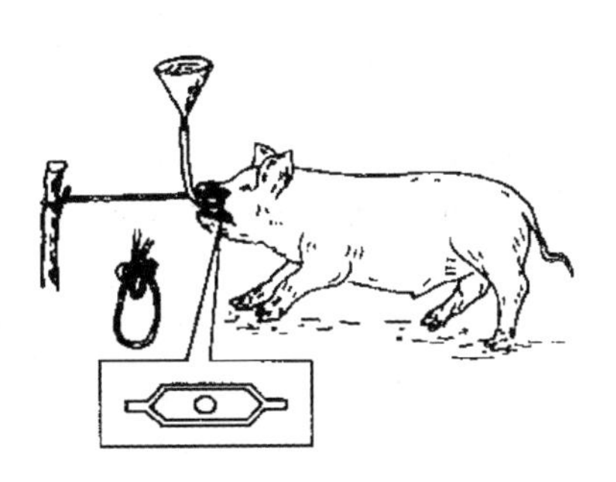

图 1-24　猪的胃导管给药

③ 犬经口插入胃导管。将犬侧卧或犬坐保定。用开口器将口打开（无开口器时，可用两个纱布条将上、下颌拉开或放置一筒圈纸后扎起上、下颌），将胃导管经口插入。当胃导管前端插至咽部时，轻轻抽动胃导管，引起吞咽动作，并随吞咽插入食管。判定胃导管确实插入食管后，接上漏斗即可灌药。灌完后慢慢抽出胃导管，并解下开口器。

注意：要注意人和动物的安全；插胃导管时要小心、缓慢，不宜粗暴；胃导管投药时，必须判断是否正确插入食管，以免将药物灌入肺内。

（3）混饲、混饮给药

① 鸡（禽）的混饲给药。鸡混饲给药临床多用于预防给药，或鸡病群发时的治疗给药。给药方法为根据鸡的饲养量和用药剂量说明进行，例如称取 1000g 大蒜粉，将其与 5kg 饲料预混，再将混有大蒜粉的饲料与 600kg 的饲料在混合机内混合直至均匀，最后通过传送设备将拌有药物的饲料输送到饲槽中喂鸡。这种给药方法只在鸡有食欲的情况下进行，且为保证每只鸡都能用上药，喂料量最好减半。

② 鸡的混饮给药。鸡混饮给药临床多用于预防给药，或鸡病群发时的治疗给药。混饮给药方法为根据鸡的饲养量和用药剂量，将粉状药物溶于一定比例的饮水中进行。例如将消毒药在配液缸里加水按一定的比例配制好，然后通过水管流入到饮水器，供鸡自由吮饮。这种给药方法只在鸡有饮欲的情况下进行，且为保证每只鸡都能用上药，最好在给药之前禁饮，夏天 1h 左右，其他季节 2～3h。

2. 注射给药

（1）皮下注射法　适用于注射小剂量、易溶解、刺激性小的药物及疫苗等。

① 注射部位。选择在皮肤较薄而皮下疏松的部位，猪在耳根后或股内侧，禽类在翼下，犬在颈背部。

② 注射方法。将动物保定，注射部位消毒，用手提起注射部位皮肤，沿皱褶基部的陷窝处刺入 2～3cm（视动物大小决定刺入深度），感觉针头无抵抗，且能自由拔动时，一手指

头按住针头结合部，推压针筒活塞，注入药液。注完后，局部消毒，并稍加按摩。

(2) 肌内注射法　主要用于注射刺激性较强且不宜进行皮下注射的药物。要求注射后药物吸收较快时也可以选用肌内注射。

① 注射部位。凡肌肉丰富的部位，均可进行肌内注射，但应注意避开大血管及神经路径。羊多在颈侧部；大家畜在臀部和颈侧部；猪在耳后、臀部或股内侧；犬、猫多在脊柱两侧的腰部肌肉或股部肌肉；禽多在胸肌。

② 注射方法。左手固定注射局部，右手持连接针头的注射器，与皮肤呈垂直的角度，迅速刺入肌肉；左手持注射器，以右手推动活塞手柄，抽动针管活塞，确认无回血时，注入药液；注射完毕后，拔出针头，局部消毒。为安全起见，对大家畜也可先以右手持注射器针头，直接刺入局部，接上注射器，然后以左手把住针头和注射器，右手回抽无血后推动活塞手柄，注入药液。

(3) 静脉注射（滴注）　主要用于大量的输液、输血及急救；刺激性较强的药物或皮下、肌内不能注射的药物的给药和要求药物起效快等情况。静脉注射部位见表 1-2。

表 1-2　不同种类动物静脉注射部位

动物种类	静脉注射部位
牛、羊	颈静脉或耳静脉
猪	耳静脉或前腔静脉
犬、猫	前臂内侧头皮静脉或后肢外侧面的小隐静脉
兔	耳静脉

前腔静脉注射时将猪仰卧保定，固定其前肢及头部，局部消毒后，术者持接有针头的注射器，由右侧沿第一肋骨与胸骨接合部前侧方的凹陷处刺入，并稍偏斜刺向中央及胸腔方向，边刺边回血，见回血后即可徐徐注入药液；注完后拔出针头，局部按常规消毒处理。

① 牛、羊的静脉注射（滴注）。一人保定好牛或羊，一人用拇指压迫颈静脉的下方，使颈静脉怒张，用碘酊棉球消毒，酒精棉球脱碘，右手持针头瞄准颈静脉，以腕力使针头近似垂直方向迅速刺入皮肤及血管（或刺入皮肤后再调整刺入血管内），见有血液流出后把针头再顺血管进针 1～2cm，连接上吸好药物的注射器（或输液器），即可注入药液。注射完后拔出针头，用酒精棉球消毒。

② 猪的静脉注射（滴注）。将猪站立或横卧保定，局部按常规消毒，一人捏压耳根部静脉根部处或将耳根部结扎，使静脉充盈、怒张（用酒精棉反复涂擦可引起更为明显的充血）；静脉注射时另一人用一手把持猪耳，将其托平并使注射部位稍高；另一手持连接针头的注射器，然后沿静脉径路刺入血管内（针头与皮肤呈 30°～45°），抽活塞见回血后再将注射器沿血管方向伸入；解除压迫，徐徐推进药液，注射完毕，用酒精棉球压住针孔，迅速拔针，并按压酒精棉。如进行静脉滴注则用输液器的针头刺入静脉，见回血后，将针头再推进少许，撤去静脉近心端的压迫，打开开关，调好滴速，用胶布固定好，即可进行静脉滴注。注射完后拔出针头，用酒精棉球消毒。

③ 犬、猫的静脉注射（滴注）。犬、猫前臂内侧头皮静脉比后肢小隐静脉还粗一些，而且比较容易固定，因此一般静脉注射或取血时常用此静脉。注射时一人将犬俯卧保定，局部剪毛、消毒。用手或用止血带压迫静脉根部使静脉血管怒张。另一人手持连接有胶管的针头，将针头向血管旁的皮下先刺入，而后与血管平行刺入静脉，接上注射器回抽，如见回血，将针尖向血管腔再刺进少许，撤去静脉近心端的压迫，徐徐将药液注入静脉。如进行静脉滴注则用留置针刺入静脉，见回血后，将针头再推进少许，撤去静脉近心端的压迫，盖上帽子，连上吊瓶，调好滴速，用胶布固定好，即可进行静脉滴注。注射完后拔出针头，用酒

精棉球消毒。

(4) 腹腔注射法 主要用于治疗顽固性腹膜炎等疾病而进行局部给药；当静脉注射出现困难时，可通过腹腔进行补液等，尤其适用于犬、猫、猪等中小动物。

① 注射部位。牛在右肷窝中央；猪、犬、猫在下腹部耻骨前缘 3～5cm 腹白线旁。

② 注射方法。将猪、犬、猫等动物两后肢提起，做倒立保定，术部剪毛、消毒。一手把握动物的腹侧壁，另一手持连接针头的注射器（或仅取注射针头）于注射部位垂直刺入 2～3cm，感觉针头无抵抗，回抽注射器活塞不见血、尿、粪后注射药物，注入药液后，拔出针头，局部消毒处理。

知识拓展：
屠呦呦和青蒿素

【作业】记录实验过程和结果，完成实验报告。

同步练习题

1. 选择题

(1) 影响药物作用的主要因素不包括（ ）。

A. 种属差异 B. 给药方案 C. 饲养人员 D. 病理因素 E. 环境因素

(2) 给药方案不包括（ ）。

A. 剂量 B. 给药途径 C. 给药时间间隔 D. 适用动物 E. 疗程

2. 填空题

(1) 兽药经加工制成适合防治疾病应用的一种形式，具有一定规格的药品形态称为______。

(2) 药物作用的基本表现有______和______作用。

(3) 药物的选择性高是由于药物与组织的亲和力____。

(4) 有些药物几乎没有选择性地影响机体各组织器官，对它们都有类似作用，称为______。

(5) 凡与治疗目的无关的、对机体不利的药物作用，称为________。

(6) 由于用药量过大，用药后在短时间内或突然发生的称为______，长期反复用药，因蓄积而逐渐发生的称为__________。

3. 简答题

(1) 药物的不良反应有哪些？临床上如何避免？

(2) 两种或两种以上的药物联合使用，可能会产生哪些效果？试分别举例说明。

(3) 什么叫药物作用的选择性？在临床上有何意义？

(4) 什么是量效曲线？并说明药物的作用有哪些特性。

(5) 什么叫兽医处方？临床开写处方时，应注意哪些事项？

4. 论述题

(1) 影响药物作用的因素有哪些？简述其临床意义。

(2) 某农户因治病心切，在饮水中投入超量药物，导致鸡群因药物中毒死亡，请你根据药物的量效关系向农户解释为什么不能随意加大剂量？

5. 讨论题

请分组讨论一下：为什么药物是把双刃剑？

模块二　抗感染性疾病药物

内容摘要

本模块包括抗微生物药物、消毒防腐药物、抗寄生虫药物，要求掌握抗感染性疾病药物的作用机制、临床应用、注意事项及其制剂等，能将抗感染性疾病药物安全、有效、合理地应用于临床中。

单元一　抗微生物药物

学习目标

1. 知识目标：理解抗微生物药物的分类与作用机制。
2. 能力目标：掌握常用抗微生物药物的作用特点、临床应用，做到合理选药用药。
3. 素质目标：清楚耐药性对养殖业和人类公共卫生安全的危害，避免滥用抗微生物药，做到科学、规范合理用药。

抗微生物药是指对病原微生物具有抑制或杀灭作用的一类化学物质。按照药物作用的对象可分为：抗菌药物、抗病毒药物、抗真菌药物、抗支原体药物、抗衣原体药物、抗立克次体药物、抗分枝杆菌药物、抗螺旋体药物等，通常不包括抗寄生虫药物，但广义的抗微生物药物有时把抗寄生虫药物也包括在内。抗菌药物属于抗细菌感染的药物，是抗微生物药物分类中包含药物种类最多的一个分类，是目前使用最为广泛的一类抗微生物药物，抗菌药物又包括抗生素以及化学合成抗菌药。本部分内容仅介绍兽医临床上常用药物的抗生素、化学合成抗菌药和抗真菌药。

1. 基本概念与常用术语

（1）抗菌药物　系指由微生物（如细菌、真菌、放线菌）所产生的化学物质——抗生素及人工半合成及全合成的一类药物的总称，属抗微生物药物。它们对病原菌具有抑制或杀灭作用，是防止感染性疾病的一类药物。如土霉素、红霉素、庆大霉素属于抗生素；氨苄西林、阿莫西林、头孢氨苄为人工半合成抗菌药；氟喹诺酮类和磺胺类药物是人工全合成抗菌药。

抗菌药物

（2）抗菌谱　指药物抑制或杀灭病原菌的范围。分为窄谱抗菌和广谱抗菌两类，即仅对单一菌种或单一菌属有抗菌作用称为窄谱抗菌，如多黏菌素类药物仅对革兰氏阴性细菌有抑杀作用；具有抑制或杀灭多种不同种类细菌的作用称为广谱抗菌，如四环素类药物与氟喹诺酮类药物等对革兰氏阴性菌和革兰氏阳性菌均有抑制和杀灭作用。

（3）抗菌活性　指药物抑制或杀灭细菌的能力。实践中常用最低抑菌浓度与最低杀菌浓度两个指标进行评价。能够抑制培养基中细菌生长的最低浓度称为最低抑菌浓度（MIC）；而能够杀灭培养基中细菌的最低浓度称为最低杀菌浓度（MBC）。

(4) 抗生素效价 指抗生素的作用强度。常以质量单位或效价单位(U)来表示。常采用化学法或生物效价测定法。由于大多数抗生素药物不纯，不能够用质量法衡量抗生素的作用强度，故规定了以特定单位(U)作为评定抗生素的效能和活性成分含量的尺度，并确定每种抗生素的效价与质量之间特定转换关系。如规定青霉素G钠1IU等于0.6μg；土霉素1mg效价不得少于910土霉素单位、硫酸庆大霉素1mg效价不得少于590庆大霉素单位。

(5) 抗菌后效应(PAE) 指抗菌药在停药后血药浓度虽已降至其最低抑菌浓度以下，但在一定时间内细菌仍受到持久抑制的效应。如大环内酯类抗生素和氟喹诺酮类抗菌药物等均有该作用。

(6) 耐药性 又称抗药性，是指病原体对反复应用的化疗药物的敏感性降低或消失的现象。其中由细菌染色体基因决定而代代相传的耐药性为固有耐药性，如肠道杆菌对青霉素的耐药；而由细菌与药物反复接触后对药物的敏感性降低或消失，大多由质粒介导其耐药性，称为获得耐药性，如金黄色葡萄球菌对青霉素的耐药。

2. 抗菌药物作用机制

抗菌药物通过对细菌生长繁殖过程中的结构完整性破坏和正常代谢功能的干扰而产生作用，综合归纳起来有五个主要方面。其具体的作用机制如下：

(1) 增加细胞膜的通透性 细菌的细胞膜具有选择性输送营养物质及催化重要生化代谢过程的作用。环状多肽类的多黏菌素B、多黏菌素E的结构中含有带正电荷的游离氨基与细菌细胞膜磷脂带负电荷的磷酸根结合，破坏菌体外膜脂质双层结构，使细胞膜功能受损；而多烯类抗生素如制霉菌素、两性霉素等能与真菌细胞膜上的麦角甾醇相结合，使细胞膜的通透性增加，导致菌体内的氨基酸、核苷酸、蛋白质、糖和盐类等细胞内容物外漏而死亡。但由于动物细胞膜中含有的固醇类物质为胆固醇，因此，多烯类抗生素对动物体细胞无损伤。

(2) 干扰细菌细胞壁的合成 许多抗菌药物可干扰细胞壁黏肽(肽聚糖)生物合成的三个阶段，即细胞浆内黏肽的前体物质合成、细胞膜上黏肽的直链单体合成和细胞膜外的黏肽单体交叉联结，致使细胞壁缺损，维持细胞形态和细胞内渗透压的功能丧失。这样，在菌体内的高渗透压(一般革兰氏阳性菌渗透压可达20～30个标准大气压)作用下，水分不断渗入，导致细胞体膨胀变形和破裂而使细菌死亡。如磷霉素可与磷酸烯醇丙酮酸竞争二磷酸尿嘧啶核苷-*N*-乙酰胞壁酸丙酮酸转移酶，使黏肽前体物质二磷酸尿嘧啶核苷-*N*-乙酰胞壁酸-三肽合成受阻；环丝氨酸主要作用于丙氨酸消旋酶与D-丙氨酸合成酶，使两分子D-丙氨酸连接中断，抑制糖肽合成第一阶段；杆菌肽能阻止脂质载体十一烯双苯丙磷酸酯的再生，导致二磷酸尿嘧啶核苷-*N*-乙酰胞壁酸-五肽堆积，无法参与下一步生物合成环节，抑制糖肽合成第二阶段；青霉素类、头孢菌素类抗生素则与青霉素结合蛋白(PBP)中的PBP1和PBP3结合，使转肽酶乙酰化而失活，使四肽链、五肽桥无法连接，导致胞质外线型糖肽链交叉连接成立体结构的过程失败，抑制糖肽合成第三阶段。上述糖肽生物合成的各环节失常，最终可导致细菌无法合成坚韧的细胞壁。

(3) 抑制核酸的合成 细菌的DNA在复制时必须使双螺旋结构解旋，然而任何解旋均会导致过多的正股超螺旋状DNA在断口前面形成，细菌的DNA促旋酶能持续将负超螺旋引入DNA以克服此种机制障碍。细菌的DNA促旋酶是四聚体结构的蛋白，由两个A亚基和两个B亚基聚合组成，分别由染色体基因*gyrA*和*gyrB*控制。DNA促旋酶在与细菌的环状DNA结合过程中，A亚基使正超螺旋的DNA的一条单链(后链)断裂形成缺口，随后在B亚基的介导下使ATP水解，使DNA的另一条链(前链)后移至缺口之后，A亚基再封闭缺口，使不断产生的正超螺旋的DNA链变成负超螺旋结构。氟喹诺酮类药物作用靶点为A亚单位，抑制A亚基的切割及封口活性，使DNA促旋酶活性丧失，干扰细菌DNA

的合成，导致细胞的死亡，而起到抗菌作用。另外，利福平则与分枝杆菌的RNA多聚酶的β-亚单位结合，阻碍了DNA转录的起始过程而发挥抑菌作用。

（4）抑制细菌叶酸的代谢　细菌细胞对叶酸的通透性差，不能利用环境中的叶酸成分，而是利用对氨基苯甲酸（PABA）、二氢蝶啶和L-谷氨酸在二氢叶酸合成酶的催化下合成二氢叶酸，再经二氢叶酸还原酶还原为四氢叶酸。四氢叶酸作为一碳基团转移酶的辅酶，参与嘌呤、嘧啶、氨基酸的合成。由于磺胺类药物具有与PABA的结构相似的对氨基苯磺酰胺化学结构，能与PABA竞争二氢叶酸合成酶，抑制二氢叶酸的合成，或者形成“伪叶酸”，最终使核酸合成受阻，导致细菌生长繁殖停止而起到抑菌作用。高等动、植物能直接利用外源性叶酸，故其代谢不受磺胺类药物干扰。

（5）抑制细菌蛋白质的生物合成　某些抗生素能够作用于细菌内蛋白质生物合成的起始、肽链延长、肽链终止三个不同阶段而发挥抗菌作用。由于细菌核糖体为70S，由30S和50S亚基组成，动物核糖体为80S，由40S和60S亚基组成，使得药物对细菌的核糖体具有高度选择性。如氨基糖苷类抗生素可与细菌核糖体30S亚基结合，使其不能形成30S起始复合物；引起三联体密码子识别错误；抑制肽链延长，并使第一个tRNA自核糖体脱落，肽链中氨基酸顺序排错，导致错误蛋白质合成；抑制70S复合物形成；抑制70S复合物解离，使核蛋白循环不能继续进行等诸方面的影响而呈现杀菌作用。

四环素类抗生素则能与30S亚基结合，破坏tRNA和mRNA之间的密码子-反密码子反应，阻止氨酰tRNA与核糖体A位点结合，抑制细菌蛋白质合成。

大环内酯类抗生素与50S核糖体亚基可逆性结合，阻止新合成的肽酰tRNA分子从A位移至P位，抑制蛋白质合成。

酰胺醇类抗菌药和林可霉素及其衍生物能与50S亚基可逆性结合，抑制肽酰转移酶，抑制肽键形成，而使肽链延长受阻。

一、抗生素

抗生素是细菌、真菌、放线菌等微生物在生长繁殖过程中产生的代谢产物，能够抑制或杀灭病原菌。作用机制主要包括增加细胞膜的通透性、干扰细菌细胞壁的合成、抑制核酸的合成、抑制细菌叶酸的代谢、抑制细菌蛋白质的生物合成等。根据药物抑制或杀灭病原菌的范围分为窄谱抗菌药和广谱抗菌药。窄谱抗菌药仅对单一菌种有抗菌作用，如青霉素类药物仅对革兰氏阳性菌有抑制或杀灭作用；广谱抗菌药物对多种不同种类细菌具有抑制或杀灭作用，如氟喹诺酮类药物对大多数细菌具有抑制和杀灭作用。抗生素根据化学结构可分为β-内酰胺类抗生素、大环内酯类抗生素、氨基糖苷类抗生素、四环素类抗生素、林可胺类抗生素、多肽类抗生素等。

（一）β-内酰胺类抗生素

指药物结构中含有β-内酰胺环结构的一类药物，主要包括青霉素类和头孢菌素类两类抗生素。β-内酰胺类抗生素属繁殖期杀菌药，能够抑制胞壁黏肽合成酶，即青霉素结合蛋白，从而阻碍细胞壁黏肽合成，使细胞壁缺损，菌体膨胀裂解死亡。除此之外，还能触发细菌的自溶酶活性导致细菌死亡。革兰氏阳性菌细胞壁内黏肽含量较多，因此β-内酰胺类抗生素主要作用于革兰氏阳性菌和少数革兰氏阴性菌，由于动物无细胞壁，因而本类药对动物机体毒性小。

青霉素类抗生素

1. 青霉素类抗生素

青霉素类分为天然青霉素和半合成青霉素。其中，天然青霉素类以青霉素 G 为代表，常见的有青霉素 G 钠、青霉素 G 钾，具有杀菌力强、毒性低、使用方便、价格低廉等优点，但不耐酸和青霉素酶，抗菌谱较窄，易过敏。而半合成青霉素类以氨苄西林、阿莫西林、苯唑西林、氯唑西林和普鲁卡因青霉素等为主，具有广谱、耐青霉素酶、长效等特点。兽医临床最常用的是青霉素 G。

青霉素 G

知识拓展：青霉素的发现

【理化性质】青霉素是一种有机酸，性质稳定，难溶于水。其钾盐或钠盐为白色结晶性粉末；无臭或微有特异性臭；有引湿性；遇酸、碱或氧化剂等迅速失效，水溶液在室温放置易失效。在水中极易溶解，乙醇中溶解，在脂肪油或液状石蜡中不溶。20 万 IU/ml 青霉素溶液于 30℃放置 24h，效价下降 56%，临床应用时应现用现配。

【药动学】内服易被胃酸和消化酶破坏，仅少量吸收，故不宜内服。肌内或皮下注射后吸收较快而完全，吸收后在体内分布广泛，能分布到全身各组织，以肾、肝、肺、肌肉、小肠和脾等的浓度较高；骨骼、唾液和乳汁含量较低。当中枢神经系统或其他组织有炎症时，青霉素则较易透入，如患脑膜炎时，血脑屏障的通透性增加，青霉素进入量增加，可达到有效血药浓度。青霉素的体内消除半衰期较短，种属间的差异较小。青霉素吸收进入血液循环不被代谢，几乎全部以原形迅速从尿中排出。约 80%的青霉素由肾小管分泌排出，20%左右通过肾小球滤过。此外，青霉素也可在乳中排泄，因此，给药后奶牛的乳汁应禁止给人食用，以免在易感人群中引起过敏反应。

【作用与应用】青霉素属窄谱的杀菌性抗生素。青霉素对革兰氏阳性和阴性球菌、革兰氏阳性杆菌、放线菌和螺旋体等高度敏感，常作为首选药。对青霉素敏感的病原菌主要有链球菌、葡萄球菌、肺炎链球菌、脑膜炎球菌、化脓放线菌、炭疽杆菌、破伤风梭菌、李氏杆菌、产气荚膜梭菌、牛放线菌和钩端螺旋体等。大多数革兰氏阴性杆菌对青霉素不敏感。青霉素抗菌作用机制主要是抑制细菌细胞壁黏肽的合成。生长期的敏感菌的细胞壁处于生物合成期，青霉素对处于繁殖期正大量合成细胞壁的细菌作用强，而对已合成细胞壁而处于静止期者作用弱，故称繁殖期杀菌剂。哺乳动物的细胞无细胞壁结构，故对动物毒性小。

青霉素适用于敏感菌所致的各种疾病，如猪丹毒、气肿疽、恶性水肿、放线菌病、马腺疫、坏死杆菌病、钩端螺旋体病及乳腺炎、皮肤软组织感染、关节炎、子宫炎、肾盂肾炎、肺炎、败血症和破伤风等。发生破伤风而使用青霉素时，应与破伤风抗毒素合用。对耐药金黄色葡萄球菌的感染，可采用苯唑西林、红霉素等进行治疗。

除金黄色葡萄球菌外，一般细菌对青霉素不易产生耐药性，但耐药的金黄色葡萄球菌菌株比例逐年增加。

【不良反应】青霉素的毒性很小。其不良反应除局部刺激外，主要是过敏反应，人较为严重。在兽医临床上，马、骡、牛、猪、犬中已有报道，但症状较轻。主要临床表现为流汗、兴奋、不安、肌肉震颤、呼吸困难、心率加快、站立不稳，有时见荨麻疹、眼睑和头面部水肿，阴门、直肠肿胀和无菌性蜂窝织炎等，严重时休克，抢救不及时，可导致迅速死亡。因此，在用药后应注意观察，若出现过敏反应，要立即进行对症治疗，严重者可静脉或肌内注射肾上腺素（马、牛 2～5mg/次，羊、猪 0.2～1mg/次，犬 0.1～0.5mg/次，猫 0.1～0.2mg/次），必要时可加用糖皮质激素和抗组胺药，增强或稳定疗效。

青霉素引起过敏反应的主要原因是青霉素降解为青霉噻唑酸，聚合后与多肽和蛋白质结合形成青霉噻唑酸蛋白，是一种速发型致敏原。

【注意事项】①产蛋供人食用的家禽，在产蛋期不得使用。②青霉素钠易溶于水，水溶液不稳定，很易水解，水解率随温度升高而加速，因此注射液应在临用前配制。必需保存时，应置冰箱中（2～8℃），可保存7d，在室温只能保存24h。③大剂量注射可能出现高钠血症。对肾功能减退或心功能不全患畜会产生不良后果。④治疗破伤风时宜与破伤风抗毒素合用。

【制剂、用法与用量】注射用青霉素钠或注射用青霉素钾，临用前，加灭菌注射用水适量使溶解。肌内注射：一次量，每1kg体重，马、牛1万～2万单位，羊、猪、驹、犊2万～3万单位，禽5万单位，犬、猫3万～4万单位。一日2～3次，连用2～3日。

氨苄西林

【理化性质】本品又称氨苄青霉素，为白色或类白色的粉末或结晶性粉末，微溶于水，其钠盐易溶，常制成可溶性粉、注射液、粉针、片剂等。

【作用与应用】

本品具有广谱抗菌作用。对大多数革兰氏阳性菌的效力不及青霉素。对革兰氏阴性菌，如大肠杆菌、变形杆菌、沙门菌、嗜血杆菌、布鲁氏菌和巴氏杆菌等均有较强的作用，与氟苯尼考、四环素相似，但不如卡那霉素、庆大霉素。本品对耐青霉素的金黄色葡萄球菌、铜绿假单胞菌无效。丙磺舒可以延缓本品的排泄，使血药浓度提高，半衰期延长。

本品用于敏感菌所致的肺部、尿道感染和革兰氏阴性杆菌引起的某些感染等，例如驹、犊肺炎，牛巴氏杆菌病、肺炎、乳腺炎，猪传染性胸膜肺炎，鸡白痢、禽伤寒等。严重感染时，可与氨基糖苷类抗生素合用以增强疗效。

【不良反应】不良反应同青霉素。

【注意事项】①对青霉素酶敏感，不宜用于耐青霉素的金黄色葡萄球菌感染。②内服后耐酸，单胃动物吸收较好，反刍动物吸收差；肌注吸收生物利用度大于80%，吸收后分布广泛，可透过胎盘屏障，但脑脊髓液和奶中含量低。半衰期短，主要经肾脏排泄。③可产生过敏反应，犬较易发生。④长期或超量应用，可发生二重感染，故马属动物不宜长期内服，成年反刍动物禁止内服。⑤氨苄西林钠在生理盐水、复方氯化钠溶液中稳定性较好，在5%葡萄糖生理盐水中稳定性一般，在10%葡萄糖、5%碳酸氢钠中稳定性最差，输液时应注意选择。⑥氨苄西林混悬注射液使用前应先将药液摇匀，注射后应在注射部位多次轻轻按摩。

【制剂、用法与用量】注射用氨苄西林钠、氨苄西林可溶性粉。肌内、静脉注射：一次量，每1kg体重，家畜10～20mg。一日2～3次，连用2～3日。混饮，每升水，家禽60mg。内服，一次量，每千克体重，鸡20～50mg。一日1～2次，连用3～5日。

阿莫西林

【理化性质】本品又称羟氨苄青霉素，为白色或类白色粉末或结晶，微溶于水，常制成可溶性粉、注射剂。

【作用与应用】阿莫西林为半合成广谱青霉素，通过抑制细菌胞壁黏肽合成而发挥杀菌作用。对肺炎链球菌、溶血性链球菌、金黄色葡萄球菌、大肠杆菌、巴氏杆菌、沙门菌、流感嗜血杆菌等具有良好的抗菌活性，可用于治疗对阿莫西林敏感的革兰氏阳性菌和革兰氏阴性菌感染。

【注意事项】①本品与克拉维酸（克拉维酸为β-内酰胺酶抑制剂，能与β-内酰胺酶不可逆结合，使酶失去水解β-内酰胺类抗生素的活性）按4∶1比例制成复合片剂或混悬液，提高对耐药葡萄球菌感染的疗效，用于治疗犬和猫的泌尿道、皮肤及软组织的细菌感染。②内服耐酸，单胃动物吸收良好，不受胃肠道内容物影响，可与饲料同服。血清浓度比氨苄西林高1.5～3倍。③在输液中稳定性与氨苄西林钠相同，静脉滴注时最好在2h内用完。④休药期：鸡7日，产蛋期禁用；牛、猪14日；弃奶期2.5日。

【制剂、用法与用量】

注射用阿莫西林钠。规格为0.5g。肌内注射，每千克体重，家畜4～7mg，2次/日；乳管内注入，一次量，每一乳室，奶牛200mg，1次/日，连用2～3日。

阿莫西林可溶性粉。以阿莫西林计，混饮，每1L水，鸡60mg，连用3～5日。

2. 头孢菌素类抗生素

头孢菌素类又称先锋霉素类，是以顶头孢菌培养得到天然头孢菌素C作为原料，经半合成改造其侧链得到的一类抗生素。头孢菌素类和青霉素类同属β-内酰胺抗生素，不同的是头孢菌素类的母核是7-氨基头孢烷酸，而青霉素的母核则是6-氨基青霉烷酸，这一结构上的差异使头孢菌素能耐受青霉素酶。该类药可破坏细菌的细胞壁，并在繁殖期杀菌。对细菌的选择作用强，而对人几乎没有毒性，具有抗菌谱广、抗菌作用强、耐青霉素酶、过敏反应较青霉素类少见等优点。按其发明的年代的先后和抗菌性能的不同可分为第1、第2、第3、第4代，临床常用药物有头孢氨苄、头孢噻呋、头孢喹肟等。

头孢氨苄

【理化性质】白色或微黄色结晶性粉末，微溶于水，常制成乳剂、片剂、胶囊。

【作用与应用】头孢氨苄抗菌谱广，对革兰氏阳性菌的抗菌活性较强，对大肠杆菌、变形杆菌、克雷伯菌、沙门菌等革兰氏阴性菌也有抗菌作用，对铜绿假单胞菌不敏感。用于治疗大肠杆菌、链球菌、葡萄球菌等敏感菌引起的泌尿道、呼吸道感染和奶牛乳腺炎等。

【注意事项】①有过敏反应，犬尤为易发生。②有胃肠道反应，表现为厌食、呕吐和腹泻。③有潜在肾毒性，对肾功能不全的动物应酌情减量。④使用前应振摇均匀，内服吸收迅速而完全，犬、猫生物利用度为75%。⑤对头孢菌素、青霉素过敏动物慎用。

【制剂、用法与用量】头孢氨苄注射液、头孢氨苄片。肌内注射：一次量，每1kg体重，猪10mg，一日1次；内服，一次量，每千克体重，犬、猫15mg，一日2次。

头孢噻呋

【理化性质】本品为类白色或淡黄色粉末，不溶于水，其钠盐则易溶于水，常制成粉针、混悬型注射液。混悬液有细微颗粒，静置后细微颗粒下沉，振摇后呈均匀的灰白色至灰褐色的混悬液。

【作用与应用】畜禽专用抗生素，广谱杀菌作用。对革兰氏阳性菌、革兰氏阴性菌（包括产β-内酰胺酶菌）均有效。敏感菌主要有多杀性巴氏杆菌、溶血性巴氏杆菌、胸膜肺炎放线菌、沙门菌、大肠杆菌、链球菌、葡萄球菌等，某些铜绿假单胞菌、肠球菌耐药。用于治疗猪细菌性呼吸道感染，如猪的副猪嗜血杆菌病；牛的急性呼吸系统感染及牛乳腺炎；雏鸡的大肠杆菌感染等。

【注意事项】①有一定肾毒性，对肾功能不全动物应调整剂量。②可能引起胃肠道菌群紊乱或二重感染。③使用前充分摇匀，内服不吸收，肌内和皮下注射吸收迅速且分布广泛，有效血药浓度维持时间较长。④可能出现一过性疼痛。⑤可引起牛特征性的脱毛和瘙痒。

⑥对 β-内酰胺类抗生素高敏的人应避免接触本品。⑦休药期：牛 3 日，猪 2 日。

【制剂、用法与用量】注射用头孢噻呋钠。肌内注射：一次量，每 1kg 体重，猪 3mg，一日 1 次，连用 3 日。皮下注射：1 日龄雏鸡，每羽 0.1mg。

头孢喹肟

【理化性质】本品为类白色粉末，性质稳定，易溶于水。注射剂为细微颗粒的混悬油溶液，静置后，细微颗粒下沉，摇匀后成均匀的类白色至浅褐色的混悬液。

【作用与应用】头孢喹肟是动物专用第四代头孢菌素类抗生素。通过抑制细胞壁的合成达到杀菌效果，具有广谱抗菌活性，对 β-内酰胺酶稳定。体外抑菌试验表明头孢喹肟对常见的革兰氏阳性菌和革兰氏阴性菌敏感。用于治疗由多杀性巴氏杆菌或胸膜肺炎放线菌引起的猪、牛呼吸系统疾病以及怀孕和泌乳期奶牛乳腺炎的防治等。治疗由葡萄球菌、链球菌、大肠杆菌等引起的犬脓皮症等细菌性疾病。

【注意事项】①对 β-内酰胺类抗生素过敏的动物禁用。②本品口服吸收不好，但注射吸收迅速，生物利用度较高。半衰期短，以原形从尿中排出。③现用现配。溶解时会产生气泡，操作时应加以注意。④休药期：牛 5 日，禽 5 日，猪 2 日，弃奶期 1 日。

【制剂、用法与用量】硫酸头孢喹肟注射液。①3 日龄仔猪，肌内注射：6mg/头；断奶仔猪，肌内注射：15mg/头。②犊牛，喂初乳前，肌内注射：30～40mg/头，一次即可。③治疗动物细菌性疾病：注射给药，每 1kg 体重，牛 1mg，猪 2mg，禽 1～2mg，每日 1 次，连用 3～5 日。

3. β-内酰胺酶抑制剂

β-内酰胺类抗生素的长期大量使用，使得某些细菌产生了 β-内酰胺酶，β-内酰胺酶能够破坏 β-内酰胺类抗生素结构中的 β-内酰胺环，使得某些细菌对 β-内酰胺类抗生素产生了耐药性。β-内酰胺酶抑制剂能抑制 β-内酰胺酶的活性，使抗生素中的 β-内酰胺环免遭水解而发挥其抗菌活性。β-内酰胺酶抑制剂在使酶失活的过程中自身的结构也受到破坏，与酶一起形成失活产物，因此被称为自杀性酶抑制剂。临床常用的 β-内酰胺酶抑制剂有克拉维酸（棒酸）、舒巴坦等。β-内酰胺酶抑制剂本身抗菌活性较小，一般与 β-内酰胺类抗生素同时使用。常见的复方制剂有阿莫西林克拉维酸钾、氨苄西林钠舒巴坦钠等。

阿莫西林克拉维酸钾

【理化性质】本品为类白色至浅黄色的混悬液体。

【作用与应用】克拉维酸钾抗菌活性微弱，单独应用无效。阿莫西林属 β-内酰胺类抗生素，具有广谱抗菌作用，对大多数革兰氏阳性菌和部分革兰氏阴性菌有较强的作用。本品经口服后吸收良好，阿莫西林和克拉维酸钾均 1～2h 可达到最高血药浓度，在机体内分布范围较广，对全身性感染的效果较好。用于家畜及小动物阿莫西林敏感菌引起的感染。

【注意事项】①应用注意参见阿莫西林。②克拉维酸钾内服在胃酸中稳定并易于吸收，与阿莫西林共同分布于肺、胸水和腹水中，脑膜炎时脑脊液的浓度升高。③易透过胎盘，但无致畸毒性。④克拉维酸和阿莫西林在乳中浓度低。⑤克拉维酸通过肾小球滤过，以原形在尿中排出。

【制剂、用法与用量】注射用阿莫西林克拉维酸钾。肌内或皮下注射：每 20kg 体重，牛、猪、犬、猫 1ml。一日 1 次，连用 3～5 日。

（二）氨基糖苷类抗生素

氨基糖苷类抗生素由链霉菌产生的结构含有氨基糖分子和非糖部分的糖原结合而成苷类抗生素。氨基糖苷类抗生素能与细菌核糖体结合，多环节抑制细菌蛋白质的合成过程，为静止期杀菌剂，是目前治疗需氧革兰氏阴性杆菌严重感染的重要药物。对革兰氏阳性菌的作用较弱，但对金黄色葡萄球菌包括耐药菌株较敏感，对厌氧菌无效。有明显的抗生素后效应。内服不易吸收，注射给药吸收迅速而完全。半衰期较短，主要以原形从尿中排出。常用制剂为硫酸盐，易溶于水，性质稳定。在碱性环境中抗菌作用增强。不良反应主要是具有不同程度的耳毒性、肾毒性、神经毒性和二重感染等。兽医临床常用的氨基糖苷类抗生素有庆大霉素、链霉素、卡那霉素、新霉素、大观霉素及安普霉素等。

氨基糖苷类抗生素

硫酸链霉素

【理化性质】本品为白色或类白色粉末，易溶于水，常制成粉针。

【作用与应用】硫酸链霉素抗菌谱较广，对大肠杆菌、鼠疫耶尔森菌、沙门菌、布鲁氏菌、巴氏杆菌、痢疾杆菌、鼻疽杆菌等革兰氏阴性杆菌作用强，对结核分枝杆菌有特效，对金黄色葡萄球菌等多数革兰氏阳性球菌的作用差，对链球菌、铜绿假单胞菌和厌氧菌等不敏感。对钩端螺旋体、放线菌有效。在弱碱性环境中（pH7.8）抗菌活性最强，酸性环境中（pH6 以下）则活性下降。细菌极易产生耐药性，产生速度比青霉素快。用于治疗动物各种敏感病原体引起的急性感染，如各种细菌性胃肠炎、乳腺炎、泌尿生殖道感染、呼吸道感染、放线菌病、钩端螺旋体病等，常作为结核病、鼠疫、大肠杆菌病、巴氏杆菌病和钩端螺旋体病的首选药；也用于治疗鱼类的打印病、竖鳞病、疖疮病、弧菌病，中华鳖的穿孔病、红斑病等细菌性疾病等。

【注意事项】①偶有过敏反应，以发热、皮疹、嗜酸性白细胞增多、血管神经性水肿等为症状，并与其他氨基糖苷类有交叉过敏现象。②长期应用可引起肾脏损害，动物肾功能不全慎用。③有剂量依赖性耳毒性，可引起前庭功能和第八对脑神经损害，导致运动失调和耳聋，与头孢菌素、强效利尿药和红霉素等合用耳毒性增强。④有神经肌肉阻滞作用，在剂量过大或与骨骼肌松弛药、麻醉药合用时，动物出现肌肉无力，四肢瘫痪，甚至呼吸麻痹而死亡。

【制剂、用法与用量】注射用硫酸链霉素。肌内注射，一次量，每千克体重，家畜 10～15mg。一日 2 次，连用 2～3 日。

硫酸庆大霉素

【理化性质】白色或类白色的粉末，易溶于水，常制成片剂、粉剂、注射液。

【作用与应用】本品的抗菌活性强，是氨基糖苷类药物中抗菌作用较强的一种。对大肠杆菌、克雷伯菌、变形杆菌、铜绿假单胞菌、巴氏杆菌、沙门菌等多种革兰氏阴性菌和金黄色葡萄球菌均有抗菌作用，对多数链球菌（如化脓链球菌、肺炎球菌、粪链球菌等）、厌氧菌（类杆菌属）、结核杆菌不敏感。对立克次体不敏感。细菌耐药不如链霉素、卡那霉素耐药菌株普遍，与链霉素单向交叉耐药，对链霉素耐药菌有效。用于敏感菌引起的败血症、泌尿生殖道感染、呼吸道感染、胃肠道感染、胆道感染、乳腺炎、皮肤和软组织感染等。

【注意事项】①本品可偶见过敏反应。②易造成前庭功能损害，对听觉的损害相对较少。③长期或大量应用引起可逆性肾毒性的发生率较高，与头孢菌素合用肾毒性增强。④静脉推注时，神经肌肉传导阻滞作用明显，可引起呼吸抑制作用。

【制剂、用法与用量】硫酸庆大霉素注射液、硫酸庆大霉素可溶性粉。肌内注射，一次量，每千克体重，家畜2～4mg；犬、猫3～5mg。一日2次，连用2～3日。内服，一次量，每千克体重，仔猪、犊牛、羔羊10～15mg。一天2次。混饮，每升水，家禽20～40mg，连用3日。

硫酸卡那霉素

【理化性质】白色或类白色粉末，易溶于水，常制成粉针、注射液。

【作用与应用】硫酸卡那霉素抗菌谱与链霉素相似，而抗菌活性略强。对克雷伯菌、大肠杆菌、变形杆菌、沙门菌、巴氏杆菌等大多数革兰氏阴性杆菌敏感，对结核分枝杆菌也较敏感，对铜绿假单胞菌、除金黄色葡萄球菌的革兰氏阳性菌、厌氧菌等不敏感。对立克次体不敏感。细菌耐药比链霉素慢，与新霉素交叉耐药，与链霉素单向交叉耐药。内服用于治疗敏感菌所致的肠道感染；肌内注射用于治疗敏感菌所致的各种严重感染，如泌尿生殖道感染、猪气喘病、萎缩性鼻炎、败血症、皮肤和软组织感染等。

【注意事项】①本品耳毒性比链霉素和庆大霉素强，比新霉素小，与强效利尿剂合用可加强毒性。②肾毒性大于链霉素，与多黏菌素合用可加强毒性。③较常发生神经肌肉阻滞作用。

【制剂、用法与用量】硫酸卡那霉素注射液。肌内注射，一次量，每千克体重，家畜10～15mg。一日2次，连用3～5日。

硫酸新霉素

【理化性质】白色或类白色粉末，极易溶于水，常制成可溶性粉、溶液、预混剂、片剂、滴眼液。

【作用与应用】硫酸新霉素抗菌谱和卡那霉素相近，对铜绿假单胞菌作用最强。内服用于治疗葡萄球菌、痢疾杆菌、大肠杆菌、变形杆菌等引起的畜禽肠炎；局部用于治疗葡萄球菌和革兰氏阴性杆菌引起的皮肤感染、眼的结膜炎和角膜炎及子宫内膜炎等。

【注意事项】①其为氨基糖苷类抗生素中毒性最大的，而常量内服或局部用药很少出现毒性反应，临床一般只供内服或局部应用。②对于猫、犬、牛注射易引起肾毒性和耳毒性，猪注射出现短暂性后躯麻痹及呼吸骤停的神经肌肉阻滞症状。

【制剂、用法与用量】硫酸新霉素片、硫酸新霉素可溶性粉。内服，一次量，每千克体重，犬、猫10～20mg。一日2次，连用3～5日。混饮，每升水，禽50～75mg，连用3～5日。

大观霉素

【理化性质】大观霉素又称壮观霉素。其盐酸盐、硫酸盐均为白色或类白色结晶性粉末，易溶于水，常制成可溶性粉、预混剂。

【作用与应用】对大肠杆菌、沙门菌、痢疾杆菌、变形杆菌等多种革兰氏阴性杆菌有中度抑制作用；对化脓链球菌、肺炎球菌、表皮葡萄球菌敏感；对铜绿假单胞菌不敏感。对支原体敏感；对密螺旋体不敏感。易产生耐药性，与链霉素无交叉耐药性。有促进鸡的生长和改善饲料利用率的作用。临床用于控制支原体引起的慢性呼吸道病及治疗猪和牛的链球菌病、葡萄球菌、大肠杆菌、沙门菌等感染。

【注意事项】①肾毒性和耳毒性较轻，而神经肌肉传导阻滞作用明显，不得静脉给药。②皮下或肌内注射吸收良好，但药物的组织浓度低于血清浓度，且不易进入脑脊髓液。主要以原形经肾脏排出。③与林可霉素联用比单独使用效果好，常将盐酸大观霉素或硫酸大观霉素与盐酸林可霉素混合成复方制剂，增加对支原体的抗菌活性；与四环素合用呈拮抗作用。

【制剂、用法与用量】盐酸大观霉素可溶性粉，混饮，每升水，鸡 1～2g，连用 3～5 日。

硫酸安普霉素

【理化性质】微黄色至黄褐色粉末，易溶于水，常制成可溶性粉、预混剂。

【作用与应用】硫酸安普霉素对大肠杆菌、沙门菌、克雷伯菌、变形杆菌、巴氏杆菌等多种革兰氏阴性菌和葡萄球菌均有抑制作用。对猪痢疾密螺旋体和支原体也有抑制作用。有抗钝化酶的灭活作用，细菌不易耐药；与其他氨基糖苷类药物无交叉耐药。能促进 6 周龄前的肉鸡生长。用于治疗畜禽革兰氏阴性菌引起的肠道感染，如猪大肠杆菌病、犊牛大肠杆菌和沙门菌引起的腹泻，鸡大肠杆菌、沙门菌、支原体引起的感染。

【注意事项】①硫酸安普霉素是治疗大肠杆菌病的首选药。②遇铁锈易失效，也不宜与微量元素制剂联合使用；饮水给药必须当日配制；盐酸吡哆醛能加强本品的抗菌活性。③长期或大量应用可引起肾毒性。④新生仔畜内服可部分吸收，吸收量同用量有关，并随动物年龄增长而减少。

【制剂、用法与用量】硫酸安普霉素可溶性粉、硫酸安普霉素预混剂。混饮，每升水，鸡 250～500mg，连用 5 日；每千克体重，猪 12.5mg，连用 7 日。混饲，每 1000kg 饲料，猪 80～100g，连用 7 日。

（三）大环内酯类抗生素

大环内酯类抗生素是指链霉菌产生的一类具有 14～16 元大环内酯基本化学结构的抗生素。本类药物为弱碱性的速效抑菌剂，主要对多数革兰氏阳性菌、部分革兰氏阴性球菌、厌氧菌、支原体、衣原体、立克次体和密螺旋体等有抑制作用，尤其对支原体作用强。大环内酯类抗生素能与敏感菌的核糖体 50S 亚基结合，抑制肽链的合成和延长，影响细菌蛋白质的合成。常见的动物专用抗生素有泰乐菌素、泰万菌素、替米考星等。

大环内酯及林可胺类抗生素

红霉素

【理化性质】白色或类白色结晶或粉末，其硫氰酸盐均极微溶于水，而其乳糖酸盐则易溶于水，常制成可溶性粉、粉末、片剂。

【作用与应用】对革兰氏阳性菌的作用与青霉素相似，但其抗菌谱较青霉素广。敏感的革兰氏阳性菌有金黄色葡萄球菌（包括耐青霉素金黄色葡萄球菌）、肺炎球菌、链球菌、炭疽杆菌、李斯特菌、腐败梭菌、气肿疽梭菌等。敏感的革兰氏阴性菌有流感嗜血杆菌、脑膜炎球菌、布鲁氏菌、巴氏杆菌等。此外，红霉素对弯曲杆菌、支原体、衣原体、立克次体及钩端螺旋体也有良好作用。红霉素在碱性溶液中的抗菌活性增强，当 pH 从 5.5 上升到 8.5 时，抗菌活性逐渐增加。细菌极易通过染色体突变对红霉素产生高水平耐药，且这种耐药形式可出现在治疗过程中，由细菌质粒介导红霉素耐药也较普遍。红霉素与其他大环内酯类及林可霉素的交叉耐药性也较常见。常用于治疗青霉素过敏动物和耐青霉素金黄色葡萄球菌及其他敏感菌所致的各种感染。

【注意事项】①内服易被胃酸破坏，可应用肠溶片，能透过胎盘屏障，主要以原形从胆汁排泄。②内服红霉素后常出现剂量依赖性胃肠道紊乱（呕吐、腹泻、肠疼痛和厌食等），可能由药物对平滑肌的刺激作用引起。③静脉注射时，浓度过高或速度过快易发生血栓性静脉炎及静脉周围炎，故应缓慢注射和避免药液外漏。④局部刺激性较强，如乳房给药后可引起炎症反应。

【制剂、用法与用量】 红霉素片：内服，一次量，每千克体重，犬、猫 10～20mg，一日 2 次，连用 3～5 日。注射用乳糖酸红霉素：静脉注射，一次量，每千克体重，马、牛、羊、猪 3～5mg；犬、猫 5～10mg，一日 2 次，连用 2～3 日。硫氰酸红霉素可溶性粉（500 万单位）：混饮，每升水，鸡 125mg（12.5 万单位），连用 3～5 日。

泰乐菌素

【理化性质】 白色至浅黄色粉末，微溶于水，其酒石酸盐、磷酸盐溶于水，常制成可溶性粉、预混剂、注射剂。

【作用与应用】 动物专用抗生素，对动物支原体病有特效，为大环内酯类中作用最强的药物。抗菌谱与红霉素相似，但对革兰氏阳性菌的抗菌活性不及红霉素。有促进猪、鸡生长和提高饲料利用率的作用。用于防治猪、禽的支原体及敏感革兰氏阳性菌引起的感染，如鸡的慢性呼吸道病、猪的支原体性肺炎和关节炎等；常作为治疗支原体引起的猪气喘病与山羊胸膜肺炎的首选药。

【注意事项】 ①泰乐菌素内服后可从胃肠道吸收，磷酸泰乐菌素则较少被吸收，不易透入脑脊液。②与其他大环内酯类、林可胺类和酰胺醇类因作用靶点相同，不宜同时使用。③与 β-内酰胺类合用表现为拮抗作用。

【制剂、用法与用量】 注射用酒石酸泰乐菌素：皮下或肌内注射，每千克体重，猪、禽 5～13mg。酒石酸泰乐菌素可溶性粉：混饮，每升水，禽 500mg，连用 3～5 日。磷酸泰乐菌素预混剂：混饲，每 1000kg 饲料，猪 10～100g；鸡 4～50g。

泰万菌素

【理化性质】 本品为类白色或淡黄色粉末。

【作用与应用】 酒石酸泰万菌素属于大环内酯类动物专用抗生素，抑制细菌蛋白质的合成，从而抑制细菌的繁殖。其抗菌谱近似于泰乐菌素，如对金黄色葡萄球菌（包括耐青霉素菌株）、肺炎球菌、链球菌、炭疽杆菌、猪丹毒杆菌、李斯特菌、腐败梭菌、气肿疽梭菌等均有较强的抗菌作用。对其他抗生素耐药的革兰氏阳性菌有效，对革兰氏阴性菌几乎不起作用，对败血型支原体和滑液型支原体具有很强的抗菌活性。不易产生耐药性。

【注意事项】 ①对氯霉素类和林可霉素类的效应有拮抗作用，不宜同用。②不宜与 β-内酰胺类药物合用，可干扰前者的杀菌效能。③非治疗动物避免接触本品，避免眼睛和皮肤直接接触，操作人员应戴防护用品如面罩、眼镜和手套等。

【制剂、用法与用量】 酒石酸泰万菌素预混剂：混饲，每 1000kg 饲料，猪 50～75g。鸡 100～300g。连用 7 日。

替米考星

【理化性质】 白色粉末，不溶于水，其磷酸盐在水中溶解，为淡黄色至棕红色的澄清液体。常制成溶液、预混剂、注射剂。

【作用与应用】 替米考星是在泰乐菌素的基础上合成的动物专用药，对支原体作用较强，抗菌作用与泰乐菌素相似，敏感的革兰氏阳性菌有金黄色葡萄球菌（包括耐青霉素金黄色葡萄球菌）、肺炎球菌、链球菌、炭疽杆菌、猪丹毒杆菌、李斯特菌、腐败梭菌、气肿疽梭菌等。敏感的革兰氏阴性菌有嗜血杆菌、脑膜炎球菌、巴氏杆菌等。对胸膜肺炎放线菌、巴氏杆菌及畜禽支原体的活性比泰乐菌素强，95%的溶血性巴氏杆菌菌株对本品敏感。用于防治胸膜肺炎放线菌、巴氏杆菌和支原体引起的动物肺炎，敏感菌所致的动物乳腺炎。

【注意事项】①对动物的毒性作用主要表现在心血管系统，静脉注射可引起动物心动过速和收缩力减弱，严重可引起动物死亡。②肌内和皮下注射，可出现局部水肿反应。③与肾上腺素合用加快猪死亡。④马属动物和肉牛犊禁用。

【制剂、用法与用量】替米考星预混剂：混饲，每 1000kg 饲料，猪 200～400g，连用 15 日。替米考星注射液：皮下注射，每千克体重，牛 10mg，仅注射 1 次。

（四）四环素类抗生素

四环素类抗生素是由放线菌产生的一类结构中具有共同的基本母核（氢化骈四苯）的抗生素。能特异性地与细菌核糖体 30S 亚基结合，从而抑制肽链的增长和影响细菌蛋白质的合成。四环素类抗生素为广谱抗生素，属于速效抑菌剂。对多数革兰氏阳性菌和部分革兰氏阴性菌、立克次体、支原体、螺旋体和原虫等均可产生抑制作用，对铜绿假单胞菌无效。可干扰青霉素的抗菌作用。四环素类可分为天然品和半合成品两类，天然品有四环素、土霉素、金霉素和去甲金霉素，半合成品有多西环素、美他环素和米诺环素等。兽医临床上常用药的抗菌活性强弱依次为多西环素＞金霉素＞四环素＞土霉素。不良反应包括：可引起肠道菌群紊乱，轻者出现维生素 B_{12}、维生素 B_6 和维生素 K 缺乏症，重者造成白色念珠菌、铜绿假单胞菌和厌氧菌等大量繁殖发生二重感染；对局部有较强刺激作用；影响牙齿和骨发育，引起牙釉质发育不全、着色，并易形成四环牙；易透过胎盘和进入乳汁，怀孕、泌乳和幼龄动物禁用；具有肝、肾毒性和心血管毒性。天然的四环素类药物存在交叉耐药性，而与半合成四环素类药物交叉耐药性不明显。

四环素类
抗生素

土霉素

【理化性质】淡黄色或暗黄色的结晶性或无定形粉末，极微溶于水，其盐酸盐在水中易溶，常制成粉针、片剂、注射液。

【作用与应用】土霉素又称氧四环素，对革兰氏阳性菌和革兰氏阴性菌均有抗菌作用，对革兰氏阳性菌作用不如 β-内酰胺类抗生素，对革兰氏阴性菌作用不如氨基糖苷类和酰胺醇类抗生素。对支原体、衣原体、立克次体、螺旋体、放线菌和某些原虫也有抑制作用。可显著促进幼龄动物生长。细菌可产生耐药性，与金霉素及四环素之间有交叉耐药性。

用于治疗大肠杆菌或沙门菌引起的犊牛白痢、羔羊痢疾、仔猪黄痢和白痢、乳腺炎、产后感染、雏鸡白痢等；巴氏杆菌引起的牛出血性败血症、猪肺疫、禽霍乱等；支原体引起的牛肺炎、猪气喘病、鸡慢性呼吸道病等；对禽衣原体病、家畜放线菌病和钩端螺旋体病等也有一定疗效；常作为猪气喘病和马鼻疽的首选药；局部应用治疗子宫内膜炎和坏死杆菌所致组织坏死；也用于治疗鱼类、虾的细菌性肠炎病、弧菌病。

【注意事项】①土霉素的盐酸盐水溶液的局部刺激性强，注射剂一般用于静脉注射，但浓度为 20%的长效土霉素注射液则可分点深部肌内注射。②对于杂食动物、肉食动物和新生草食动物可内服给药，但长期使用可导致维生素 B 族和维生素 K 缺乏，而牛、马和兔等成年草食动物不宜内服给药，因易引起肠道菌群失调而诱发二重感染。③在肝、肾功能严重不良的患病动物或使用呋塞米强效利尿药时，忌用本品。④内服吸收差而不完全，食物影响吸收；肌注易吸收，半衰期较长，主要以原形由肾脏排泄。⑤应避免与乳制品和含镁、铝、铁、锌、锰等多价金属离子等药物或饲料同服。

【制剂、用法与用量】注射用盐酸土霉素：静脉注射，一次量，每 1kg 体重，家畜 5～

10mg。一日 2 次，连用 2～3 日。土霉素片（按 $C_{22}H_{24}N_2O_9$ 计）：内服，一次量，每 1kg 体重，猪、驹、犊、羔 10～25mg；禽 25～50mg；犬 15～50mg。一日 2～3 次，连用 3～5 日。

四环素

【理化性质】淡黄色结晶粉末，极微溶于水，其盐酸盐溶于水，常制成粉针、片剂。

【作用与应用】作用与土霉素相似，对大肠杆菌、变形杆菌等革兰氏阴性杆菌作用较好，但对葡萄球菌等革兰氏阳性球菌的作用不如金霉素。用于治疗某些革兰氏阳性菌和革兰氏阴性菌、支原体、立克次体、螺旋体、衣原体等引起的感染，常作为治疗布鲁氏菌病、嗜血杆菌性肺炎、大肠杆菌病和李氏杆菌病的首选药。

【注意事项】①四环素盐酸盐水溶液刺激性大，不宜肌内注射和局部应用，静脉注射时切勿漏出血管外。②静脉注射速度过快，与钙结合引起心血管抑制，可出现急性心力衰竭的心血管效应。③大剂量或长期应用，可引起肝脏损害和肠道菌群紊乱，如出现维生素缺乏症和二重感染。④进入机体后与钙结合，沉积于牙齿和骨骼中，易形成四环素牙，对胎儿骨骼发育有影响。

【制剂、用法与用量】注射用盐酸四环素：静脉注射，一次量，每千克体重，家畜 5～10mg。一天 2 次，连用 2～3 日。

盐酸金霉素

【理化性质】金黄色或黄色结晶，微溶于水，常制成粉针。

【作用与应用】盐酸金霉素又称盐酸氯四环素，作用与土霉素相似，但抗菌作用和局部刺激性较四环素、土霉素强。低剂量有促进畜禽生长和改善饲料利用率作用。中、高剂量用于防治敏感病原体所致疾病，如鸡慢性呼吸道病、火鸡传染性鼻窦炎、猪细菌性肠炎、犊牛细菌性痢疾、钩端螺旋体病滑膜炎、鸭巴氏杆菌病等。局部应用治疗牛子宫内膜炎和乳腺炎。

【注意事项】盐酸金霉素在四环素类中刺激性最强，内服吸收较土霉素少，主要经肾脏排泄。

【制剂、用法与用量】金霉素预混剂：治疗，混饲，每 1000kg 饲料，猪 400～600g。连用 7 日。盐酸金霉素可溶性粉：混饮，每 1L 水，鸡 1～2g。

盐酸多西环素

【理化性质】淡黄色或黄色结晶性粉末，易溶于水，常制成片剂。

【作用与应用】盐酸多西环素又称强力霉素、脱氧土霉素，是四环素类中稳定性最好和抗菌力较强的半合成抗生素，抗菌活性为四环素的 2～8 倍；抗菌谱与其他四环素类相似，对革兰氏阳性菌作用优于革兰氏阴性菌，但肠球菌耐药。与土霉素和四环素等有交叉耐药性。用于治疗畜禽的大肠杆菌病、沙门菌病、巴氏杆菌病、支原体病、螺旋体病和鹦鹉热等。

【注意事项】①在四环素类抗生素中毒性最小，马属动物禁用，静脉注射会出现心律不齐、虚脱和死亡。②内服易吸收，生物利用度高，受食物影响较小，可用于有肾功能损害的动物，当肾功能损害时药物自肠道的排泄量增加，可成为主要排泄途径。③可在肝脏中部分代谢灭活，使肠道浓度低，二重感染较少发生。

【制剂、用法与用量】盐酸多西环素可溶性粉：混饮，每 1L 水，猪 25～50mg；鸡 300mg。连用 3～5 日。盐酸多西环素片（按 $C_{22}H_{24}N_2O_8$ 计）：内服，一次量，每 1kg 体重，猪、驹、犊、羔 3～5mg；犬、猫 5～10mg；禽 15～25mg。一日 1 次，连用 3～5 日。

（五）林可胺类抗生素

林可胺类抗生素是由链霉菌产生的一类窄谱的抑菌性药物，对革兰氏阳性菌和支原体有较强抗菌活性，对厌氧菌也有一定作用，对大多数需氧革兰氏阴性菌耐药。林可胺类抗生素能与敏感菌的核糖体 50S 亚基结合，抑制肽链的合成和延长，影响细菌蛋白质的合成，属于抑菌剂。本类药能够从肠道很好吸收，且在动物体内分布广泛。兽医临床上常用药物为林可霉素。

盐酸林可霉素

【理化性质】盐酸林可霉素又称盐酸洁霉素，白色结晶性粉末，易溶于水，常制成可溶性粉、预混剂、片剂、注射液、乳房注入剂。

【作用与应用】抗菌谱与大环内酯类抗生素相似，对葡萄球菌、溶血性链球菌和肺炎球菌作用较强，但不及β-内酰胺类抗生素。对破伤风梭菌、产气荚膜梭菌等也有抑制作用，对需氧革兰氏阴性菌无效。对支原体作用与红霉素相似，而比其他大环内酯类抗生素稍弱。对猪痢疾密螺旋体和弓形虫也有一定作用。用于治疗猪、鸡敏感革兰氏阳性菌和支原体感染，如猪气喘病和家禽慢性呼吸道病、猪密螺旋体性痢疾和鸡坏死性肠炎等。

动物内服吸收迅速但不完全，猪内服的生物利用度为 20%～50%。大多数动物内服 1 小时达血药峰浓度。广泛分布到各种体液、组织（包括骨骼），其中以肝、肾的浓度最高，组织药物浓度比同期血清浓度高数倍。可进入胎盘，但不易透过血脑屏障，炎症时药物在脑脊液中也难以达到有效浓度。可分布到乳，乳中浓度与血浆相同。部分药物在肝脏代谢，药物原形及其代谢物经胆汁、尿液和乳汁排出。粪便中排出可延迟数日，故对肠道敏感微生物有抑制作用。

【注意事项】①能引起马、兔和其他草食动物严重的致死性腹泻；猪用药后也可出现胃肠道功能紊乱，剂量过大可出现皮肤红斑及肛门、阴道水肿；大剂量可引起犬的假膜性肠炎，故过敏或已感染白色念珠菌的动物禁用。②本品内服不易吸收，肌注吸收缓慢。吸收后分布广泛，乳、肾的浓度较高，可通过胎盘屏障，半衰期较长。③若与氨基糖苷类和多肽类抗生素合用，可加剧神经肌肉阻滞作用。④与大观霉素、庆大霉素等合用对葡萄球菌和链球菌等有协同作用，与红霉素合用有拮抗作用，与硫酸大观霉素配伍制成的可溶性粉、预混剂，可增强猪、鸡的沙门菌病、大肠杆菌性肠炎、支原体感染和猪痢疾的治疗效果。⑤犬和猫的快速静脉注射，引起血压升高和心肺功能减弱。⑥避免与含白陶土或抑制肠道蠕动的止泻药合用，否则可明显影响盐酸林可霉素吸收。

【制剂、用法与用量】盐酸林可霉素片、盐酸林可霉素可溶性粉、盐酸林可霉素注射液、盐酸林可霉素乳房注入剂。

内服，一次量，每千克体重，猪 10～15mg；犬、猫 15～25mg。一日 1～2 次，连用 3～5 日。混饮，每升水，猪 40～70mg，连用 7 日；鸡 150mg，连用 5～10 日。肌内注射，一次量，每千克体重，猪 10mg，一日 1 次；犬、猫 10mg，一日 2 次，连用 3～5 日。乳管内灌注，挤奶后每个乳区 1 支，一日 2 次，连用 2～3 次。

（六）多肽类抗生素

多肽类抗生素是具有多肽结构特征的一类抗生素，包括多黏菌素类（多黏菌素 B、多黏菌素 E）、杆菌肽类（杆菌肽、短杆菌肽）和糖肽类（万古霉素）。多肽类抗生素的作用机制也各不相同，多黏菌素类可改变细菌胞浆膜的功能，杆菌肽则作用于细胞壁和细胞质，而糖肽类可抑制细菌细胞壁的合成，同时对胞浆中 RNA 的合成也具有抑制作用。兽医临床及动物生产中多黏菌素类仅对革兰氏阴性杆菌有作用，其他则均对革兰氏阳性菌有作用。多肽类抗生素的最大优点是细菌不易产生耐药性，但缺点为毒性较大，对动物细胞膜也起作用，主要对肾、神经系统有一定毒性。

硫酸黏菌素

【理化性质】白色或类白色粉末，易溶于水，常制成可溶性粉、预混剂。

【作用与应用】硫酸黏菌素又称多黏菌素 E、黏杆菌素，为窄谱型杀菌抗生素。对革兰氏阴性杆菌作用强，尤以铜绿假单胞菌最为敏感，对大肠杆菌、沙门菌、巴氏杆菌、痢疾杆菌、布鲁氏菌和弧菌等的作用较强，对变形杆菌属、厌氧杆菌属、革兰氏阴性球菌和革兰氏阳性菌等不敏感。细菌不易产生耐药，与多黏菌素 B 有完全交叉耐药性，与其他抗菌药物无交叉耐药性。主要用于防治猪、鸡的革兰氏阴性菌所致的肠道感染；外用治疗烧伤和外伤引起的铜绿假单胞菌感染。

【注意事项】①常作为铜绿假单胞菌和大肠杆菌引起的感染性疾病的首选药。②注射给药刺激性强，局部疼痛显著，并可引起肾毒性和神经毒性，故多用于内服或局部用药。③本品内服不易吸收，吸收后主要以原形经肾脏排泄。④不宜与麻醉药和镁制剂等骨骼肌松弛药、庆大霉素与链霉素等氨基糖苷类药合用，合用能引起蛋白尿、血尿、管型尿、肌无力和呼吸暂停。

【制剂、用法与用量】硫酸黏菌素可溶性粉（以黏菌素计）。混饮：每 1L 水，猪 40～200mg，鸡 20～60mg；混饲：每 1kg 饲料，猪 40～80mg。

那西肽

【理化性质】浅黄绿褐色粉末，在水中不溶，常制成预混剂。

【作用与应用】那西肽是动物专用抗生素，对革兰氏阳性菌的抗菌活性较强，如葡萄球菌、梭状芽孢杆菌对其敏感。作用机制是抑制细菌蛋白质合成，低浓度抑菌，高浓度杀菌。混饲给药很少吸收，动物性产品中残留少。

【注意事项】蛋鸡产蛋期禁用。

【制剂、用法与用量】那西肽预混剂：混饲，每 1000kg 饲料，猪 2.5～20g，鸡 2.5g，以那西肽计。

（七）其他抗生素

本类抗生素分属不同化学结构，主要包括阿维拉霉素、黄霉素、泰妙菌素。

阿维拉霉素

【理化性质】亮棕褐色粉末，微溶于水，易溶于大部分有机溶剂中，常制成预混剂。

【作用与应用】寡糖类抗生素。主要对革兰氏阳性菌有抗菌作用。本品能提高猪、鸡肠道对葡萄糖的吸收，增加挥发性脂肪酸产量并减少乳酸的产生，从而促进猪、鸡生长。阿维拉霉素在临床上能有效地辅助控制由大肠杆菌引起的断奶仔猪腹泻的发生和恶化。同时能减少大肠杆菌表面黏附菌毛的产生。细菌缺少表面黏附菌毛则抑制它们在肠黏膜上的吸附，减轻肠道的损伤，从而控制腹泻的发生和改善家畜生长性能指标。

预防由产气荚膜梭菌引起的肉鸡坏死性肠炎；辅助控制由大肠杆菌引起的断奶仔猪腹泻。

本品经口投药，几乎不被肠道吸收，因而在动物组织中残留量极微。

【注意事项】①搅拌配料时防止与人的皮肤、眼睛接触。②应放置于儿童接触不到的地方保存。

【制剂、用法与用量】阿维拉霉素预混剂：混饲，每 1000kg 饲料，猪 0～4 个月，20～40g；猪 4～6 个月，10～20g；肉鸡 5～10g。辅助控制断奶仔猪腹泻，40～80g，连用 28 日。

延胡索酸泰妙菌素

【理化性质】白色或类白色结晶性粉末，溶于水，常制成可溶性粉、预混剂。

【作用与应用】泰妙菌素属截短侧耳素类抗生素，高浓度下对敏感菌具有杀菌作用。通过与核糖体50S亚基结合抑制细菌蛋白质的合成，是半合成的动物专用抗生素。抗菌谱与大环内酯类抗生素相似，对金黄色葡萄球菌、链球菌等均有较强抑制作用，对革兰氏阴性菌尤其肠道菌作用较弱。对支原体、猪胸膜肺炎放线菌、猪痢疾密螺旋体等均有较强抑制作用，对支原体的作用优于大环内酯类。用于防治鸡慢性呼吸道病、猪支原体肺炎和放线菌性胸膜肺炎，也可用于猪密螺旋体性痢疾。

【注意事项】①禁止与莫能菌素、盐霉素等聚醚类抗生素合用，因可增强后者的毒性，使鸡生长缓慢、运动失调、麻痹瘫痪，甚至死亡。②与金霉素以1∶4配伍混饲，可治疗猪细菌性肠炎、细菌性肺炎、猪痢疾。③应避免使用者的眼睛和皮肤与药物接触。④含药饲料在环境温度超过40℃时，贮存期不得超过7天。⑤给猪使用过量，可引起短暂流涎、呕吐和中枢神经抑制。⑥单胃动物内服吸收良好，而反刍动物则可被胃肠道菌群灭活。可导致马结肠炎，禁用。

【制剂、用法与用量】延胡索酸泰妙菌素可溶性粉：混饮，每升水，猪45～60mg，连用5日；鸡125～250mg，连用3日。延胡索酸泰妙菌素预混剂：混饲，每1000kg饲料，猪40～100g，连用5～10日。

二、化学合成抗菌药物

自1928年弗莱明发现青霉素以来，抗生素研究的领域和对象日益扩大，人们通过生物合成和化学合成的方法制备了一系列高效、低毒和广谱的抗生素应用于兽医临床。目前临床常用的化学合成抗菌药物主要有：磺胺类、氟喹诺酮类、酰胺醇类等。

（一）氟喹诺酮类

氟喹诺酮类药物

氟喹诺酮类药物是一类结构中具有4-喹诺酮基本结构的化学合成抗菌药物。其杀菌作用机制是抑制DNA促旋酶，阻碍DNA合成而导致细菌死亡。氟喹诺酮类属静止期杀菌药，尤对大多数革兰阴性菌和支原体高敏。氟喹诺酮类药物抗菌谱广、抗菌活性强，对大肠杆菌、沙门菌属、肺炎克雷伯菌属、变形杆菌等革兰氏阴性菌和支原体有强大的抗菌作用，对革兰氏阳性球菌作用较差。可广泛用于小动物、禽类、家畜及水生动物的消化、呼吸、泌尿、生殖等系统和皮肤软组织的感染性疾病。与大多数抗菌药物间无交叉耐药现象，对耐庆大霉素的铜绿假单胞菌、耐青霉素的金黄色葡萄球菌、耐泰乐菌素的支原体，以及对磺胺药、甲氧苄啶耐药的细菌等均有效。体内分布广，内服生物利用度较高，半衰期较长，对许多细菌可产生抗菌后效应作用。

尽管有上述好的作用特点，但在应用中仍存在如下许多不足：①对消化系统可产生呕吐、腹痛、腹胀、腹泻等不良反应。②对中枢神经系统引起不安、惊厥等反应。③对幼龄动物关节软骨有一定损害，使四肢荷重关节出现水疱甚至糜烂，且呈剂量依赖性。④可引起过敏反应，如皮肤出现红斑、瘙痒、荨麻疹及光敏反应等。⑤应用中要有足够疗程，切忌停药过早而导致疾病复发；长期应用可使大肠杆菌和金黄色葡萄球菌等产生耐药。

为保障动物产品质量安全和公共卫生安全，农业农村部组织开展了部分兽药的安全性评价工作。经评价，认为洛美沙星、培氟沙星、氧氟沙星、诺氟沙星4种原料药的各种盐、酯及其各种制剂可能对养殖业、人体健康造成危害或者存在潜在风险。因此规定自2016年12月31日起，食品动物中禁止使用洛美沙星、培氟沙星、氧氟沙星、诺氟沙星4种兽药。

恩诺沙星

【理化性质】微黄色或淡橙黄色结晶性粉末。其盐酸盐、烟酸盐及乳酸盐均易溶于水，且乳酸盐溶解性好于盐酸盐，常制成溶液、可溶性粉、注射液和片剂。

【作用与应用】恩诺沙星又称乙基环丙沙星，是动物专用广谱杀菌药。对大肠杆菌、沙门菌、嗜血杆菌、多杀性巴氏杆菌、溶血性巴氏杆菌、变形杆菌、葡萄球菌、链球菌、猪丹毒杆菌、化脓棒状杆菌、嗜水气单胞菌、荧光极毛杆菌、鳗弧菌有良好作用，对铜绿假单胞菌、厌氧菌作用较弱。对支原体、衣原体有良好作用，尤对支原体病有特效，比泰乐菌素和泰妙菌素的作用强。有明显抗菌后效应和浓度依赖性。广泛用于猪、禽类、犊牛、羔羊、犬、猫和水产动物的敏感细菌、支原体引起的消化、呼吸、泌尿、生殖等系统和皮肤软组织的感染性疾病。

【注意事项】①毒性较小，临床使用安全，但成年牛不易内服，马肌内注射有一过性刺激性。②可偶发结晶尿和诱导癫痫发作，肝肾受损的水产动物、癫痫犬和肉食动物应慎用。③可使幼龄动物关节软骨发生变性，引起跛行及疼痛，如对于不足8周龄犬易发生。④可引起消化系统出现呕吐、腹痛、腹胀，皮肤出现红斑、瘙痒、荨麻疹及光敏反应等。⑤中毒时应采取加强肾脏的排泄和肝脏的解毒功能方法，使用碳酸盐、葡萄糖、口服补液盐、维生素C等药物进行解救。⑥与氨基糖苷类、广谱青霉素有协同作用，与利福平、氯霉素有拮抗作用；不宜与含钙、镁、铁等多价金属离子药物或饲料合用以防影响吸收。⑦长期亚剂量使用产生耐药性。⑧单胃动物内服生物利用度高且优于环丙沙星，而成年反刍动物则低；体内分布广泛，组织药物浓度高。内服的半衰期长于环丙沙星。

【制剂、用法与用量】恩诺沙星溶液：混饮，每升水，禽50～75mg。恩诺沙星片：内服，一次量，每千克体重，犬、猫2.5～5mg；禽5～7.5mg。一日2次，连用3～5日。恩诺沙星注射液：肌内注射，一次量，每千克体重，牛、羊、猪2.5mg；犬、猫、兔2.5～5mg。一日1～2次，连用2～3日。拌饵投料，每千克体重，淡水鱼类10～50mg，连用3～5日；海水鱼类20～50mg，连用3～5日。

环丙沙星

【理化性质】白色或微黄色结晶性粉末，均易溶于水，常制成可溶性粉、注射液、预混剂。

【作用与应用】环丙沙星是氟喹诺酮类中抗菌作用较强者，抗菌谱、抗菌活性和耐药性等与恩诺沙星相似，对某些细菌的体外抗菌作用略强于恩诺沙星，对革兰氏阴性菌强于β-内酰胺类、第三代头孢菌素和氨基糖苷类抗生素。用于畜禽细菌性疾病和支原体感染，如鸡的慢性呼吸道病、大肠杆菌病、传染性鼻炎、禽巴氏杆菌病、禽伤寒、葡萄球菌病、仔猪黄痢、仔猪白痢等；也用于治疗鳗鱼顽固性细菌性疾病和预防鳖细菌性疾病感染。

【注意事项】①与氨基糖苷类抗生素、磺胺类药合用对大肠杆菌或葡萄球菌有协同作用，但增加肾毒性作用（如出现结晶尿、血尿），仅限于重症及耐药时应用。②犬、猫高剂量使用可出现中枢神经反应；雏鸡大剂量使用则出现强直和痉挛。③内服吸收不如恩诺沙星，肌注吸收迅速与完全，主要以原药形式从尿液中排泄。④盐酸环丙沙星与小檗碱预混剂或维生素C磷酸酯酶制成的预混剂，常用于防治鳗鱼和鳖的细菌性疾病感染。

【制剂、用法与用量】环丙沙星。混饮，每升水，禽40～80mg，一日2次，连用3日。肌内注射，一次量，每千克体重，家畜2.5mg；禽5mg。一日2次。静脉注射，家畜2mg，一日2次，连用2～3日。混饲，每千克饲料，鳗鱼1.5g；鳖0.05g，连用3～5日。

盐酸沙拉沙星

【理化性质】类白色至淡黄色结晶性粉末，不溶于水。常制成可溶性粉、溶液、注射液和片剂。

【作用与应用】抗菌谱与恩诺沙星相似，而抗菌活性比恩诺沙星和环丙沙星稍低，却强于二氟沙星。对鱼的杀鲑产气单胞菌、杀弧菌、鳗弧菌等也有效。用于猪、鸡敏感菌及支原体等所致的感染性疾病，如常用于猪和鸡的大肠杆菌病、沙门菌病、支原体病、链球菌病和葡萄球菌感染等；也用于鱼的敏感菌感染性疾病，如鱼的烂鳃病、肠炎等。

【注意事项】①对猪链球菌病和水肿病疗效显著，并在猪体内对链球菌、大肠杆菌有较长抗菌后效应，呈剂量依赖性。不得与碱性物质或碱性药物混用。②主要以原形从肾排泄，无残留，无停药期。③内服吸收较好，组织中药物浓度常超过血药浓度。④注射液在高剂量下与马立克疫苗混合，可降低疫苗的免疫力。

【制剂、用法与用量】盐酸沙拉沙星可溶性粉，以沙拉沙星计：混饮，每升水，鸡 25～50mg，连用 3～5 日。盐酸沙拉沙星片，内服，一次量，每千克体重，鸡 5～10mg。一日 1～2 次，连用 3～5 日。盐酸沙拉沙星注射液，肌内注射，一次量，每千克体重，猪、鸡 2.5～5mg。一日 2 次，连用 3～5 日。

马波沙星

【理化性质】马波沙星又称马保沙星，为淡黄色结晶型粉末，遇光色渐变深。

【作用与应用】本品内服与注射后吸收迅速而完全，血浆蛋白结合率低，组织分布广，在肾、肝、肺及皮肤中分布良好，其在血浆和组织中浓度高于对多数病原菌的 MIC（最低抑制浓度）。部分在肝中被代谢转化为无活性的代谢物。主要排泄途径为肾，半衰期较长。

本品为动物专用的新型广谱杀菌药物，抗菌谱、抗菌活性与恩诺沙星相似。对耐红霉素、林可霉素、氯霉素、多西环素、磺胺类药的病原菌仍然有效。用于敏感菌所致的牛、猪、犬、猫的呼吸道、消化道、泌尿道及皮肤等感染。

【制剂、用法与用量】马波沙星注射液：肌内注射，一次量，每千克体重，牛、猪 2mg，鸡 2.5mg。1 次/日。

马波沙星片：内服，一次量，每千克体重，畜 2mg。1 次/日。

甲磺酸达氟沙星

【理化性质】白色至淡黄色结晶性粉末，易溶于水，常制成粉剂、溶液、注射液。

【作用与应用】甲磺酸达氟沙星又称甲磺酸单诺沙星，动物专用抗菌药，抗菌谱与恩诺沙星相似，对溶血性巴氏杆菌、多杀性巴氏杆菌、胸膜肺炎放线菌和支原体等作用较强。主要用于敏感病原体引起的猪、鸡和牛呼吸系统感染，如猪放线菌性胸膜炎、猪肺疫、鸡慢性呼吸道病和禽霍乱等。

【注意事项】①甲磺酸达氟沙星是治疗畜禽呼吸系统感染的理想药物。②内服、肌注均吸收较好，吸收后的肺组织中药物浓度可达血浆浓度的 5～7 倍。半衰期较长，主要通过肾脏排泄。

【制剂、用法与用量】以达氟沙星计。甲磺酸达氟沙星粉，内服：每千克体重，鸡 2.5～5mg。一日 1 次，连用 3 日。甲磺酸达氟沙星溶液，混饮，每升水，鸡 25～50mg。一日 1 次，连用 3 日。甲磺酸达氟沙星注射液，肌内注射，一次量，每千克体重，猪 1.25～2.5mg。一日 1 次，连用 3 日。

盐酸二氟沙星

【理化性质】类白色或淡黄色结晶性粉末，微溶于水，常制成粉剂、溶液、片剂、注射液。

【作用与应用】盐酸二氟沙星又称盐酸双氟沙星，为动物专用抗菌药。抗菌谱与恩诺沙星相似，抗菌活性略低于恩诺沙星。对畜禽呼吸道致病菌有良好的活性，尤其对葡萄球菌的活性较强；对多种厌氧菌也有抑制作用。用于猪和禽类消化系统、呼吸系统、泌尿系统的敏感细菌感染及支原体感染，如猪放线菌性胸膜肺炎、猪肺疫、仔猪白痢、鸡的慢性呼吸道病、鸡大肠杆菌病等。

【注意事项】①较高剂量使用时偶尔可见结晶尿。②内服、肌注吸收均好，猪比鸡吸收完全，有效血药浓度维持时间长。③半衰期很长，主要经肾脏排泄。

【制剂、用法与用量】盐酸二氟沙星粉、盐酸二氟沙星注射液。按二氟沙星计。内服，一次量，每千克体重，鸡 5～10mg。一日 2 次，连用 3～5 日。肌内注射，一次量，每千克体重，猪 5mg。一日 1 次，连用 3 日。

氟甲喹可溶性粉

【理化性质】白色或类白色粉末，常制成粉剂。

【作用与应用】动物专用抗菌药，对大肠杆菌、沙门菌、巴氏杆菌、变形杆菌、克雷伯菌、假单胞菌、鲑单胞菌、鳗弧菌等敏感，对支原体也有抑制作用。用于敏感菌所致的畜禽消化道和呼吸道感染。

【注意事项】内服吸收良好，半衰期较长。低毒，对水生动物及畜禽安全。

【制剂、用法与用量】以氟甲喹计。混饮：每千克体重，鸡 30～60mg。首次量加倍。一天 2 次，连用 3～4 日。

（二）磺胺类药物及其增效剂

1. 磺胺类药物

抗球虫的磺胺类药物

磺胺类药物是最早人工合成的抗菌药物，兽医临床应用广泛。磺胺类药物与对氨基苯甲酸（PABA）竞争二氢叶酸合成酶，妨碍敏感菌叶酸合成，影响核酸合成，从而抑制细菌的生长和繁殖，因此属于广谱慢效抑菌剂。磺胺类药物抗菌作用范围广，对大多数革兰氏阳性菌和革兰氏阴性菌都有抑制作用，对某些放线菌、衣原体和某些原虫如球虫、疟原虫、卡氏住白细胞虫、弓形虫也有较好的抑制作用。磺胺类药物对螺旋体、结核分枝杆菌、立克次体、病毒等完全无效。细菌易对本类药物产生耐药性，与同类药物之间有交叉耐药，但与其他抗菌药物之间无交叉耐药。磺胺类药物与其增效剂联合使用后，抗菌效力大大增强，使得磺胺药治疗感染性疾病仍具有良好的疗效。

磺胺类药物具有抗菌谱广、性质稳定、使用方便、有多种制剂可供选择等优点，但同时也有易产生耐药性、用药量大、疗程偏长等不足。主要有：①易在泌尿道中析出结晶，出现结晶尿、血尿和蛋白尿等，使用时最好同时给予碳酸氢钠以碱化尿液，增加磺胺药的溶解度。②长期大剂量应用引起肠道菌群失调，影响维生素 B 和维生素 K 的合成和吸收减少，也可影响叶酸的代谢和利用。③引起造血功能破坏，出现溶血性贫血、凝血时间延长和毛细血管渗血。④抑制幼龄动物免疫系统，可使免疫器官出血及萎缩。⑤可使产蛋鸡产蛋下降、蛋破损率和软壳率增高。⑥钠盐注射时宜深层肌内注射或缓慢静脉注射，同时切忌与酸性药物等配伍。⑦长期食用磺胺类药物残留超标的食品危害人的健康，会损坏人体的免疫功能、造血系统，也可引起皮肤瘙痒和荨麻疹、血管性水肿，甚至死亡等过敏反应，还可产生耐药菌株或造成胃肠道中正常菌群失调，故应严格执行药物的休药期规定。⑧在临床使用中应把握：a. 磺胺类药物连续使用时间不要超过 5 天，同时尽量选用含有增效剂的磺胺类药物，其用量小，毒性也比较低；b. 在治疗肠道疾病时，应选用肠内吸收率较低的磺胺类药，使肠内浓度高而增进疗效，同时血液中浓度低，毒性较小；c. 用药时必须供给充足的饮水；d. 细菌的酶系统与对氨基苯甲酸的亲和力远比与磺胺的亲和力强，使用磺胺类药物首次倍量；e. 除专供外用的磺胺药外，尽量避免局部应用磺胺药，以免发生过敏反应和产生耐药菌株。

磺胺嘧啶

【理化性质】白色或类白色的结晶粉，几乎不溶于水，其钠盐易溶于水，常制成片剂、预混剂、注射液。

【作用与应用】磺胺嘧啶又称磺胺哒嗪，本品抗菌力较强，对溶血性链球菌、肺炎球菌、脑膜炎球菌、沙门菌、大肠杆菌等大多数革兰氏阳性菌和部分革兰氏阴性菌作用强，但对金黄色葡萄球菌作用较差。对衣原体和某些原虫也有效。适用于各种动物敏感病原体所致的全身感染，如马腺疫、坏死杆菌病、牛传染性腐蹄病、猪萎缩性鼻炎、链球菌病、仔猪水肿病、弓形虫病、羔羊多发性关节炎、兔葡萄球菌病、鸡传染性鼻炎、副伤寒、球虫病、鸡卡氏住白细胞虫病，常作为治疗脑部细菌感染的首选药物；也用于治疗鲤科鱼类的赤皮病、肠炎病，海水鱼链球菌病。

【注意事项】①吸收后容易进入脑脊液中达到较高的药物浓度。②肾毒性较大，与呋塞米等利尿剂合用可增加肾毒性。③普鲁卡因等某些含对氨基苯甲酰基的药物在体内可生成 PABA 及酵母片中含有细菌代谢所需要的 PABA，可降低抗菌作用，均不宜合用。④与甲氧苄啶制成复方磺胺嘧啶预混剂、混悬液、注射液，可增强抗菌作用，用于家畜敏感菌及猪弓形虫感染。⑤磺胺嘧啶钠注射液遇酸类可析出结晶，不可与四环素、卡那霉素、林可霉素等配伍应用，也不宜用 5% 葡萄糖液稀释。⑥内服易吸收，体内代谢的乙酰化物在尿中溶解度较低，易引起血尿、结晶尿等。半衰期较长。⑦休药期：片剂，牛 28 天；钠盐注射液，牛 10 天，羊 18 天，猪 10 天，弃奶期 3 天；复方注射液，牛、羊 12 天，猪 20 天，弃奶期 2 天。

【制剂、用法与用量】磺胺嘧啶片、磺胺嘧啶注射液。

内服，一次量，每千克体重，家畜首次量 0.14～0.2g，维持量 0.07～0.1g。一天 2 次，连用 3～5 日。

混饲，一天量，每千克体重，猪 15～30mg，连用 5 日；鸡 25～30mg，连用 10 日。混饮，每升水，鸡 80～160mg，连用 5～7 日。

静脉注射，一次量，每千克体重，家畜 50～100mg。一日 1～2 次，连用 2～3 日。

磺胺间甲氧嘧啶（SMM）

【理化性质】白色或类白色的结晶性粉末，不溶于水，其钠盐易溶于水，常制成片剂、注射液。

【作用与应用】本品又称磺胺-6-甲氧嘧啶、制菌磺、长效磺胺 C。对金黄色葡萄球菌、化脓性链球菌和肺炎链球菌等大多数革兰氏阳性菌和大肠杆菌、沙门菌、流感嗜血杆菌、克雷伯菌等革兰氏阴性菌均有较强抑制作用，抗菌作用较同类的磺胺药物强。对弓形虫、球虫作用显著。用于治疗敏感病原体引起的感染，如呼吸道、消化道、泌尿道感染及球虫病、猪弓形虫病、鸡住白细胞虫病、禽和兔球虫病等。局部灌注用于治疗乳腺炎和子宫内膜炎。也用于水产动物竖鳞病、赤皮病、弧菌病、烂腮病、白头白嘴病、白皮病、疖疮病和鳗鲡的赤鳍病等的防治，以及孢子虫等感染。

【注意事项】①首次量加倍。②内服吸收良好，血药浓度高，体内的乙酰化率低，乙酰化物在尿中溶解度较大，不易引起泌尿道损害。有效血药浓度维持时间较长。③细菌产生耐药性较慢。

【制剂、用法与用量】磺胺间甲氧嘧啶片、磺胺间甲氧嘧啶注射液。

一次量，每千克体重，家畜，首次量 50～100mg，维持量 25～50mg。一日 2 次，连用 3～5 日。静脉注射，一次量，每千克体重，家畜 50mg。一日 1～2 次，连用 2～3 日。也可拌饵投料，用于鱼类细菌病、寄生虫病。

磺胺对甲氧嘧啶（SMD）

【理化性质】白色或微黄色的结晶或粉末，几乎不溶于水，在氢氧化钠试液中易溶，常制成片剂、预混剂、注射剂。

【作用与应用】本品又称磺胺-5-甲氧嘧啶，对化脓性链球菌、沙门菌和肺炎杆菌等革兰氏阳性菌和革兰氏阴性菌均有良好的抗菌作用，抗菌作用弱于磺胺间甲氧嘧啶。对球虫也有抑制作用。主要用于敏感病原体引起的泌尿道、呼吸道、消化道、皮肤、生殖道感染和球虫病；也用于水产动物竖鳞病、赤皮病、弧菌病、烂腮病、白头白嘴病、白皮病、疖疮病和鳗鲡的赤鳍病等的防治，以及孢子虫等感染。

【注意事项】①常与甲氧苄啶或二甲氧苄啶制成复方片剂、预混剂使用。②内服吸收迅速，乙酰化率较低，乙酰化物在尿中的溶解度较高。有效血药浓度维持时间较长，主要从尿中缓慢排出。

【制剂、用法与用量】磺胺对甲氧嘧啶片：以磺胺对甲氧嘧啶计。内服，一次量，每千克体重，家畜，首次量 50～100mg，维持量 25～50mg。一日 1～2 次，连用 3～5 日。磺胺对甲氧嘧啶二甲氧苄啶预混剂：混饲，每 1000kg 饲料，猪、禽 1000g。复方磺胺对甲氧嘧啶钠注射液：肌内注射，一次量，每千克体重，家畜 15～20mg，一日 1～2 次，连用 2～3 日。可用于鱼类细菌病。

磺胺二甲嘧啶（SM_2）

【理化性质】白色或微黄色的结晶或粉末，几乎不溶于水，在稀酸或稀碱溶液中易溶，其钠盐易溶于水，常制成片剂、注射剂。

【作用与应用】抗菌谱与磺胺嘧啶相似，抗菌作用稍弱于磺胺嘧啶。对球虫和弓形虫也有抑制作用。主要用于敏感病原体引起的感染，如巴氏杆菌病、乳腺炎、子宫内膜炎、兔和禽球虫病、猪弓形虫病；也用于水产动物的竖鳞病、赤皮病、弧菌病、烂腮病、白头白嘴病、白皮病、疖疮病和鳗鲡的赤鳍病等防治，以及孢子虫等感染。

【注意事项】①治疗水产动物细菌性肠炎、赤皮病、烂腮病时，最好全池遍洒漂白粉或强氯精等消毒剂。②内服吸收迅速而完全，有效血药浓度维持时间较长。乙酰化率较低，乙酰化物的溶解度高，不易造成肾脏损害。

【制剂、用法与用量】磺胺二甲嘧啶片：一次量，每千克体重，家畜，首次量 0.14～0.2g，维持量 0.07～0.1g。一日 1～2 次，连用 3～5 日。磺胺二甲嘧啶钠注射液：静脉注射，一次量，每千克体重，家畜 50～100mg。一日 1～2 次，连用 2～3 日。可用于鱼类细菌病。

磺胺噻唑（ST）

【理化性质】白色或淡黄色的结晶颗粒或粉末，遇光色渐变深，在水中极微溶解，其钠盐在水中溶解，常制成片剂和注射剂。

【作用与应用】抗菌谱、作用机制与磺胺嘧啶相同，但抗菌作用稍强于磺胺嘧啶。主要用于敏感菌所致的肺炎、出血性败血症、子宫内膜炎及禽巴氏杆菌病、雏鸡白痢等。

【注意事项】①药物相互作用和不良反应参见磺胺嘧啶。②内服吸收不完全，其钠盐肌内注射后迅速吸收。吸收后排泄迅速，单胃动物内服后，24h约排出90%。半衰期短，不易维持有效血药浓度。③在体内与血浆蛋白的结合率和乙酰化程度均较高，故应用时应与适量碳酸氢钠合用。④代谢产物乙酰磺胺噻唑的水溶性比原药低，排泄时易在肾小管析出结晶（尤其在酸性尿中），因此应与适量碳酸氢钠同服。

【制剂、用法与用量】磺胺噻唑片、磺胺噻唑钠注射液。内服：一次量，每千克体重，家畜，首次量0.14～0.2g，维持量0.07～0.1g。一日2～3次，连用3～5日。静脉注射：一次量，每千克体重，家畜50～100mg。一日2次，连用2～3日。

磺胺氯哒嗪钠

【理化性质】白色或淡黄色粉末，易溶于水，常制成粉剂。

【作用与应用】与磺胺间甲氧嘧啶的作用相似，抗菌活性弱于磺胺间甲氧嘧啶。对球虫有较强抑制作用。主要用于猪、鸡大肠杆菌和巴氏杆菌感染等；也用于鸡、兔球虫病暴发的治疗。

【注意事项】常与甲氧苄啶组成复方磺胺氯哒嗪钠粉使用，但不得作为饲料添加剂长期应用，以防中毒和引起维生素缺乏。产蛋鸡和反刍动物禁用。

【制剂、用法与用量】磺胺氯哒嗪钠乳酸甲氧苄啶可溶性粉。1000g（含磺胺氯哒嗪钠100g、乳酸甲氧苄啶26g），混饮：每1L水，鸡1～2g。连用3～5日。

磺胺甲氧哒嗪

【理化性质】白色或微黄色结晶，遇光变色，在稀盐酸或稀碱溶液中易溶，在水中几乎不溶。常制成片剂和注射剂。

【作用与应用】对链球菌、葡萄球菌、肺炎球菌、大肠杆菌、李氏杆菌等有较强的抑菌作用。本品主要用于敏感菌所致感染。

【注意事项】药物相互作用和不良反应参见磺胺嘧啶。

【制剂、用法与用量】磺胺甲氧哒嗪。内服：一次量，每千克体重，家畜，首次量100mg，维持量70mg。一日2次，连用3～5日。静脉或肌内注射：一次量，每千克体重，家畜70mg。一日1次，连用2～3日。

磺胺甲噁唑（SMZ）

【理化性质】白色结晶性粉末，不溶于水，常制成片剂。

【作用与应用】抗菌作用和应用与磺胺嘧啶相似，但抗菌活性强于磺胺嘧啶。用于敏感菌引起的呼吸道、消化道、泌尿道等感染；也用于鲤科鱼类的肠炎病。

【注意事项】与甲氧苄啶组成的复方磺胺甲噁唑，用于敏感菌引起的家畜呼吸道、消化道、泌尿道等感染。内服易吸收，血中有效浓度维持时间较长，乙酰化率高且溶解度低，易出现结晶尿和血尿等。

【制剂、用法与用量】磺胺甲噁唑片：内服，一次量，每千克体重，家畜，首次量

50～100mg，维持量25～50mg。一日2次，连用3～5日。复方磺胺甲噁唑粉（水产用）：拌饵投料，每千克体重，鱼类0.45～0.6g。连用5～7日。

磺胺脒（SG）

【理化性质】白色针状结晶性粉末，溶于沸水，常制成片剂。

【作用与应用】抗菌作用及耐药性等与其他磺胺类药物相似。用于肠炎、腹泻等肠道细菌性感染。

【注意事项】不易吸收，但新生仔畜的肠内吸收率高于幼畜。用量过大，或遇肠阻塞或严重腹水病畜而使吸收多时，也可引起结晶尿。成年反刍动物少用，因瘤胃内容物可使之稀释而降低药效。

【制剂、用法与用量】磺胺脒片。内服：一次量，每千克体重，家畜0.1～0.2g。一日2次，连用3～5日。

酞磺胺噻唑

【理化性质】白色或类白色的结晶性粉末，在氢氧化钠中易溶。常制成片剂。

【作用与应用】内服后不易吸收，在肠内逐渐释放出磺胺噻唑而呈现抑菌作用。作用比磺胺脒强。主要用于幼畜和中、小动物肠道敏感菌感染，也可用于预防肠道手术感染。

【注意事项】不良反应参见磺胺脒，药物相互作用参见磺胺嘧啶。成年反刍动物少用。

【制剂、用法与用量】酞磺胺噻唑片。内服：一次量，每千克体重，犊、羔、猪、犬、猫0.1～0.15g。一日2次，连用3～5日。

磺胺嘧啶银（SD-Ag）

【理化性质】白色或类白色的结晶性粉末，不溶于水，常制成粉剂。

【作用与应用】抗菌谱与磺胺嘧啶相同，对铜绿假单胞菌抗菌作用强。具有收敛作用和刺激性小等特点，可使创面干燥、结痂和早期愈合。用于预防烧伤后感染。

【注意事项】局部应用治疗创伤时，须将创口中的坏死组织和脓汁清除干净，以免因其含大量对氨基苯甲酸而影响磺胺的疗效。其他参见磺胺嘧啶。

【制剂、用法与用量】外用，撒布于创面或配成2%混悬液湿敷。

2. 抗菌增效剂

抗菌增效剂为人工合成的抗菌药，能增强磺胺药和多种抗生素的抗菌作用，国内临床常用的有甲氧苄啶（TMP）、二甲氧苄啶（DVD）。抗菌增效剂的抗菌作用机制与磺胺药相似，也是干扰细菌的叶酸代谢，但其主要是能选择性地抑制二氢叶酸还原酶，使二氢叶酸不能还原成四氢叶酸，从而妨碍菌体核酸和蛋白质的生物合成。当其与磺胺药合用时，则可分别阻碍细菌叶酸合成过程中的前后两个不同环节而起双重阻断作用，因而抗菌作用可增强数倍至数十倍，甚至使抑菌作用变为杀菌作用。

甲氧苄啶（TMP）

【理化性质】白色或类白色结晶性粉末，几乎不溶于水，在乳酸中易溶，常制成粉剂、预混剂、片剂、注射液。

【作用与应用】又称三甲氧苄氨嘧啶、磺胺增效剂，抗菌谱与磺胺类药相似，抗菌活性较强。对多种革兰氏阳性菌及阴性菌均有抗菌作用，对磺胺耐药的大肠杆菌、变形杆菌、化脓链球菌等亦有抑制作用，对铜绿假单胞菌、结核杆菌、猪丹毒杆菌等不敏感。对钩端螺旋体不敏感。一般不单独作抗菌药使用，常与磺胺药组成复方制剂用于链球菌、葡萄球菌和革兰氏阴性杆菌引起的呼吸道、泌尿道感染及蜂窝织炎、腹膜炎、乳腺炎、创伤感染等。

【注意事项】①易产生耐药性，不宜单独应用。②毒性低，大剂量或长期应用会引起骨髓造血功能抑制，孕畜和初生仔畜的叶酸摄取障碍，慎用。③对实验的鼠可导致畸胎，动物怀孕初期最好不用。④与磺胺类药合用可显著增强抗菌作用和减少耐药菌株的产生，与庆大霉素、氟苯尼考、四环素、红霉素、黏菌素等合用也有增强抗菌作用，常以 1∶5 比例与磺胺药（如 SMD、SMM、SMZ、SD 等）及某些抗菌剂联合应用。⑤内服吸收迅速而完全，体内分布广泛，在肺、肾和乳中浓度较高，在炎症时易通过血脑屏障。半衰期较短。

【制剂、用法与用量】常按组成的具体复方的制剂计算使用剂量。

二甲氧苄啶（DVD）

【理化性质】白色或微黄色结晶性粉末，不溶于水，常制成片剂、预混剂。

【作用与应用】又称敌菌净，为动物专用抗菌剂，对大多数革兰氏阳性菌及革兰氏阴性菌均有抗菌作用，但作用较弱。与磺胺药和抗生素合用，可增强抗菌与抗球虫的作用，且抗球虫作用比 TMP 强。本品的复方制剂主要用于防治禽、兔球虫病及畜禽肠道感染等。

【注意事项】内服吸收较少，常作肠道抗菌增效剂。毒性比 TMP 低，但大剂量长期应用会引起骨髓造血功能抑制，一般连用不超过 10 天。怀孕初期动物最好不用。鸡产蛋期禁用。

【制剂、用法与用量】常按组成的具体复方的制剂计算使用剂量。

（三）其他合成抗菌药

除上述的合成抗菌药外，还有很多其他合成抗菌药在兽医临床上广泛应用，如酰胺醇类药物。酰胺醇类抗菌药，又称氯霉素类，属速效抑菌剂。对革兰氏阴性菌的作用强于革兰氏阳性菌，尤其对伤寒、副伤寒杆菌作用明显。此类药物中的氯霉素因干扰动物造血功能，引起粒细胞及血小板生成减少，导致不可逆性再生障碍性贫血等，现已禁用。而其替代药物甲砜霉素、氟苯尼考只存在剂量相关的可逆性骨髓造血功能抑制作用。细菌产生耐药性缓慢，同类药物之间有完全交叉耐药。另外，喹噁啉类的乙酰甲喹等，临床上要十分注意这类药物的合理使用，否则可能造成兽药在动物性食品中残留，危害人类健康，同时还可造成生态环境的污染。

甲砜霉素

【理化性质】白色结晶性粉，微溶于水，在二甲基甲酰胺中易溶，常制成粉剂、片剂。

【作用与应用】又称硫霉素，抗菌谱广，对革兰氏阴性菌作用强。对大肠杆菌、沙门菌、伤寒杆菌、副伤寒杆菌、巴氏杆菌、布鲁氏菌等高度敏感，对炭疽杆菌、链球菌、化脓棒状杆菌、肺炎球菌、葡萄球菌等敏感，对破伤风梭菌、放线菌等厌氧菌也有作用，对结核分枝杆菌、铜绿假单胞菌不敏感。对衣原体、钩端螺旋体、立克次体敏感。用于治疗畜禽肠道、呼吸道等敏感菌所致的感染，如幼畜副伤寒、白痢、肺炎、大肠杆菌病等；也用于防治嗜水气单胞菌、肠炎菌等引起的鱼类细菌性败血症、链球菌病、肠炎及赤皮病等。

酰胺醇类抗菌药

【注意事项】①常作为治疗伤寒杆菌和副伤寒杆菌引起疾病的首选药。②有较强的免疫抑制作用，对疫苗接种期或免疫功能严重缺损的动物禁用。③引起可逆性红细胞生成抑制作用比氯霉素更常见。④长期内服可引起消化功能混乱，出现维生素缺乏或二重感染症状。⑤有胚胎毒性，妊娠期及哺乳期动物慎用。⑥内服、肌注吸收快而完全，吸收后体内分布广泛。主要以原形从肾脏排泄。⑦与大环内酯类、β-内酰胺类、林可胺类药物合用时产生拮抗作用。⑧对肝药酶有抑制作用，可影响其他药物的代谢，增强药效或毒性；肾功能不全患病动物应减量或延长给药间隔时间。

【制剂、用法与用量】甲砜霉素片、甲砜霉素粉。内服：一次量，每千克体重，畜、禽5～10mg。一日2次，连用2～3日。拌料投喂，一次量，每千克体重，鱼类16.7mg，一日1次，连用3～4日。

氟苯尼考

【理化性质】白色或类白色的结晶性粉末，极微溶于水，常制成粉剂、溶液、预混剂、注射液。

【作用与应用】又称氟甲砜霉素，是动物专用抗菌药，抗菌谱、抗菌活性均优于甲砜霉素。对溶血性巴氏杆菌、多杀性巴氏杆菌、猪胸膜肺炎放线菌高度敏感，对链球菌、耐甲砜霉素的痢疾志贺菌、伤寒沙门菌、克雷伯菌、大肠杆菌及耐氨苄西林流感嗜血杆菌敏感。细菌可产生耐药，与甲砜霉素有交叉耐药性。用于治疗猪、鸡、牛、鱼类敏感菌所致的感染，如猪的放线菌性胸膜肺炎、巴氏杆菌病、伤寒、副伤寒等；鸡的白痢、禽霍乱、大肠杆菌病等；牛的巴氏杆菌、嗜血杆菌呼吸道感染，奶牛乳腺炎；鱼类的细菌性败血症、鱼疖病、肠炎及赤皮病等。

【注意事项】①常作为治疗沙门菌、伤寒杆菌、副伤寒杆菌引起的感染疾病的首选药，对鲑鱼疖病、牛呼吸系统疾病、猪放线菌性胸膜肺炎和禽大肠杆菌病疗效也显著。②与甲氧苄啶合用产生协同作用。③毒副作用小，安全范围大，使用推荐剂量不引起骨髓抑制或再生障碍性贫血。④肌内注射有一定刺激性，应做深层分点注射。⑤本品内服和肌注吸收快而完全，乳房灌注给药生物利用度也较好。体内分布广泛，一次给药有效血药浓度可维持48～72h。肌注半衰期较长。

【制剂、用法与用量】氟苯尼考粉（2%）：以氟苯尼考计，内服，每千克体重，猪、鸡20～30mg，一天2次，连用3～5日；拌料投喂，一次量，每千克体重，鱼类10～15mg，一日1次，连用3～5日。氟苯尼考可溶性粉（5%）：以氟苯尼考计，混饮，每升水，鸡100～200mg，连用3～5日。氟苯尼考注射液：肌内注射，一次量，每千克体重，鸡20mg，猪15～20mg，每隔48h 1次，连用2次。氟苯尼考预混剂：混饲，每1000kg饲料，猪1000～2000g，连用7日。

乙酰甲喹

【理化性质】黄色结晶或黄色粉末，微溶于水，常制成片剂。

【作用与应用】又称痢菌净，是动物专用抗菌药，抗菌谱广，对革兰氏阴性菌的作用强于革兰氏阳性菌。对密螺旋体有较强作用。主要用于猪痢疾、仔猪黄痢、仔猪白痢；也可用于犊牛腹泻、副伤寒。

【注意事项】当使用剂量高于临床治疗量3～5倍，或长期应用可引起毒性反应，甚至死亡，家禽较为敏感。内服、肌注吸收良好，可分布于全身组织。

【制剂、用法与用量】乙酰甲喹片：内服，一次量，每千克体重，牛、猪5～10mg。

小檗碱

【理化性质】黄色结晶性粉末，溶于水，常制成片剂、注射液。

【作用与应用】又称黄连素，抗菌谱广，对溶血性链球菌、金黄色葡萄球菌、霍乱弧菌、脑膜炎球菌、志贺菌属、伤寒杆菌、白喉杆菌等作用较强。对流感病毒、阿米巴原虫、钩端螺旋体、某些皮肤真菌也有一定抑制作用。体外能增强白细胞及肝网状内皮系统的吞噬能力。细菌易产生耐药性，与青霉素、链霉素等无交叉耐药性。其盐酸盐用于敏感菌所致的胃肠炎、细菌性痢疾等肠道感染，其硫酸盐则用于敏感菌所致的全身感染。

【注意事项】①盐酸小檗碱静脉注射或滴注可引起血管扩张、血压下降等反应，只内服应用，内服可引起呕吐、溶血性出血症状。②硫酸小檗碱则用于肌内注射，若注射液遇冷析出结晶，可浸入热水中溶解后使用。③内服吸收差，而肌内注射后的血药浓度低。

【制剂、用法与用量】盐酸小檗碱片：内服，一次量，马、牛 2～5g；羊、猪 0.5～1g；驼 3～6g。硫酸小檗碱注射液：肌内注射，一次量，马、牛 0.15～0.4g；羊、猪 0.05～0.1g。

三、抗真菌药物

抗真菌药物

真菌是真核类微生物，种类繁多，分布广泛，感染后可引起动物不同的临床症状。根据感染部位可分为浅表部和深部感染。浅表部真菌感染主要侵害皮肤、羽毛、趾甲、鸡冠、肉髯，引起各种癣病，多发生于马、牛、羊、猪、犬、猫等，有些病在人、畜之间还可相互传染。深部真菌感染主要侵害深部组织及内脏器官，如念珠菌病、犊牛霉菌性肺炎、牛真菌性子宫炎等。浅表部真菌感染的发病率要高于深部真菌感染，浅表部真菌感染的治疗多局部应用抗真菌药，如咪唑类中的酮康唑、克霉唑等。抗深部真菌感染药物中目前最有效的为两性霉素 B，但其毒性大，限制了它的应用。

水杨酸

【理化性质】白色细微的针状结晶或白色结晶性粉末，溶于沸水，常制成溶液、软膏。

【作用与应用】有抗真菌和细菌作用，但抗真菌作用较强。在 1%～2%浓度时有角质增生作用，能促进表皮的生长；10%～20%浓度时可溶解角质，对局部有刺激性。在体表真菌感染时，可使软化的皮肤角质层脱落，并将菌丝随之脱出。用于霉菌性皮肤感染和肉芽创的治疗。

【注意事项】重复涂敷可引起刺激，不可大面积涂敷，以免吸收中毒。皮肤破损处禁用。内服对胃黏膜刺激性强，仅外用。

【制剂、用法与用量】外用，配成 1%的醇溶液或软膏，涂敷患处。

酮康唑

【理化性质】本品为类白色结晶粉末，在水中几乎不溶，溶于酸性溶液。常制成片剂、软膏。

【作用与应用】本品内服易吸收，但个体间差异较大，犬内服的生物利用度为 4%～89%。吸收后分布于胆汁、唾液、尿、滑液囊和脑脊液，胆汁排泄超过 80%，有约 20%的代谢产物从尿中排出。

属广谱抗真菌药，对深部及浅表真菌均有抗菌活性。一般浓度对真菌有抑制作用，高浓度时对敏感真菌有杀灭作用。对芽生菌、球孢子菌、曲霉菌及皮肤真菌均有抑制作用，疗效优于灰黄霉素和两性霉素 B，对曲霉菌、孢子丝菌作用弱。适用于消化道、呼吸道及全身性真菌感染；外用治疗鸡冠癣和皮肤黏膜等浅表真菌感染，以及犬、猫癣菌、厌氧菌等引起的皮肤病。

【注意事项】本品有肝脏毒性和胚胎毒性，犬妊娠期禁用。肝功能不全动物慎用。本品请勿接触眼睛。

【制剂、用法与用量】复方酮康唑软膏：外用。涂抹于患处，犬、猫，一日3～5次，连用5～7日。

克霉唑

【理化性质】本品为白色结晶性粉末，难溶于水。常制成软膏。

【作用与应用】内服易吸收，单胃动物约4h可达血药峰浓度，广泛分布于体内各组织和体液中。主要在肝代谢失活，代谢物大部分由胆汁排出，小部分经尿排泄。对各种皮肤真菌如小孢子菌、表皮癣菌和毛发癣菌有强大的抑菌作用，治疗深部真菌感染效果较差。临床主要用于体表真菌病如犬的中耳炎等。

【注意事项】长时间应用可引起肝不良反应，但停药后可恢复。

【制剂、用法与用量】复方克霉唑软膏。外用。

四、抗菌药物合理应用

抗菌药物的合理应用

在应用抗菌药物防治动物疾病的实践中，必须综合考虑到病原菌、抗菌药及动物机体三者相互间对药物疗效的影响，才能做到科学合理使用抗菌药物。一般有如下原则：

1. 尽可能选用对病原菌敏感的药物

在掌握适应证、弄清病原菌种类和药物抗菌谱特点的基础上，一般尽量选用窄谱抗菌药或以药敏试验结果为准，做到有的放矢用药。例如革兰氏阳性菌感染引起的猪丹毒、破伤风、炭疽、马腺疫、气肿疽、牛放线菌病、葡萄球菌性和链球菌性炎症、败血症等疾病，可选择青霉素类、大环内酯类或第一代头孢菌素、林可霉素等；革兰氏阴性菌感染引起的巴氏杆菌病、大肠杆菌病、沙门菌病、肠炎、泌尿道炎症，则应选择氨基糖苷类、氟喹诺酮类等。而对于耐青霉素G的金黄色葡萄球菌所致的呼吸道感染、败血症等，可选用苯唑西林、氯唑西林、大环内酯类和头孢菌素类抗生素；对于铜绿假单胞菌引起的创面感染、尿路感染、败血症、肺炎等，可选用庆大霉素、多黏菌素等；对于支原体引起的猪气喘病和鸡慢性呼吸道病，则应首选恩诺沙星、红霉素、泰乐菌素、泰妙菌素等；对于支原体和大肠杆菌等混合感染疾病，则可选用广谱抗菌药或联合使用抗菌药，可选用四环素类、氟喹诺酮类或联合使用林可霉素与大观霉素等。但影响菌苗预防接种免疫力的抗菌药物不宜使用。

2. 充分考虑药动学的特性来选用药物

例如防治消化道感染时，应选择氨基糖苷类、氨苄西林、磺胺脒等消化道不易吸收的抗菌药；在泌尿道感染时，应选择青霉素类、链霉素、土霉素和氟苯尼考等主要以原形从尿液排出的抗菌药；在呼吸道感染时，宜选择达氟沙星、阿莫西林、氟苯尼考、替米考星等易吸收或在肺组织有选择性分布的抗菌药。

3. 注重用药剂量、疗程及给药途径的把握

抗菌药物在患病动物体内达到有效的血药浓度（一般要求血药浓度大于MIC）和维持一定的时间，才能达到较好疗效和尽可能避免产生耐药性。一般初次用药、急性传染病和严重感染时剂量宜稍大，而肝、肾功能不良时，应酌情减少用药量。杀菌药一般疗程要有2～3日，抑菌药则要3～5日。严重感染时多采用注射给药，一般感染以内服为宜。尤其不宜

长期使用抗菌药物。因为部分抗菌药物可导致细菌产生耐药性和诱发二重感染；损伤脾、淋巴结、胸腺等免疫器官，使机体的免疫能力下降，干扰一些活菌苗的主动免疫过程；引起畜禽肝肾功能异常、过敏性休克、神经肌肉传导阻滞等毒副作用；影响营养物质的吸收和肠道内细菌合成维生素；造成畜禽产品中药物残留，危害人体健康。

4. 正确联合使用抗菌药

严重的混合感染或病原未明的危急病例，用一种抗菌药无法控制病情时，可以适当联合用药，以求获得协同作用或扩大抗菌范围，但也可能使毒性增加，产生配伍禁忌，应设法避免。根据抗菌活性的强弱，临床把抗菌药分为抑菌药和杀菌药，如大环内酯类、四环素类、酰胺醇类和磺胺类等属于抑菌药，β-内酰胺类、氨基糖苷类和氟喹诺酮类等则属于杀菌药。在此基础上又按抗菌药的作用特性将其细分为四大类：第一类为繁殖期杀菌剂，如青霉素类、头孢菌素类；第二类为静止期杀菌剂，如氨基糖苷类、多黏菌素等；第三类为速效抑菌剂，如四环素类、大环内酯类、酰胺醇类等；第四类为慢效抑菌剂，如磺胺类等。第一类与第二类合用常可获得协同作用，如青霉素与链霉素合用，前者使细菌细胞壁的完整性被破坏，后者更易进入菌体内发挥作用。第一类与第三类合用则可出现拮抗作用，如青霉素与四环素合用，由于后者使细菌蛋白质合成受抑制，细菌进入静止状态，青霉素便不能发挥抑制细胞壁合成的作用。第四类对第一类可能无明显影响，第二类与第三类合用常表现为相加作用或协同作用。联合用药也可能出现毒性的协同作用或相加作用，所以在临床上要认真考虑联合用药的利弊，不要盲目组合，得不偿失。

实训五 抗菌药物敏感性试验

抗菌药物敏感性试验（AST），简称药敏试验，是指对敏感性不能预测的分离菌株进行试验，测试抗菌药在体外对病原微生物有无抑制作用，以指导选择治疗药物和了解区域内常见病原菌耐药性变迁，有助于经验性治疗选药。

药敏实验的方法很多，普遍使用的有圆纸片扩散试验；最低抑菌浓度（MIC）试验和最低杀菌浓度（MBC）试验等。

【目的要求】

① 熟悉和掌握圆纸片扩散法检测细菌对抗菌药物敏感性的操作程序和结果判定方法。

② 了解最低抑菌浓度试验的原理和方法。

③ 了解药敏试验在实际生产中的重要意义。

抗菌药物敏感性试验

【材料】

（1）菌种　大肠杆菌、金黄色葡萄球菌。

（2）药敏试纸　青霉素、链霉素、庆大霉素、氯霉素、磺胺嘧啶等，分装于灭菌平皿中。小镊子、普通琼脂平板。

【方法与步骤】

1. 圆纸片扩散试验

（1）原理　将含有定量抗菌药物的纸片贴在已接种测试菌的琼脂平板上，纸片中所含的药物吸收琼脂中水分溶解后不断向纸片周围扩散形成递减的梯度浓度，在纸片周围抑菌浓度范围内测试菌的生长被抑制，从而形成无菌生长的透明圈即为抑菌圈。抑菌圈的大小反映测试菌对测定药物的敏感程度，并与该药对测试菌的 MIC 呈负相关关系。

（2）培养基和抗菌药物纸片

① 抗菌药物纸片：选择直径为6.35mm，吸水量为20μl的专用药敏纸片，用逐片加样或浸泡方法使每片含药量达规定所示。含药纸片密封贮存2～8℃且不超过1周。

② 培养基：水解酪蛋白胨（MH）培养基是兼性厌氧菌和需氧菌药敏试验标准培养基，4℃保存。

（3）细菌接种　用0.5麦氏比浊标准的菌液浓度，在琼脂表面均匀涂片，在15min内接种完毕。将含药纸片紧贴于琼脂表面，37℃孵育18h后，观察结果。

（4）结果判断和报告　用精确度为1mm的游标卡尺量取抑菌圈直径，来判断该菌对各种药物的敏感程度，分为高度敏感、中度敏感、低度敏感和不敏感四种。

细菌对磺胺药物敏感度的标准，按Hawking所定，若磺胺药物浓度在每毫升10μg即能抑制细菌生长者，则该菌对磺胺药很敏感；如需每毫升50μg才能抑制生长，为敏感；每毫升1000μg才能抑制，为中度敏感；每毫升超过1000μg仍不能抑菌者，则该菌系耐药性菌株。细菌对不同抗生素的敏感度标准，参阅表2-1。

表2-1　细菌对不同抗生素的敏感度标准

抗生素	抑菌圈直径/mm	结果
青霉素(50μg/ml)	＞26	高度敏感
	10～26	中度敏感
	＜10	低度敏感
	无抑菌圈	不敏感
链霉素(500μg/ml)	＞15	高度敏感
	10～15	中度敏感
	＜10	低度敏感
	无抑菌圈	不敏感
新霉素(300μg/ml)	＞25	高度敏感
	10～25	中度敏感
	＜10	低度敏感
	无抑菌圈	不敏感

2. 最低抑菌浓度试验

（1）原理　将抗菌药物做倍比稀释，在不同浓度的稀释管内接种被检细菌，定量测定抗菌药物的最低浓度。本结论可作为其他药物敏感性试验的标准方法。

（2）实验材料

① 菌种：金黄色葡萄球菌肉汤培养物。

② 培养基：普通肉汤，每管1ml。

③ 抗菌药物：含青霉素64IU/ml的普通肉汤各一管，每管2ml。

④ 其他材料：麦氏比浊管，灭菌1ml刻度吸管，橡皮胶头。

（3）操作方法　以葡萄球菌对青霉素的敏感性为例。将装有1ml肉汤的试管排成一列，编上1～9的管号，在第1管内加入含64IU/ml青霉素肉汤1ml，混匀后吸取1ml到第2管，混匀，再取1ml至第3管，依次类推到第8管。第9管不含有青霉素的肉汤作为对照管，然后每管加入0.1ml含菌量相当于麦氏比浊管第1管1/2的金黄色葡萄球菌（相当于1.5亿个/ml）。

（4）结果判定　以能抑制细菌生长的抗生素的最高稀释度作为抗生素的最低抑菌浓度。

➤ 知识拓展

细胞因子

细胞因子（cytokine，CK）是由多种免疫细胞分泌合成的小分子多肽或糖蛋白。主要包括干扰素（IFN）、肿瘤坏死因子（TNF）、白细胞介素（IL）、集落刺激因子（CSF）、神经营养因子（NTFs）、趋化细胞因子等。细胞因子能介导细胞间的相互作用，具有多种生物学功能，如调节细胞生长、分化成熟，功能维持，调节免疫应答，参与炎症反应、创伤愈合和肿瘤消长等。细胞因子可以增强或抑制细胞扩增、变异、活化和运动。

细胞因子的应用

细胞因子通常以旁分泌或自分泌的形式作用于附近细胞，或产生细胞因子的细胞本身。大部分时候，细胞因子是由传染性因素或其产物刺激产生的，如炎症介质、机械损伤、细胞因子本身等。往往一种细胞因子的分泌可以引起其他一系列细胞因子及其分泌物的产生。因此，为了保护机体免受病原体侵害而发生的炎症反应和特异性免疫应答，以及细胞因子在机体的炎症反应和免疫应答过程中起着关键而又矛盾的作用，就是由细胞因子复杂的网络作用控制的。细胞因子的网络作用主要通过以下 3 种方式实现：①一种细胞因子诱导或抑制另一种细胞因子的产生，如 IL-1 和 TGF-β 分别能促进或抑制 T 细胞 IL-2 的产生；②调节同一细胞受体的表达，如高剂量 IL-2 可诱导 NK 细胞表达高亲和力 IL-2 受体；③诱导或抑制其他细胞因子受体的表达，如 TGF-β 可降低 T 细胞 IL-2 受体数量，而 IL-6 和 IFN-γ 促进 T 细胞 IL-2 受体的表达。

随着对细胞因子研究的不断深入和分子生物学技术的发展，细胞因子已经用于临床上传染病的预防。在兽药中的应用主要有以下 3 个方面：①被用作疫苗的佐剂；②直接作用于抵抗传染时启动的保护反应或特异性免疫应答反应；③促进个体发育和活化新生幼雏的机体保护反应。

1. 在疫苗中的应用

一般来说，由于生物体的排异作用，现在大部分疫苗的有效使用都必须借助于佐剂。佐剂的定义是与抗原结合以便于免疫反应发生的一种物质。另外大部分疫苗所用的抗原不能产生活化淋巴细胞必需的信号，而佐剂可诱导产生特异性保护反应或效应细胞所必需的合适的信号。

但是，大部分佐剂都不能用，因为它们会对机体组织有害或产生残留。现在最重要的就是寻找更有效更天然的佐剂与疫苗合用。因为由佐剂所诱导的细胞和分子反应大部分都是由细胞因子控制的，所以其中研究最热门，也最具有应用前景的就是素有“免疫激素”之称的细胞因子。它们通过与高亲和力的特异性受体相互作用，在低浓度下发挥作用，是机体发挥免疫功能不可缺少的成分。近年来疫苗研制的趋势已经不再是针对整个病原体了，而是向着生化上定义的亚基疫苗方向发展。但是，这些亚基疫苗已经被证明是弱免疫原性的，也不能诱导合适的免疫反应。因此，影响免疫反应的数量和质量的细胞因子，在通过病毒、细菌、寄生虫疫苗诱导机体保护反应时已经被证明是有效的佐剂。Lowenthal 进行了一个利用鸡的 IFN-γ 作为疫苗佐剂的成功试验。在这个试验中，重组鸡的 IFN-γ 与绵羊红细胞（抗原）联合使用，可以提高初级和次级免疫球蛋白 G 的反应，这是在禽类不使用佐剂时 10 倍的抗原才能产生的效果。这个试验结果表明，禽的细胞因子可以成功作为禽疫苗的佐剂。

2. 在临床治疗中的应用

在现代家禽集约化饲养的条件下，鸟类已经成为一个潜在的重要的传染源。由于这种暴露性的抗原的广泛存在，疫苗或抗原免疫都是比较有效而又经济的手段。在这种情况下，利用细胞因子作为非特异性药物预防传染病可能是一种更实用的方法。在过去的 10 年里，通过大量体外和体内的模拟试验研究，已经证明了白细胞产生的许多细胞因子对于防控家禽的病毒性疾病、细菌性疾病和寄生虫性疾病有良好效果。

3. 在新生个体发育中的免疫增强剂作用

新生家禽为诱导机体产生保护作用，在出生的第 1 周内会对传染源表现出短暂的敏感性。暂时性免疫不起作用的特征表示是 T 细胞增殖和分泌细胞因子失败，产生免疫力的能力下降，在前 7 天粒白细胞和巨噬细胞不起作用，由于禽类先天的这种功能个体发育不足，又需要保护，这就使得在新生家禽的第 1 周内使用细胞因子成为一种可行的保护措施。机体先天免疫反应仅表现在第一防御线接触了病原的前几个小时，表现的部位是再生呼吸道黏膜和肠道外表面，本能免疫能力反应的是病原体的特点而不是机体本身。大量研究显示新生家禽在出壳前一周之内对于传染病的高度敏感性和内部免疫反应有直接关系，新生火鸡和鸡腹腔注射 ConA 刺激沙门菌免疫鸡的脾脏提取的上清，能增强 1～7 日龄火鸡和鸡的粒细胞在体内的活力。细胞因子调节增强机体防御能力可达到 2～3 周龄具有成熟免疫能力的禽类的水平。

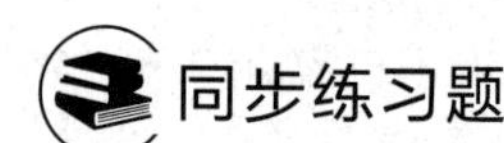

1. 单项选择题

(1) 抑制细菌细胞壁合成而发挥杀菌作用的抗菌药物是（　　）。

A. 磺胺脒　B. 金霉素　C. 青霉素　D. 两性霉素 B　E. 恩诺沙星

(2) 抗支原体首选药物是（　　）。

A. 泰乐菌素　B. 硫酸黏菌素　C. 苄星青霉素　D. 硫酸镁溶液

(3) 能够抑制骨髓造血功能，引起不可逆再生障碍性贫血的药物（　　）。

A. 替米考星　B. 氯霉素　C. 红霉素　D. 链霉素

(4) 治疗脑部细菌性感染的有效药物是（　　）。

A. 胺甲异噁唑　B. 磺胺二甲嘧啶　C. 磺胺嘧啶　D. 磺胺噻唑

(5) 氨基糖苷类抗生素中毒性最大的是（　　）。

A. 链霉素　B. 卡那霉素　C. 庆大霉素　D. 新霉素

(6) 下列哪种药物作用机制不是破坏细菌蛋白质（　　）。

A. 红霉素　B. 林可霉素　C. 庆大霉素　D. 多黏菌素

(7) 属于头孢菌素类药物是（　　）。

A. 青霉素钠　B. 氨苄西林　C. 头孢氨苄　D. 阿莫西林

(8) 某猪场，部分猪发生支原体引起的猪肺炎，前期已经使用过抑制蛋白质合成的抗菌药物，为了减少耐药性的产生，这次首选的药物是（　　）。

A. 恩诺沙星　B. 乙酰甲喹　C. 二甲氧苄啶　D. 磺胺间甲氧嘧啶　E. 氟苯尼考

2. 填空题

(1) 喹诺酮类药物能抑制细菌______，从而阻碍细菌______合成而导致细菌死亡。

(2) 氨基糖苷类药物的毒性反应有______、________和__________。

(3) 目前，我国批准在兽医临床上应用的只是________。

(4) 抗菌增效剂为人工合成的抗菌药，能增强磺胺药和多种抗生素的抗菌作用，国内临床常用的有__________、___________。

(5) 磺胺类药物易在泌尿道中析出结晶，出现结晶尿、血尿和蛋白尿等，使用时最好同时给予________以碱化尿液，增加磺胺药的溶解度。

(6) 兽医临床上常用的四环素类药物的抗菌活性强弱依次为：____________________。

3. 简答题

(1) 简述氨基糖苷类药物的不良反应。

(2) 列举5种作用于革兰氏阳性菌的药物。

(3) 简述头孢菌素类药物作用特点。

4. 论述题

(1) 如何合理使用磺胺类药物？

(2) 列举常见大环内酯类药物使用注意事项。

(3) 简述抗菌药物合理应用的原则。

5. 案例分析题

某养鸡场饲养的10000只20日龄的蛋鸡，出现精神萎靡、缩头、垂翅、蹲卧、喘息、排稀白色水便等临床症状，个别鸡只死亡。剖检病死鸡可见胸肌和腿肌褪色，气管内有黏液，气管黏膜出血，胸腹气囊浑浊增厚，散布脓性斑点或干酪样物，心包和肝表面覆盖灰白色纤维素性渗出物，肝脾肿大。进一步在实验室做病死鸡的肝、脾、纤维素性渗出物等的涂片染色镜检和生化培养等检验，发现有大肠杆菌特征。综上临床、病理和镜检结果，可诊断该群雏鸡患有大肠杆菌病。针对上述雏鸡患有的大肠杆菌病，请你结合所学的动物药理知识，提出药物治疗方案和原则，并且从理论上写出至少三类6种以上对大肠杆菌敏感的药物。

单元二 消毒防腐药物

学习目标

1. 知识目标：理解消毒防腐药物的分类与作用机制。
2. 能力目标：掌握常用消毒防腐药物的作用特点、临床应用，做到合理选药用药。
3. 素质目标：树立预防为主的消毒管理意识。

随着畜牧业的日益集约化和规范化发展，密集饲养使动物相互接触的机会越来越多，各种传染性疾病防治显得更为突出。消毒防腐药能使动物生存的周围环境中的病原微生物减少并可有效地控制各种传染病的发生与扩散，是动物传染病预防与扑灭的重要手段之一。

1. 消毒防腐药的概念

消毒防腐药是杀灭病原微生物或抑制其生长繁殖的一类药物。消毒药是指能迅速杀灭病原微生物的药物，主要用于环境、厩舍、动物排泄物、用具和器械等非生物表面的消毒；防腐药是指仅能抑制病原微生物生长繁殖的药物，主要用于抑制局部皮肤、黏膜和创伤等生物体表的微生物感染，也用于食品及生物制品等的防腐。二者无明显的界限，消毒药在低浓度时仅能抑菌，而防腐药在高浓度时也能杀死病原微生物。

2. 消毒防腐药的作用机制

消毒防腐药的作用机制各不相同，可归纳为以下三个方面：

（1）使菌体蛋白变性、沉淀　如酚类、醛类、醇类、重金属盐类等大部分的消毒防腐药是通过这一机制起作用的，其作用不具有选择性，可损害一切活性物质，故称为“一般原浆毒”，由于其不仅能杀菌，也能破坏动物组织，因而只适用于环境消毒。

（2）改变菌体细胞膜的通透性　如新洁尔灭等表面活性剂的杀菌作用是通过降低菌体的表面张力，增加菌体细胞膜的通透性，从而引起细胞内酶和营养物质漏失，水则向菌体内渗入，使菌体溶解和破裂。

（3）干扰或损害细菌生命必需的酶系统　如高锰酸钾等氧化剂的氧化、漂白粉等卤化物的卤化等可通过氧化、还原等反应损害酶的活性基团，导致菌体的抑制或死亡。

3. 影响消毒防腐药作用的因素

影响消毒防腐药作用的因素主要有如下几方面：

（1）药液浓度　药液的浓度对其作用产生着极为明显的影响，一般来讲浓度越高其作用越强。但也有例外，如85%以上浓度的乙醇则是浓度越高作用越弱，因高浓度的乙醇可使菌体表层蛋白质全部变性凝固，而形成一层致密的蛋白膜，使其他浓度乙醇不能进入体内。另外，应根据消毒对象选择浓度，如同一种消毒防腐药在应用于外界环境、用具、器械消毒时可选择高浓度；而应用体表，特别是创伤面消毒时应选择低浓度。

（2）作用时间　消毒防腐药与病原微生物的接触达到一定时间才可发挥抑杀作用，一般作用时间越长，其作用越强。临床上可针对消毒对象的不同选择消毒时间，如应用甲醛溶液对雏鸡进行熏蒸消毒，时间仅需25min以下，而厩舍、库房则需12h以上。

（3）温度　药液与消毒环境的温度，可对消毒防腐药的效果产生很大的影响。一般温度每提高10℃消毒力可提高1倍，但提高药液及消毒环境的温度会增加经济成本，为此，药液温度一般控制在正常室温（18～25℃）即可。

（4）消毒环境中的有机物　环境中的粪便、尿液等或创伤上的脓血、体液等有机物，一方面可与消毒防腐药结合，另一方面可阻碍药物向消毒物中渗透，而减弱消毒防腐药的效果。因此，在环境、用具、器械消毒时，必须彻底清除消毒物表面的有机物；创伤面消毒时，必须先清除创面的脓血、脓汁及坏死组织和污物，以取得良好消毒效果。

（5）pH　环境或组织的pH对有些消毒防腐药作用的影响较大，如含氯消毒剂作用的最佳pH为5～6。

（6）水质　硬水中的Ca^{2+}和Mg^{2+}可与季铵盐类药物等结合成不溶性盐类，从而降低其抑杀效力。

（7）病原微生物的种类及状态　不同种类的微生物和处于不同状态的微生物，其结构明显不同，对消毒防腐药的敏感性也不同。如无囊膜病毒和具有芽孢结构的细菌等对众多消毒防腐药则不敏感。

（8）配伍用药　消毒防腐药的配伍应用，对消毒防腐效果具有明显的影响，存在着配伍禁忌。如阳离子表面活性剂与阴离子表面活性剂，酸性消毒防腐药与碱性消毒防腐药等均存在着配伍禁忌现象。因此，在临床应用时，一般单用为宜。

4. 分类

防腐消毒药根据临床应用对象不同可分为：

（1）用于环境、厩舍、用具、器械的消毒药物　如甲酚、甲醛溶液、戊二醛、氢氧化钠、氧化钙、过氧乙酸等。

(2) 用于皮肤、黏膜、创伤的消毒药物　如乙醇、碘、硼酸、苯扎溴铵、高锰酸钾、过氧化氢溶液等。

此外，还可以按照药物的化学结构与理化性质来分类，可分为酚类、醛类、酸类、碱类、卤素类、过氧化物类、表面活性剂类等防腐消毒药。

一、用于环境、厩舍、用具、器械的消毒药物

本类药物抗菌力强，抗微生物范围广，大部分对细菌繁殖体、芽孢、病毒均有杀灭作用，是临床预防、治疗、扑灭传染病的常用药物。但大多数毒性大，对组织细胞具有明显的刺激、损伤作用，甚至某些有腐蚀作用，故用于皮肤、黏膜防腐消毒时尤其应注意浓度与用量。

(一) 卤素类

本类药物主要是氯、碘以及能释放出氯、碘的化合物。含氯消毒药主要通过释放出活性氯原子和初生态氧而呈杀菌作用，其杀菌能力与有效氯含量成正比。包括无机含氯消毒药和有机含氯消毒药两大类。无机含氯消毒药主要有漂白粉、复合亚氯酸钠等，有机含氯消毒药主要有二氯异氰尿酸、三氯异氰尿酸、溴氯海因等。含碘消毒药主要靠不断释放碘离子达到消毒作用。如碘的水溶液、碘的醇溶液（碘酊）和碘伏等。其中碘伏是近年来广泛使用的含碘消毒药，它是碘与表面活性剂（载体）及增溶剂形成的不定形络合物，其实质是含碘表面活性剂，故性能更为稳定。碘伏的主要品种有聚乙烯吡咯烷酮-碘（PVP-I）、聚乙烯醇碘（PVA-I）、聚乙二醇碘（PEG-I）、双链季铵盐络合碘等。

含氯石灰

【理化性质】本品又称漂白粉，为灰白色粉末；有氯臭味。本品是次氯酸钙、氯化钙和氢氧化钙的混合物，在空气中即吸收水分与二氧化碳而缓慢分解。本品为廉价有效的消毒药，部分溶于水，常制成含有效氯为25%～30%的粉剂。

【作用与应用】①本品加水后释放出次氯酸，次氯酸不稳定，分解为活性氯和初生态氧，而呈现杀菌作用。对细菌繁殖体、细菌芽孢、病毒及真菌都有杀灭作用，并可破坏肉毒梭菌毒素。如1%澄清液作用0.5～1min可抑制炭疽杆菌、沙门菌、猪丹毒杆菌和巴氏杆菌等多数繁殖型细菌的生长，1～5min抑制葡萄球菌和链球菌；30%漂白粉混悬液作用7min后，炭疽芽孢即停止生长；对结核分枝杆菌和鼻疽杆菌效果较差。其杀菌作用快而强，但作用不持久。②有除臭作用，因所含的氯可与氨和硫化氢发生反应。

本品用于厩舍、畜栏、场地、车辆、排泄物、饮水等的消毒；也用于玻璃器皿和非金属器具、肉联厂和食品厂设备的消毒以及鱼池消毒。

【注意事项】①本品对金属有腐蚀作用，不能用于金属制品；可使有色棉织物褪色，不可用于有色衣物的消毒。②现用现配；杀菌作用受有机物的影响；消毒时间一般至少需15～20min。③使用本品时消毒人员应注意防护。本品可释放出氯气，对皮肤和黏膜有刺激作用，引起流泪、咳嗽，并可刺激皮肤和黏膜。严重时表现为躁动、呕吐、呼吸困难。④在空气中容易吸收水分和二氧化碳而分解失效；在阳光照射下也易分解。⑤不可与易燃易爆物品放在一起。

【用法与用量】含有效氯不少于25%。饮水消毒，每50L水加入1g。畜舍等消毒，配成5%～20%混悬液。水产：每$1m^3$水体，1.0～1.5g，1日1次，连用2日，使用时用水

稀释1000～3000倍后，全池均匀泼洒。

次氯酸钠溶液

【理化性质】本品为次氯酸钠溶液与表面活性剂等配制而成，为淡黄色澄清液体。

【作用与应用】次氯酸钠与水作用生成次氯酸，具有杀菌广、作用快、效果好等优点，用于厩舍、器具及环境的消毒。

【注意事项】①对金属有腐蚀作用，对织物有漂白作用。②本品可伤害皮肤，置于儿童不能触及处。

【用法与用量】含有效氯不少于5%。厩舍、器具消毒：(1∶50)～(1∶100)稀释；禽流感病毒疫源地消毒：1∶10稀释；口蹄疫病毒疫源地消毒：1∶50稀释；常规消毒：1∶1000∶稀释。

复合次氯酸钙粉

【理化性质】本品为配合型制剂。由A包（含次氯酸钠钙、硅酸钠和溴化钠）与B包（含丁二酸和三聚磷酸钠）组成。A、B包内均为白色颗粒状粉末。

【作用与应用】本品在水中产生次氯酸、新生态氧、新生态氯和高氧化还原电位。在氧化、氯化以及高氧化还原电位的共同作用下，杀灭病原微生物。用于杀灭细菌繁殖体、病毒、芽孢等病原微生物。用于空舍、周边环境喷雾消毒和禽类饲养全过程的带禽喷雾消毒，饲养器具的浸泡消毒和物体表面的擦洗消毒。

【注意事项】①配制消毒母液时，袋内的A包与B包必须按顺序一次性全部溶解，不得增减使用量。配制好的消毒液应在密封非金属容器中贮存。②配制消毒液的水温不得超过50℃，不得低于25℃。③若母液不能一次用完，应放于10L桶内，密闭，置阴凉处，可保存60日。④禁止内服。

【用法与用量】①配制消毒母液：打开外包装后，先将A包内容物溶解到10L水中，待搅拌完全溶解后，再加入B包内容物，搅拌，至完全溶解。②喷雾：空厩舍和环境消毒，(1∶15)～(1∶20)稀释，150～200ml/m^3 作用30min；带鸡消毒，预防和发病时分别按1∶20和1∶15稀释，50ml/m^3 作用30min。③浸泡、擦洗饲养器具，1∶30稀释，按实际需要量作用20min。④对特定病原体如大肠杆菌、金黄色葡萄球菌1∶140稀释，巴氏杆菌、禽流感病毒1∶30稀释，传染性法氏囊病病毒1∶120稀释，新城疫病毒1∶480稀释，口蹄疫病毒1∶2100稀释。

复合亚氯酸钠

【理化性质】本品又称鱼用复合亚氯酸钠、百毒清，为白色粉末或颗粒；有弱漂白粉气味。本品主要成分为二氧化氯（ClO_2），常制成粉剂。

【作用与应用】①本品对细菌繁殖体、细菌芽孢、病毒及真菌都有杀灭作用，并可破坏肉毒梭菌毒素。②有除臭作用。

本品用于厩舍、饲喂器具及饮水等消毒；还可用于治疗鱼、虾、蟹、育珠蚌和螺的细菌性疾病。

【注意事项】①本品溶于水后可形成次氯酸，pH越低，次氯酸形成越多，杀菌作用越强。②避免与强还原剂及酸性物质接触，不可与其他消毒剂联合使用。③药液不能用金属容器配制或储存。④现配现用。配制操作时穿戴防护用品，严禁垂直面对溶液，配好后不得加盖密封；不得使用高温水，宜在阴天或早、晚无强光照射下施药。泼洒时应将水溶液尽量贴近水面均匀泼洒，不能向空中或从上风处向下风处泼洒，严禁局部药物浓度过高。⑤休药期：500度日（温度×时间＝500）。

【用法与用量】本品1g加水10ml溶解，加活化剂1.5ml活化后，加水至150ml。厩舍、饲喂器具消毒15～20倍稀释；饮水消毒200～1700倍稀释。

溴氯海因

【理化性质】本品为类白色或淡黄色结晶性粉末；有次氯酸刺激性气味。本品微溶于水，常制成粉剂。

【作用与应用】本品是一种广谱杀菌剂，杀菌速度快，杀菌力强，受水质酸碱度、肥瘦度（即含有机物多少）影响小。对炭疽芽孢无效。

本品主要用于动物厩舍、运输工具等消毒；也用于鱼、虾、蟹的细菌性疾病（如烂腮病、打印病、烂尾病、肠炎病、竖鳞病、淡水鱼类细菌性出血症等）及养殖水体消毒。

【注意事项】①本品对人的皮肤、眼及黏膜有强烈的刺激。②配制时用木器或塑料容器将药物溶解均匀后使用，禁用金属容器盛放。

【用法与用量】以10%溴氯海因计。用于环境或运输工具消毒，喷洒、擦洗或浸泡，口蹄疫按1∶1333.3稀释，猪水疱病按1∶666.7稀释，猪瘟按1∶2000稀释，猪细小病毒病按1∶200稀释，鸡新城疫、传染性法氏囊病按1∶333稀释，细菌繁殖体按1∶13333稀释。

三氯异氰脲酸

【理化性质】本品又称强氯精，为白色结晶性粉末；有次氯酸刺激性气味。本品易溶于水，呈酸性，常制成含氯量不得少于90%的粉剂。

【作用与应用】本品可杀灭细菌繁殖体、细菌芽孢、病毒、真菌和藻类，是一种高效、低毒、广谱、快速的杀菌消毒剂。

本品用于场地、器具、排泄物、饮用水、水产养殖等消毒。

【注意事项】①本品应贮存在阴凉、干燥、通风良好的仓库内，禁止与易燃易爆、自燃自爆等物质混放，不可与氧化剂、还原剂混合贮存，不可与液氨、氨水、碳铵、硫酸铵、氯化铵、尿素等含有氨、铵、胺的无机盐或有机物以及非离子表面活性剂等混放，易发生爆炸或燃烧。②与碱性药物联合使用，会相互影响其药效；与油脂类合用，可使油脂中的不饱和键氧化，从而使油脂变质；与硫酸亚铁合用，可使Fe^{2+}氧化成Fe^{3+}，降低硫酸亚铁的药效。③水溶液不稳定，现用现配。④对皮肤、黏膜有刺激和腐蚀作用，使用人员应注意防护。⑤水产养殖消毒时，根据不同的鱼类和水体的pH，使用剂量适当增减。⑥休药期：10日。

【用法与用量】按有效氯计，饲养场地，0.16%溶液；饲养用具，配成0.04%溶液；饮水消毒，每1L水0.4mg，作用30分钟。

蛋氨酸碘

【理化性质】本品为红棕色黏稠物。本品为蛋氨酸与碘的络合物，含有效碘43.0%以上。常制成粉剂和溶液。

【作用与应用】本品在水中释放游离的分子碘而起消毒作用，对细菌、病毒和真菌均有杀灭作用。

本品用于虾池水体消毒及对虾白斑病的预防。

【注意事项】①勿与维生素C及强还原剂同时使用。②休药期：虾0日。

【用法与用量】以蛋氨酸碘粉计：拌饵投喂，每1000kg饲料，对虾100～200g，每日1～2次，2～3日为一疗程。以蛋氨酸碘溶液计：水体消毒，每1m^3水体，60～100mg，稀释1000倍后全池泼洒；体表消毒，每1L水，虾6mg，鱼1mg，作用20min；畜禽厩舍消毒，稀释500倍后喷洒。

（二）季铵盐类

月苄三甲氯铵

【理化性质】本品为氯化三甲基烷基苄基铵的混合物，属于阳离子型表面活性剂，在水或乙醇中易溶，在非极性有机溶剂中不溶。在常温下为黄色胶状，几乎无臭，味苦，水溶液振摇时产生多量泡沫。

【作用与应用】本品具有较强的杀灭病原微生物作用，金黄色葡萄球菌、猪丹毒杆菌、鸡白痢沙门菌、炭疽芽孢杆菌、化脓性链球菌、鸡新城疫病毒、口蹄疫病毒以及细小病毒等对其较敏感。用于厩舍及器具消毒。

【注意事项】禁与肥皂、酚类、原酸盐类、酸类、碘化物等合用。

【用法与用量】喷洒：厩舍消毒，1∶30稀释；浸洗：器具，(1∶100)～(1∶150)稀释。

辛氨乙甘酸溶液

【理化性质】本品为二正辛基二乙烯三胺、单正辛基二乙烯三胺与氯乙酸反应生成的甘氨酸盐酸盐溶液，加适量的助溶剂配制而成。本品为黄色澄明液体，有微腥臭，味微苦，强力振摇则产生多量泡沫。

【作用与应用】本品对化脓球菌、肠道杆菌及真菌等有良好的杀灭作用，用1%溶液杀灭结核分枝杆菌需作用12h。杀菌作用不受血清、牛奶等有机物的影响。用于厩舍、环境、器械、种蛋和手的消毒。

【注意事项】①忌与其他消毒药合用。②不宜用于粪便、污秽物及污水的消毒。

【用法与用量】畜舍、场地、器械消毒：(1∶100)～(1∶200)稀释；种蛋消毒：1∶500稀释；手消毒：1∶1000稀释。

（三）醛类

醛类消毒剂主要是通过烷基化反应，使菌体蛋白质变性，酶和核酸的功能发生改变。本类药常用的有甲醛和戊二醛两种。甲醛是一种古老的消毒剂，被称为第一代化学消毒剂的代表。其优点是消毒可靠，缺点是有刺激性气味、作用慢，近年来的研究表明，甲醛有一定的致癌作用。戊二醛是第三代化学消毒剂的代表，被称为冷灭菌剂，用作怕热物品的灭菌，效果可靠，对物品腐蚀性小，灭菌谱广，低毒，国外对其评价很高。缺点是作用慢、价格高。

甲醛溶液

【理化性质】本品含甲醛（CH_2O）应为36.0%～38.0%（g/g）。本品中含有10%～12%的甲醇，以防止聚合。本品为无色或几乎无色的澄清液体，有刺激性特臭、能刺激鼻喉黏膜，在冷处久置易发生浑浊。本品能与水或乙醇任意混合。

【作用与应用】①本品不仅能杀死繁殖型的细菌，也可杀死芽孢以及抵抗力强的结核分枝杆菌、病毒和真菌等。②对皮肤和黏膜的刺激性很强，但不损坏金属、皮毛、纺织物和橡胶等。③穿透力差，不易透入物品深部发挥作用；作用缓慢，消毒作用受温度和湿度的影响很大，温度越高，消毒效果越好，温度每升高 10℃，消毒效果可提高 2～4 倍，当环境温度为 0℃时，几乎没有消毒作用。④具有滞留性，消毒结束后即应通风或用水冲洗，甲醛的刺激性气味不易散失，故消毒空间仅需相对密闭。

本品主要用于厩舍、仓库、孵化室、皮毛、衣物、器具等的熏蒸消毒，标本、尸体防腐；也用于肠道制酵。

【注意事项】①本品对黏膜有刺激性和致癌作用，尤其肺癌。消毒时避免与口腔、鼻腔、眼睛等黏膜处接触，否则会引起接触部位角化变黑、皮炎，少数动物过敏。若药液污染皮肤，应立即用肥皂和水清洗；动物误服甲醛溶液，应迅速灌服稀氨水解毒。②本品储存温度为 9℃以上。较低温度下保存时，凝聚为多聚甲醛而沉淀。③用甲醛熏蒸消毒时，甲醛与高锰酸钾的比例应为 2∶1（甲醛体积与高锰酸钾质量的比例）；消毒人员应迅速撤离消毒场所，消毒场所事先密封，温度应控制在 18℃以上，湿度应为 70%～90%。④消毒后在物体表面形成一层具腐蚀作用的薄膜。

【用法与用量】以甲醛溶液计：内服，用水稀释 20～30 倍，一次量，牛 8～25ml；羊 1～3ml。熏蒸消毒，每立方米 15ml。

戊二醛

【理化性质】本品为淡黄色的澄清液体；有刺激性特臭。本品能与水或乙醇任意混合，常制成溶液。

【作用与应用】①本品具有广谱、高效和速效的杀菌作用，对细菌繁殖体、芽孢、病毒、结核分枝杆菌和真菌等均有很好的杀灭作用。②对金属腐蚀性小。

本品用于动物厩舍、橡胶、温度计和塑料等不宜加热的器械或制品消毒。

【注意事项】①本品在碱性溶液中杀菌作用强（pH 为 5～8.5 时杀菌作用最强），但稳定性较差，2 周后即失效。②与新洁尔灭或双长链季铵盐阳离子表面活性剂等消毒剂有协同作用，如对金黄色葡萄球菌有良好的协同杀灭作用。③避免接触皮肤和黏膜。

【用法与用量】以戊二醛计，配成 2%或 5%溶液。用于橡胶、塑料物品、手术器械消毒。

（四）碱类

碱对病毒和细菌的杀灭作用较强，但刺激性和腐蚀性也较强，有机物可影响其消毒效力。本类药物常用的主要有氢氧化钠。

氢氧化钠

【理化性质】本品又称烧碱、火碱、苛性钠。本品含总碱量作为氢氧化钠（NaOH）计算，应为 97.0%～100.5%；总碱量中碳酸钠（Na_2CO_3）不得超过 2.0%。本品为熔制的白色干燥颗粒、块、棒或薄片；质坚脆，折断面显结晶性；引湿性强，在空气中易吸收二氧化碳。

【作用与应用】①本品对细菌繁殖体、芽孢、病毒有很强的杀灭作用。②对寄生虫卵也有杀灭作用。

本品用于畜舍、车辆、用具等的消毒；也可用于牛、羊新生角的腐蚀。

【注意事项】①本品对人畜组织有刺激和腐蚀作用，用时要注意防护。②厩舍地面、用具消毒后经6～12h用清水冲洗干净再放入畜舍使用。③不可应用于铝制品、棉毛织物及漆面的消毒。

【用法与用量】消毒，1%～2%热溶液。腐蚀动物新生角，50%溶液。

（五）酚类

酚类消毒剂是一类古老的消毒剂，由于本类消毒剂均为低效消毒剂，大量应用对环境可造成污染，故应用时应注意。

苯酚

【理化性质】本品又称石炭酸，为无色或微红色针状结晶或结晶块，有特臭。本品为低效消毒剂，溶于水，常与醋酸、十二烷基苯磺酸等制成复合酚溶液。

【作用与应用】本品杀灭细菌繁殖体和某些亲脂病毒作用较强。0.1%～1%溶液有抑菌作用；1%～2%溶液有杀灭细菌、真菌作用；5%溶液可在48h内杀死炭疽芽孢。

本品用于厩舍、畜栏、地面、器具、病畜排泄物及污物的消毒。

【注意事项】①本品在碱性环境、脂类、皂类中杀菌力减弱，应用时避免与上述物品接触或混合。②本品对动物有较强的毒性，被认为是一种致癌物，不能用于创面和皮肤的消毒；其浓度高于0.5%时对局部皮肤有麻醉作用，5%溶液对组织产生强烈的刺激和腐蚀作用。③动物意外吞服或皮肤、黏膜大面积接触苯酚会引起全身性中毒，表现为中枢神经先兴奋、后抑制以及心血管系统受抑制，严重者可因呼吸麻痹致死。对误服中毒时可用植物油（忌用液状石蜡）洗胃，内服硫酸镁导泻，给予中枢兴奋剂和强心剂等进行对症治疗；对皮肤、黏膜接触部位可用50%的乙醇或者水、甘油或植物油清洗，眼中可先用温水冲洗，再用3%的硼酸液冲洗。

【用法与用量】用具、器械等消毒，2%～5%溶液。

氯甲酚

【理化性质】本品为4-氯-3-甲基苯酚。含C_7H_7ClO应为99.0%～102.0%。本品为白色或类白色结晶性粉末或块状结晶；有酚的特臭；遇光或在空气中色渐变深。本品在乙醇中极易溶解，在乙醚、石油醚中溶解，在水中微溶；在碱性溶液中易溶。

【作用与应用】本品对细菌繁殖体、真菌和结核分枝杆菌均有较强的杀灭作用，但不能有效杀灭细菌芽孢。

本品主要用于畜、禽舍及环境消毒。

【注意事项】①本品对皮肤及黏膜有腐蚀性。②有机物可减弱其杀菌效能。pH较低时，杀菌效果较好。③现用现配，稀释后不宜久贮。

【用法与用量】以本品计：喷洒消毒，33～100倍稀释。

复合酚

【理化性质】本品为酚、醋酸及十二烷基苯磺酸等配制而成的水溶性混合物，为深红褐色黏稠液，有特臭。

【作用与应用】能杀灭多种细菌和病毒，用于畜舍及器具等的消毒。

【注意事项】本品对皮肤、黏膜有刺激性和腐蚀性。

【用法与用量】喷洒：配成0.3%～1%的水溶液。浸涤：配成1.6%的水溶液。

（六）氧化剂类

过氧乙酸

【理化性质】本品又名过醋酸，为透明液体，呈弱酸性，有刺激性酸味，易挥发，易溶于水和有机溶剂，市售为20%过氧乙酸溶液。

【作用与应用】过氧乙酸兼具酸和氧化剂特性，是一种高效灭菌剂，其气体和溶液均具较强的杀菌作用，并较一般的酸或氧化剂作用强。作用产生快，能杀死细菌繁殖体、真菌、病毒和芽孢，在低温下仍有抗菌和抗芽孢能力。用过氧乙酸消毒的表面，药物残留极微，因其能在室温下挥发和分解。

本品用于厩舍、食品厂的地面、墙壁、饲槽、用具等消毒，也用于皮肤和黏膜的消毒。

【注意事项】①本品性质不稳定，遇热或有机物、重金属离子、强碱等易分解。②本品腐蚀性强，有漂白作用。③稀溶液对呼吸道和眼结膜有刺激性；浓度较高的溶液对皮肤有强烈刺激性。若高浓度药液不慎溅入眼内或皮肤、衣服上，应立即用水冲洗；皮肤或黏膜消毒用药液的浓度不能超过0.2%或0.02%。④高于45%的高浓度溶液经剧烈碰撞或加热可爆炸，而低于20%（含20%）的低浓度溶液无此危险。⑤密闭，避光，在3～4℃下保存。⑥使用前将A、B液混合反应10h后生成过氧乙酸消毒液。⑦当室温低于15℃时，A液会结冰，用温水浴融化溶解后即可使用。

【用法与用量】以本品计。喷雾消毒：畜禽厩舍(1∶200)～(1∶400)稀释。浸泡消毒：器具1∶500稀释。

二、用于皮肤、黏膜、创伤的消毒药物

本类药物在临床应用浓度时，主要对细菌芽孢状态之外的微生物呈杀灭作用，只有碘制剂对细菌芽孢呈杀灭作用。但对黏膜的刺激性不同，应用时应根据需求认真选择。

（一）醇类

本类消毒剂可以杀灭细菌繁殖体，但不能杀灭细菌芽孢，属中性消毒剂，主要用于皮肤黏膜的消毒。其杀菌力随分子量的增加而加强，如乙醇的杀菌力比甲醇强2倍，丙醇的杀菌力比乙醇强2.5倍。但醇分子量越大其水溶性越差，故临床上应用最为广泛的是乙醇。近年来的研究发现，醇类消毒剂和戊二醛、碘伏等配伍，可以增强其作用。

乙醇

【理化性质】本品又称酒精，为无色的挥发性的液体。微有特臭，味灼烈，易挥发、易燃烧。本品能与水任意混合，是良好的有机溶媒。

【作用与应用】①本品能杀死繁殖型细菌，对结核分枝杆菌、囊膜病毒也有杀灭作用，但对细菌芽孢无效。②对组织有刺激作用，具有溶解皮脂与清洁皮肤的作用。当涂擦皮肤时能扩张局部血管，改善局部血液循环，如稀乙醇涂擦可预防动物褥疮的形成，浓乙醇涂擦可促进炎症产物吸收减轻疼痛，可用于治疗急性关节炎、腱鞘炎和肌炎等。③无水乙醇纱布压迫手术出血创面5min，可立即止血。

本品常用于皮肤消毒、器械的浸泡消毒；也用于急性关节炎、腱鞘炎等和胃肠臌胀的治疗；也用于中药酊剂及碘酊等的配制。

【注意事项】①乙醇对黏膜的刺激性较大，不能用于黏膜和创面的抗感染。②内服40%以上浓度的乙醇，可损伤胃肠黏膜。③橡胶制品和塑料制品长期与之接触会变硬。④本

品可增强新洁尔灭、含碘消毒剂及戊二醛等的作用。⑤乙醇在浓度为20%～75%间，其杀菌作用随溶液浓度增高而增强。但浓度低于20%时，杀菌作用微弱；而高浓度乙醇使组织表面形成一层蛋白凝固膜，妨碍渗透，影响杀菌作用，如高于95%时杀菌作用微弱。

【用法与用量】手、皮肤、温度计、注射针头和小件医疗器械等消毒：75%溶液。

（二）阳离子型表面活性剂类消毒剂

表面活性剂是一类能降低水溶液表面张力的物质。含有疏水基和亲水基，亲水基有离子型和非离子型两类。其中离子型表面活性剂可通过改变细菌细胞膜通透性，破坏细菌的新陈代谢，以及使蛋白质变性和灭活菌体内多种酶系统而具有抗菌活性，而且阳离子型比阴离子型抗菌作用强。阳离子型表面活性剂可杀灭大多数繁殖型细菌、真菌和部分病毒，但不能杀死芽孢、结核分枝杆菌和铜绿假单胞菌，并且刺激性小，毒性低，不腐蚀金属和橡胶，对织物没有漂白作用，还具有清洁洗涤作用。但杀菌效果受有机物影响大，不宜用于厩舍及环境消毒，不能杀灭无囊膜病毒与芽孢杆菌，不能与肥皂、十二烷基苯磺酸钠等阴离子表面活性剂合用。

苯扎溴铵

【理化性质】本品又称新洁尔灭，常温下为黄色胶状体，低温时可逐渐形成蜡状固体；味极苦。在水中易溶，水溶液呈碱性，振摇时产生大量泡沫。

【作用与应用】①本品为阳离子表面活性剂，只能杀灭一般细菌繁殖体，而不能杀灭细菌芽孢和分枝杆菌，对化脓性病原菌、肠道菌有杀灭的作用，对革兰氏阳性菌的效果和优于革兰氏阴性菌。②对真菌效果甚微。③对亲脂病毒如流感、牛痘、疱疹等病毒有一定杀灭作用，而对亲水病毒无作用。

本品主要用于手臂、手指、手术器械、玻璃、搪瓷、禽蛋、禽舍、皮肤黏膜的消毒及深部感染伤口的冲洗。

【注意事项】①本品对阴离子表面活性剂，如肥皂、卵磷脂、洗衣粉、吐温-80等有拮抗作用，对碘、碘化钾、蛋白银、硝酸银、水杨酸、硫酸锌、硼酸（5%以上）、过氧化物、升汞、磺胺类药物以及钙、镁、铁、铝等金属离子都有拮抗作用。②浸泡金属器械时应加入0.5%亚硝酸钠，以防器械生锈。③可引起人的药物过敏。④术者用肥皂洗手后，务必用水冲净后再用本品。⑤不宜用于眼科器械和合成橡胶制品的消毒。⑥其水溶液不得贮存于聚乙烯制作的容器内，以避免与增塑剂起反应而使药液失效。

【用法与用量】以苯扎溴铵计。创面消毒：配成0.01%溶液；皮肤、手术器械消毒：配成0.1%溶液。

（三）碘制剂

本类药物属卤素类消毒剂，抗病毒、芽孢作用很强，常用于皮肤黏膜消毒。应用历史悠久，在20世纪90年代发展很快。其作用机制与聚维酮碘相同，不再论述。

聚维酮碘

【理化性质】本品又称碘络酮（即聚乙烯吡咯烷酮-碘，简称PVP-I），为黄棕色至红棕色无定形粉末。在水或乙醇中溶解，在乙醚或三氯甲烷中不溶。本品是PVP（聚乙烯吡咯烷酮）与碘的络合物。常制成溶液。

【作用与应用】①本品是一种高效低毒的消毒药物，对细菌、病毒和真菌均有良好的杀灭作用。杀死细菌繁殖体的速度很快，但杀死芽孢一般需要较高浓度和较长时间。②克服了碘酊强刺激性和易挥发性，对金属腐蚀性和黏膜刺激性均很小，且作用持久。

本品用于手术部位、皮肤、黏膜、创口的消毒和治疗；也用于手术器械、医疗用品、器具、蔬菜、环境的消毒；还用于水生动物的体表或鱼卵消毒、细菌病和病毒病的治疗。

【注意事项】①使用时用水稀释，温度不宜超过 40℃。②溶液变为白色或淡黄色，即失去杀菌力。③药效会因有机物的存在而减弱，使用剂量要根据环境有机物的含量做出适当的增减。④休药期：500 度日。

【用法与用量】以聚维酮碘计：皮肤消毒及治疗皮肤病，5%溶液；奶牛乳头浸泡，0.5%～1%溶液；黏膜及创面冲洗，0.1%溶液。

碘酊

【理化性质】本品为红棕色液体，在常温下能挥发，有碘与乙醇的特臭。本品是由碘与碘化钾、蒸馏水、乙醇按一定比例制成的酊剂。

【作用与应用】①本品中的碘具有强大的杀菌作用，可杀灭细菌芽孢、真菌、病毒、原虫。浓度愈大，杀菌力愈大，但对组织的刺激性也愈强。②可引起局部组织充血，促进病变组织炎症产物的吸收，如 10%酊剂用于皮肤刺激药。③高浓度可破坏动物的睾丸组织，起到药物去势的作用。

本品用于术野及伤口周围皮肤、输液部位的消毒；也可作慢性筋腱炎、关节炎的局布涂敷应用和饮水消毒；也用于马属动物的药物去势。

【注意事项】①由于碘对组织有较强的刺激性，其强度与浓度成正比，故不能应用于创伤面、黏膜面的消毒；皮肤消毒后宜用 75%乙醇擦去，以免引起发泡、脱皮和皮炎；个别动物可发生全身性皮疹过敏反应。②在酸性条件下，游离碘增多，杀菌作用增强。③碘可着色，污染天然纤维织物不易除去，若本品污染衣物或操作台面时，一般可用 1%的氢氧化钠或氢氧化钾溶液除去。④碘在有碘化物存在时，在水中的溶解度可增加数百倍。因此，在配制碘酊时，先取适量的碘化钾（KI）或碘化钠（NaI）完全溶于水后，然后加入所需碘，搅拌使形成碘与碘化物的络合物，加水至所需浓度；而碘在水和乙醇中能产生碘化氢（HI），使游离碘含量减少，消毒力下降，刺激性增强。⑤碘与水、乙醇的化学反应受光线催化，使消毒力下降变快。因此，必须置棕色瓶中避光。⑥对碘过敏动物禁用。⑦不应与含汞药物配伍。

【制剂、用法与用量】注射部位、术野及伤口周围皮肤的消毒。

碘甘油

【理化性质】本品为红棕色黏稠液体。在常温中有一定挥发性。本品为碘与碘化钾、蒸馏水、甘油按一定比例所制成的液体，刺激性较碘酊弱。

【作用与应用】本品作用与碘酊相同，但抗菌力弱，刺激性较小。

本品用于口腔、舌、齿龈、阴道等黏膜炎症与溃疡。

【注意事项】参见碘酊。

【用法与用量】参见碘酊。

碘附

【理化性质】本品又称敌菌碘、碘伏，为由碘、碘化钾、硫酸、磷酸配制而成的含有效碘 2.7%～3.3%的水溶液。

【作用与应用】本品作用与碘酊相同。本品用于手术部位和手术器械消毒。

【注意事项】 参见碘酊。

【用法与用量】 手术部位和手术器械消毒，配成0.5%～1%溶液。

激活碘粉

【理化性质】 本品由A组分和B组分组成。无臭、无味；易吸潮；在水中易溶。A组分为类白色粉末，含碘化钠、碘酸钾、碳酸钠、辅料，B组为粉红色粉末，含山梨醇、柠檬酸、食用色素、十二烷基硫酸钠及适量辅料。本品的活性成分为游离碘。

【作用与应用】 本品对金黄色葡萄球菌、大肠杆菌、链球菌等病原微生物具有杀灭和抑制作用，用于奶牛乳头皮肤消毒，预防和控制细菌性乳腺炎的发生。

【用法与用量】 将本品一次性全部加入规定体积（如每600g加水20kg）的水中，充分搅拌使溶解，静置40min后使用，溶液有效期为20天。

（四）酸类

本类化合物对细菌繁殖体和真菌具有杀灭和抑制作用，但作用不强。为用于创伤、黏膜面的防腐消毒药物，酸性弱，刺激性小，不影响创伤愈合，故临床常用。

硼酸

【理化性质】 本品为无色微带珍珠光泽的结晶或白色疏松的粉末，有滑腻感；无臭。本品溶于水或乙醇，在沸水、沸乙醇或甘油中易溶。水溶液显弱酸性反应。

【作用与应用】 本品对细菌和真菌有微弱的抑制作用，刺激性极小。

本品外用于洗眼或冲洗黏膜，治疗眼、鼻、口腔、阴道等黏膜炎症；也用其软膏涂敷患处，治疗皮肤创伤和溃疡等。

【注意事项】 外用一般毒性不大，但不适用于大面积创伤和新生肉芽组织，以避免吸收后蓄积中毒。

【用法与用量】 外用，2%～4%溶液冲洗或用软膏涂敷患处。

（五）过氧化物类

本类药物在我国是一类应用广泛的消毒剂，杀菌能力强且作用迅速，价格低廉。但不稳定、易分解，有的对消毒物品具有漂白和腐蚀作用。在药物未分解前对操作人员有一定的刺激性，应注意防护。

过氧化氢溶液

【理化性质】 本品又称双氧水，为无色澄清液体；无臭或有类似臭氧的臭气。遇光易变质。

【作用与应用】 ①本品遇有机物或酶释放出新生态氧，产生较强的氧化作用，可杀灭细菌繁殖体、芽孢、真菌和病毒在内的各种微生物，但杀菌力较弱。②作用时间短，穿透力弱，且受有机物的影响。③由于本品接触创面时可产生大量气泡，能机械地松动脓块、血块、坏死组织及与组织粘连的敷料，故有一定的清洁作用。

本品用于皮肤、黏膜、创面、瘘管的清洗。

【注意事项】 ①本品对皮肤、黏膜有强刺激性，避免用手直接接触高浓度过氧化氢溶液，发生灼伤。②禁与有机物、碱、碘化物及强氧化剂配伍。③不能注入胸腔、腹腔等密闭体腔或腔道、气体不易逸散的深部脓疮，以免产气过速，可导致栓塞或扩大感染。④纯过氧化氢很不稳定，分解时发生爆炸并放出大量的热；浓度大于65%的过氧化氢和有机物接触时容易发生爆炸；稀溶液（30%）比较稳定，但受热、见光或有少量重金属离子存在或在碱性介质中，分解速度将大大加快，常制成浓度为26%～28%的水溶液，置入棕色玻璃瓶，避光，在阴凉处保存。

【用法与用量】用于清洗化脓性创口等。

（六）染料类

本类药是以它们的阳离子或阴离子，分别与细菌蛋白质的羧基和氨基相结合，从而影响其代谢，呈抗菌作用。

乳酸依沙吖啶

【理化性质】本品又称利凡诺、雷佛奴尔，为黄色结晶性粉末；无臭，味苦。本品在热水中易溶，在沸无水乙醇中溶解，在水中略溶，在乙醇中微溶，在乙醚中不溶。

【作用与应用】①本品对革兰氏阳性菌的抑菌作用较强，但抗菌作用产生较慢。对各种化脓菌均有较强的作用，而对产气荚膜梭菌和酿脓链球菌最敏感。②对组织无刺激，毒性低；穿透力强，血液、蛋白质对其无影响。

本品用于感染创、小面积化脓创。

【注意事项】①本品长期使用可能延缓伤口愈合，不宜应用于新鲜创及创伤愈合期。②本品溶液在光照下可分解生成褐绿色的剧毒产物。③当溶液中氯化钠浓度高于0.5%时，本品可从溶液中析出，遇碱和碳液易析出沉淀。

【用法与用量】外用：适量，涂于患处。

➢ 知识拓展

消毒

1. 如何做好鸡舍的带鸡消毒

带鸡消毒不仅能够将空气中的大部分病原微生物杀灭，还可起到除尘、净化空气，减少臭味，降低舍内温度，以及减少畜禽迁出、移进的应激反应等综合作用。①清污。尽可能扫除鸡笼、地面、墙壁等处的鸡粪、羽毛、污秽垫料及房顶、墙角的蜘蛛网。②冲洗。用水将污物冲洗出鸡舍，以提高消毒效果。③选药。选取广谱、高效，对金属与塑料腐蚀性小，对人及鸡吸入毒性、刺激性、皮肤吸收性小的消毒剂。配液用30℃的温热凉白开水稀释消毒剂，现配现用，最好一次用完。④消毒。使用雾化效果好（雾粒大小应控制在80～120μm）的喷雾装置，先内后外，喷头距鸡以50cm为宜，每日一次或早、晚各一次带鸡消毒。

带鸡消毒

2. 发生非洲猪瘟猪场消毒方法

自非洲猪瘟进入我国以后，在没有药物的情况下，全方位做好消毒工作尤为重要。

（1）消毒剂种类　最有效的消毒产品是10%的苯及苯酚、次氯酸及戊二醛、强碱类（氢氧化钠、氢氧化钾等）、氯化物和酚化合物，规模化养殖场常将氢氧化钠用于建筑物、木质结构、水泥表面，用次氯酸及过硫酸氢钾对车辆和相关设施设备消毒。食品级84用于进厂食材消毒处理。

（2）场地及设施设备消毒

① 消毒前准备。消毒前必须清除有机物、污物、粪便、饲料、垫料等。选择合适的消毒剂。配备喷雾器、火焰喷射枪、消毒车辆、消毒防护用具（如口罩、手套、防护靴等）以及消毒容器等。

② 消毒方法。对金属设施设备，可采用熏蒸和冲洗等方式消毒。对圈舍、车辆、屠宰加工与贮藏等场所，可采用3%氢氧化钠进行清洗、喷洒等方式消毒。对养殖场的饲料、垫料，可采用堆积发酵或焚烧等方式处理。对粪便等污物做化学处理后采用深埋、堆积发酵或焚烧等方式处理。对疫区范围内的办公、饲养人员的宿舍及公共食堂等场所，可采用过硫酸氢钾喷洒方式消毒。对消毒产生的污水应当进行无害化处理。

③ 人员及物品消毒。饲养管理人员可采取淋浴消毒。对衣、帽、鞋等可能被污染的物品，可采取有效氯浓度不低于0.25g/kg的过硫酸氢钾溶液浸泡30min、高压灭菌方式等方式消毒。

④ 对于计划复养的猪舍，考虑人员作业安全，使用有效氯不低于350mg/L的过硫酸氢钾溶液代替氢氧化钠，进行持续消毒液覆盖后，对栏位进行精细化刷洗，清水洗涤干净后，使用1%次氯酸全覆盖消毒。

⑤ 消毒频率。疫点每天消毒2次，连续21日；疫区每日两次氢氧化钠/次氯酸消毒，临时消毒站做好出入车辆和人员消毒工作，直至解除封锁。

3. 如何做好创口的消毒

皮肤新鲜创口，一般用75%的乙醇或2%的碘溶液处理，效果较好，但碘酊刺激性较强，使用后要用乙醇抹去。对于陈旧创口，必须用1%～3%的双氧水冲洗或0.1%高锰酸钾溶液冲洗，除去创口内脓汁和污物，然后用1%～2%龙胆紫溶液处理，因收敛作用，效果良好。对霉菌感染引起的皮肤炎症，一般选用3%～6%水杨酸类处理。

同步练习题

1. 单项选择题

（1）0.1%苯扎溴铵溶液（新洁尔灭）浸泡消毒手术器械时，为防止生锈应添加的药物是（　　）。

A. 5%碘酊　B. 70%乙醇　C. 10%甲醛

D. 2%戊二醛　E. 0.5%亚硝酸钠

（2）用于分离细菌的粪便样本在运输中常加入的保存液是（　　）。

A. 70%乙醇　B. 无菌蒸馏水　C. 0.1%新洁尔灭

D. 0.1%高锰酸钾　E. 无菌甘油缓冲盐水

（3）种蛋室空气消毒常用的方法是（　　）。

A. 紫外线　B. α射线　C. β射线　D. γ射线　E. X射线

（4）常用的洗眼液为（　　）。

A. 2%硼酸　B. 2%煤酚皂　C. 2%苯扎溴铵　D. 2%过氧乙酸　E. 2%高锰酸钾

（5）猪场带猪消毒最常用的消毒药是（　　）。

A. 0.1%高锰酸钾溶液　B. 0.1%氢氧化钠溶液

C. 0.3%食盐溶液　　　　　　　　D. 0.3%过氧乙酸溶液

E. 0.3%福尔马林溶液

(6) 使用新洁尔灭溶液浸泡器械消毒时时间应不少于（　　）。

A. 2分钟　　B. 5分钟　　C. 10分钟　　D. 30分钟　　E. 60分钟

2. 填空题

(1) 无机含氯消毒药主要有＿＿＿＿、＿＿＿＿等，有机含氯消毒药主要有＿＿＿＿、＿＿＿＿、＿＿＿＿等。

(2) 碘伏的主要品种有＿＿＿＿、＿＿＿＿、＿＿＿＿、＿＿＿＿等。

(3) 苯扎溴铵溶液又称＿＿＿＿。

(4) 动物误服甲醛溶液，应迅速灌服＿＿＿＿解毒。

(5) 用甲醛熏蒸消毒时，甲醛与高锰酸钾的比例应为＿＿＿＿。

(6) 用氢氧化钠，腐蚀动物新生角，浓度为＿＿＿＿。

(7) 苯酚又称＿＿＿＿。

(8) 过氧乙酸高于＿＿＿＿的高浓度溶液经剧烈碰撞或加热可爆炸，而低于＿＿＿＿的低浓度溶液无此危险。

(9) 苯扎溴铵不宜用于＿＿＿＿和＿＿＿＿的消毒。

单元三　抗寄生虫药物

学习目标

1. 知识目标：能够列举抗寄生虫药物的种类；解释其作用机制和不良反应；阐述其使用方法和用量以及配伍禁忌。

2. 能力目标：根据不同的寄生虫，合理选择应用抗寄生虫药；制定合理、有效的药物治疗方案。

3. 素质目标：通过解释药物的作用机制、不良反应和配伍禁忌，能够逐步建立关爱动物健康、减少药物残留、保证食品安全、维护人类健康的社会责任感。能够践行执业兽医职业道德行为规范。

抗寄生虫药是指用于驱除和杀灭动物体内、外寄生虫的药物。目前，尽管治疗寄生虫感染的大多数化学药物为杂环化合物，有驱虫作用，但也有一定的毒性；某些寄生虫（如棘球蚴、囊尾蚴等）特定的寄生部位还影响药物的作用效果。使用抗寄生虫药物是综合防治动物寄生虫病的重要措施之一。在选择、使用抗寄生虫药物时，必须考虑和处理好药物、虫体和宿主三者之间的关系。①宿主方面：不同种属、个体、体质、年龄的宿主，对药物的敏感性存在差异。如禽类对敌百虫最敏感；马对噻咪唑较敏感等。②寄生虫方面：不同种、不同发育阶段、不同寄生部位等差异影响抗寄生虫药的效果。③药物方面：要考虑药物的性质、剂量、剂型、给药途径、耐药性、在宿主体内的残留和对宿主的副作用等。

抗寄生虫药物

1. 基本概念与常用术语

(1) 作用峰期　指药物对球虫发育起作用的主要阶段，或药物主要作用于球虫发育的某一生活周期。

（2）轮换用药 在防治球虫病时，一种抗球虫药连用数月后，换用另一种作用机制不同的抗球虫药的用药方法。

（3）穿梭用药 指在同一个饲养期内，换用两种或两种以上不同性质的抗球虫药，即开始使用一种药物，到生长期时使用另一种药物。例如，开始使用聚醚类抗球虫药，到生长期时则使用地克珠利等化学合成药。

（4）联合用药 指防治寄生虫病时，在同一个饲养期内使用两种或两种以上的抗寄生虫药，通过药物间的协同作用既可延缓耐药虫株的产生，又可增强药效和减少用量。

2. 抗寄生虫药物的分类

依据药物抗寄生虫作用及化学结构类型，本书叙述的抗寄生虫药综合分类见表2-2。

表 2-2 抗寄生虫药物的分类表

类别		代表药或典型药物	抗虫机制
抗蠕虫药	抗线虫药	咪唑并噻唑类：左旋咪唑	干扰能量代谢及作用于神经肌肉系统
		苯并咪唑类：阿苯达唑	干扰虫体能量代谢、蛋白质的合成
		四氢嘧啶类：噻嘧啶	去极化神经肌肉阻断剂
		哌嗪类：哌嗪、乙胺嗪	干扰虫体代谢、神经肌肉系统
		阿维菌素类：伊维菌素	作用于虫体神经肌肉系统
		其他类：精制敌百虫	作用于虫体神经肌肉系统
	抗绦虫药	氯硝柳胺	抑制虫体糖摄取及能量代谢
	抗吸虫药	硝氯酚	干扰虫体能量代谢
		碘醚柳胺	干扰虫体能量代谢
	抗血吸虫药	吡喹酮	阻碍虫体葡萄糖摄取、抑制核酸与蛋白质合成；对绦虫可能是影响细胞膜离子转运
抗原虫药	抗球虫药	聚醚类抗生素：莫能菌素	干扰虫体的离子转运及平衡
		三嗪类：地克珠利	不甚清楚
		磺胺药：磺胺喹噁啉	干扰虫体代谢
		二硝基类：二硝托胺	不甚清楚
		其他类：氯苯胍	干扰虫体能量代谢、蛋白质的合成
	抗锥虫药	喹嘧胺	干扰虫体核糖体对蛋白质合成
	抗梨形虫药	三氮脒	干扰虫体 DNA 合成与复制
杀虫药	有机磷类	二嗪农	抑制虫体内的酶
	拟除虫菊酯类	溴氰菊酯	作用于虫体离子通道继而影响神经肌肉系统
	有机氯类	氯芬新	影响虫体壳质的形成
	其他	双甲脒	可能作用于虫体神经肌肉系统

3. 抗寄生虫药物作用机制

抗寄生虫药物的作用机制

由于对寄生虫的生理生化功能和细胞生物学的知识还了解得不多，故对抗寄生虫药的作用机制至今还没有完全阐明。不过根据现有的知识，认为抗寄生虫药物主要是影响寄生虫的细胞物质转运、代谢、神经肌肉信息传递和生殖系统功能等。由于有些寄生虫的细胞结构、代谢酶、代谢过程和神经递质等与宿主存在某些相同或相似之处，因而使得部分抗寄生虫药具有选择性差或安全范围窄的缺点，使用时应特别注意剂量的准确性和不良反应的发生。有些药物对寄生虫和宿主的作用途径不同，通常对宿主是安全的。抗寄生虫药物的作用机制主要有以下几种：

（1）抑制虫体内的某些酶 不少抗寄生虫药通过抑制虫体内酶的活性，而使虫体的代谢过程发生障碍。例如：左旋咪唑、硫双二氯酚、硝硫氰胺、硝氯酚能抑制虫体内的延胡索酸还原酶的活性，阻碍延胡索酸还原为琥珀酸，阻断了 ATP 的产生（图 2-1）；有机磷酸酯类药则能与胆碱酯酶结合，抑制胆碱酯酶水解乙酰胆碱生成胆碱和乙酸的能力，致使乙酰胆碱蓄积而引起虫体兴奋、痉挛，最后麻痹死亡（图 2-2）。

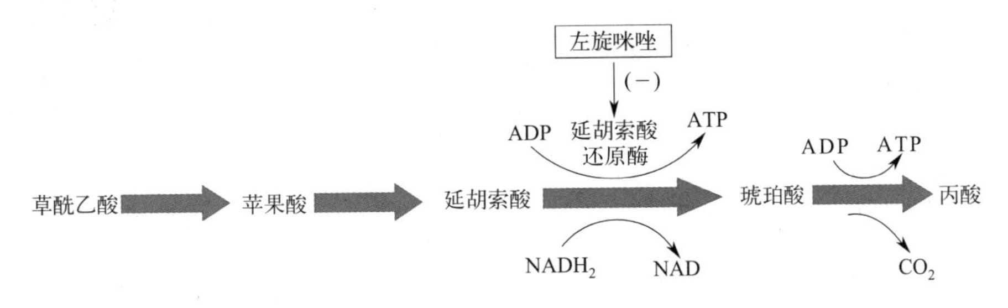

图 2-1 抗寄生虫药抑制虫体内某些酶示意图

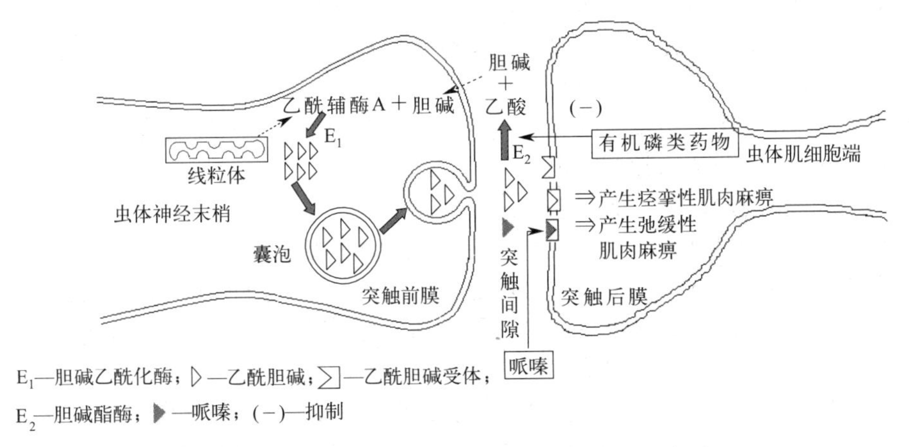

图 2-2 有机磷酸酯类药抑制虫体酶作用示意图

（2）干扰虫体的代谢 直接干扰虫体的物质代谢过程，例如：苯并咪唑类能抑制虫体微管蛋白的合成，影响酶的分泌，抑制虫体对葡萄糖的利用；三氮脒能抑制动基体 DNA 的合成，而抑制原虫的生长繁殖；氯硝柳胺能干扰虫体氧化磷酸化过程，影响 ATP 的合成，使虫体头节脱离肠壁而排出体外；氨丙啉化学结构与硫胺相似，在球虫的代谢过程中可取代硫胺而使虫体的代谢不能正常进行；有机氯杀虫剂能干扰虫体内的肌醇代谢。

（3）作用于虫体的神经肌肉系统 药物直接作用于虫体的神经肌肉系统，影响其运动功能或导致虫体麻痹死亡。例如：阿维菌素类能增强无脊椎动物外周神经抑制递质 γ-氨基丁酸（GABA）的释放和谷氨酸控制的 Cl^- 通道开放，从而可增强无脊椎动物神经突触后膜对 Cl^- 的通透性，阻断神经信号的传递，最终使神经麻痹，并可导致动物死亡；哌嗪阻断神经肌肉接头处的乙酰胆碱作用，影响神经冲动传递，诱导弛缓性麻痹；噻嘧啶能与虫体的胆碱受体结合，产生与乙酰胆碱相似的作用，引起虫体肌肉强烈收缩，导致痉挛性麻痹。

（4）干扰虫体内离子的平衡或转运 聚醚类抗球虫药能与钠、钾、钙等金属阳离子形成离子复合物，离子复合物具有亲脂性，容易通过细胞膜的脂质层，使子孢子和裂殖子中的阳离子大量蓄积，细胞内外离子浓度发生变化而影响渗透压，导致水分过多地进入细胞内，使细胞膨胀变形，细胞膜破裂，引起虫体死亡（图 2-3）。拟除虫菊酯类药作用于昆虫神经系统，通过特异性受体或溶解于膜上，选择性作用于昆虫神经细胞膜上的钠离子通道，造成钠离子持续内流，引起昆虫过度兴奋、痉挛，最后麻痹而死（图 2-4）。

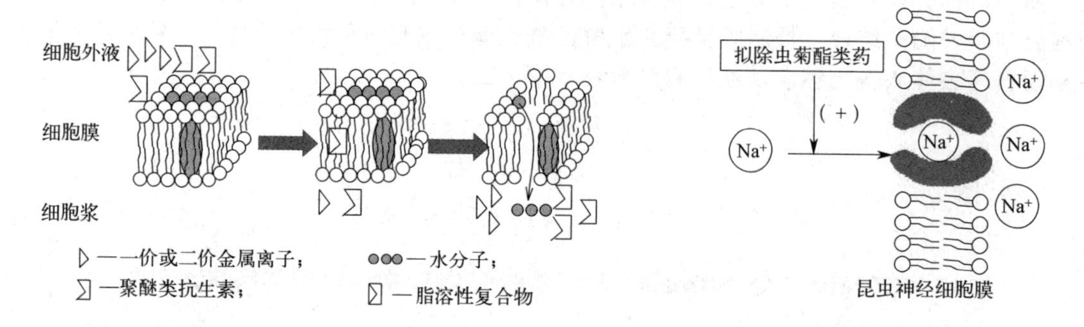

图 2-3 聚醚类抗球虫药作用示意图

图 2-4 拟除虫菊酯类药作用示意图

4. 寄生虫的耐药性

（1）寄生虫的耐药性概述　寄生虫的耐药性一般是指寄生虫与药物多次接触后，对药物的敏感性下降甚至消失，致使抗寄生虫药物的疗效降低或无效。耐药性的产生是病原体长期接触药物或低剂量药物后发生的适应性变化，病原体产生使药物失活的酶、改变膜的通透性而阻滞药物进入、改变靶结构或改变原有代谢过程。耐药性的出现直接影响着寄生虫病的治疗效果，并给寄生虫病的控制带来困难。

（2）影响寄生虫耐药性产生的因素

① 药物压力，耐药性的产生是虫株在强大的药物选择压力下出现的一种适应性反应。经常性地用同一种药物进行反复治疗，可增加对寄生虫种群的药物压力并可加快虫体对携带抗性基因的选择；半衰期长的药物在它的浓度降到临界阈值之下时，便长时间地成为不良的药物压力；治疗剂量的不足、时间不够，是造成这种状况的原因。

② 交叉抗性，例如疟原虫几乎可能对每一种抗疟药都产生了耐药性。同类药物之间的交叉耐药使这个问题更加严重。不同药物敏感性之间的关联与其化学结构有关。

（3）降低寄生虫药物抗性的对策

① 更科学和有效地应用现有药物，延长这些药物对寄生虫的有效期及保护有限的几种可利用的新药不致使抗性迅速发展而很快失去效应。

② 对不同作用类型药物的联合应用是阻止耐药性出现的合理途径。

③ 逆转寄生虫的耐药性，使之恢复对原已不敏感的药物的敏感性。如有可能借助免疫机制，而使在机体移行的幼虫对原不敏感的药物变为敏感。

④ 借助和利用免疫机制，改善宿主的免疫状况，以增强寄生虫感染的化疗效果。

⑤ 改变单纯以化疗抗寄生虫的方式，应同时采取多种措施。

⑥ 重视新药的不断研究和对现有药物剂型与疗程的改进。

5. 理想抗寄生虫药应具备的条件

抗寄生虫药发展的主要趋向是要求具备高效、广谱、低毒、投药方便、价格低廉、安全无残留和不易产生耐药性等条件。这些条件是衡量抗寄生虫药临床价值的标准，也是选用抗寄生虫药的基本原则。①高效。良好的抗寄生虫药应该是使用小剂量即能引起满意的驱虫和杀虫效果。其虫卵的减少率应达到 95%以上，此外，还要求不仅对成虫而且对虫卵也有较好的驱杀作用。但目前较好的抗寄生虫药也难达到如此效果。②广谱。家畜的寄生虫侵袭多属混合感染，选用广谱的抗寄生虫药显得更有实际意义。目前，抗蠕虫药中对两种蠕虫有效的已经不少，但可治疗线虫、绦虫、血吸虫等混合感染的理想广谱驱虫药仍很少，因此在实际应用中可根据具体情况，联合用药以扩大驱虫效果。③低毒。凡是对虫体毒性大，对宿主毒性小或无毒性的抗寄生虫药才是安全的。④具有适于群体给药的理化特性。⑤内服药应无味、无特臭、适口性好，可混饲给药。⑥能溶于水。⑦用于注射给药者，对局部应无刺激性。⑧杀外寄生虫药应能溶于一定溶媒中，以喷雾等方法群体杀灭外寄生虫。⑨以浇泼方法给药或涂擦于动物皮肤上，既能杀灭外寄生虫，又能在透皮吸收后，驱杀内寄生虫。⑩价格低廉。可在畜牧生产上大规模推广应用。⑪安全无残留。药物不残留于肉、蛋和乳及其制品中，或可通过遵守休药期等措施，控制药物在动物性食品中的残留。⑫不易产生耐药性。

一、抗蠕虫药物

抗蠕虫药是指对动物寄生蠕虫具有驱除、杀灭或抑制活性的药物。根据寄生于动物体内的蠕虫类别，抗蠕虫药相应地分为抗线虫药、抗吸虫药、抗绦虫药、抗血吸虫药，但这种分类也是相对的。有些药物兼有多种作用，如吡喹酮具有抗绦虫和抗吸虫作用，阿苯达唑具有抗线虫、抗吸虫和抗绦虫作用。

（一）抗线虫药

抗线虫药物

阿苯达唑

【理化性质】本品又名丙硫咪唑，为白色或类白色粉末；无臭，无味；不溶于水。

【作用与应用】本品具有广谱驱虫作用，对成虫、未成熟虫体和幼虫均有较强作用，还有杀虫卵效能。对线虫最敏感，对绦虫、吸虫也有较强作用，对血吸虫无效。

本品用于畜禽线虫病、绦虫病和吸虫病，如驱除马的马副蛔虫、马尖尾线虫的成虫和第四期幼虫、马圆线虫、无齿圆线虫、普通圆线虫和安氏网尾线虫等；驱除牛的奥斯特线虫、血矛线虫、毛圆线虫、细颈线虫、牛仰口线虫、食道口线虫、网尾线虫等成虫及第四期幼虫，肝片吸虫成虫和莫尼茨绦虫；犬和猫毛细线虫病、猫肺并殖吸虫病和犬的丝虫感染；禽类鞭毛虫和绦虫病；绵羊、山羊和猪的体内寄生虫控制。

【注意事项】①本品对哺乳动物的毒性很小，但不宜用于产奶牛和妊娠前期的动物，如绵羊、兔妊娠早期使用，可能伴有致畸和胚胎毒性的作用。②休药期：牛 14 日；羊 4 日；猪 7 日；禽 4 日；弃奶期 60 小时。

【制剂、用法与用量】本品常制成片剂。内服，一次量，每千克体重，马 5～10mg；牛、羊 10～15mg；猪 5～10mg；犬 25～50mg；禽 10～20mg。

芬苯达唑

【理化性质】白色或类白色粉末；无臭，无味；不溶于水。

【作用与应用】本品抗虫谱与阿苯达唑相似，作用略强。对怀孕动物认为是安全的。

本品用于畜禽线虫病和绦虫病。

【注意事项】①本品在常规剂量下，一般不会产生不良反应。但死亡的寄生虫释放抗原，可继发产生过敏性反应，特别是在高剂量时。②犬或猫内服时偶见呕吐，且单次剂量对于犬、猫往往无效，必须治疗 3 日。③禁用于供食用的驴。④休药期：片剂，牛、羊 21 日；猪 3 日；弃奶期 7 日。粉剂：牛、羊 14 日；猪 3 日；弃奶期 5 日。

【制剂、用法与用量】本品常制成片剂和粉剂。内服，一次量，每千克体重，马、牛、羊、猪 5～7.5mg；犬、猫 25～50mg；禽 10～50mg。连用 3 日。

奥芬达唑

【理化性质】本品又称芬苯达唑亚砜，为白色或类白色粉末；有轻微的特殊气味；不溶于水。

【作用与应用】①本品的驱虫谱和芬苯达唑相同，抗虫活性强于后者。②本品与其他大多数苯并咪唑类药物不同，较易从胃肠道吸收。

本品用于畜禽线虫病和绦虫病。

【注意事项】①同芬苯达唑片。②休药期：牛、羊、猪7日，产奶期禁用。

【制剂、用法与用量】本品常制成片剂。内服，一次量，每千克体重，马10mg；牛5mg；羊5～7.5mg；猪4mg；犬10mg。

甲苯咪唑（水产）

【理化性质】白色、类白色或微黄色结晶性粉末；无臭；不溶于水。

【作用与应用】抗蠕虫药，用于治疗鳗鲡指环虫、三代虫、车轮虫等蠕虫引起的感染。

【注意事项】①养殖贝类、螺类、斑点叉尾鮰、大口鲇禁用。②日本鳗鲡等特种养殖动物慎用。③在使用范围内，水温高时宜采用低剂量。④在低溶解氧状态下慎用。

【用法与用量】复方甲苯咪唑粉剂：含有甲苯咪唑、盐酸左旋咪唑。以浸浴：每1m^3水体，鳗鲡2～5g（使用前经过适量甲酸预溶），浸浴20～30分钟。休药期150日。

盐酸左旋咪唑

【理化性质】本品是四咪唑的左旋异构体，为白色或类白色针状结晶或结晶性粉末；无臭，味苦；极易溶于水。

【作用与应用】①本品是一种广谱抗线虫药，对马、牛、绵羊、猪、犬、鸡的大多数线虫具有活性。对牛和绵羊的皱胃线虫（血矛线虫、奥斯特线虫）、小肠线虫（毛圆线虫、细颈线虫、仰口线虫）、大肠线虫（食道口线虫、夏柏特线虫）和肺线虫（胎生网尾线虫）的成虫期具有良好的活性，对尚未发育成熟的虫体作用差，对类圆线虫、毛首线虫和鞭虫作用差或不确切，对牛的滞留幼虫无效。②本品还能提高免疫作用。

本品用作牛、羊、猪、犬、猫、禽的胃肠道线虫、肺线虫、犬恶丝虫、猪肾虫感染的治疗；也用于免疫功能低下动物的辅助治疗和提高疫苗的免疫效果。

【注意事项】①本品内服可从胃肠道吸收，皮肤给药也可从皮肤吸收，但生物利用度不稳定。②安全范围窄，容易引起马中毒或死亡，一般不用于马；骆驼较敏感，应慎用或禁用；牛可出现副交感神经兴奋症状，口鼻出现泡沫或流涎，兴奋或颤抖，舔唇和摇头等不良反应，注射部位发生肿胀，通常在7～14日内减轻；绵羊给药后可引起某些动物暂时性兴奋，山羊对环境刺激敏感，可产生抑郁、流涎；猪可引起流涎或口鼻冒出泡沫；犬可见胃肠功能紊乱如呕吐、腹泻；猫的不良反应可见多涎、兴奋、瞳孔散大和呕吐等。③本品中毒时可用阿托品解毒和其他对症治疗。④目前耐药虫株问题日趋严重。⑤在动物极度衰弱或有明显的肝肾损伤时应慎用或推迟使用。⑥休药期：片剂，牛2日，羊3日，猪3日，禽28日；注射液，牛14日，羊28日，猪28日，泌乳期禁用。

【制剂、用法与用量】本品常制成片剂和注射液内服，一次量，每千克体重，牛、羊、猪7.5mg；犬、猫10mg；禽25mg。皮下、肌内注射，一次量，每千克体重，牛、羊、猪7.5mg；犬、猫10mg，禽25mg。

双羟萘酸噻嘧啶

【理化性质】本品为淡黄色粉末；无臭，无味；几乎不溶于水，常制成片剂。

【作用与应用】本品为广谱抗线虫药，对马的普通圆线虫、马圆形线虫、马副蛔虫和胎生普氏线虫；犬和猫的弓蛔虫、钩口线虫、狭窄钩虫和胃线虫等有驱除作用。

本品用于治疗家畜胃肠道线虫病。

【注意事项】①本品极少从肠道吸收，能到达肠道的后段，发挥驱虫活性。②与甲噻嘧啶或左旋咪唑同用可能使毒性增强；与有机磷或乙胺嗪同用，不良反应将会加强；与哌嗪具有拮抗作用。③小动物使用时，可发生呕吐；严重衰弱的动物慎用。

【制剂、用法与用量】本品常制成片剂。内服，一次量，每千克体重，马 7.5～15mg（2～8 月龄，每 4 周一次；8 月龄以上每 6 周一次）；犬、猫 5～10mg 或遵医嘱。

磷酸哌嗪

【理化性质】本品为白色鳞片状结晶或结晶性粉末；无臭，味微酸带涩；略溶于水。

【作用与应用】本品对成熟的虫体较敏感，对未成熟的幼虫可部分驱除，对宿主组织中的幼虫则不敏感；对猪的蛔虫和结节虫有良好的活性；对犬和猫弓蛔虫、狮弓蛔虫有作用；对食肉动物鞭虫和绦虫没有作用；对鸡蛔虫很敏感，对鸡盲肠线虫不敏感。

本品主要用于畜禽蛔虫病；也用于马蛲虫病及毛首线虫病。

【注意事项】①本品与氯丙嗪合用，可诱发癫痫发作；与噻嘧啶或甲噻嘧啶有拮抗作用；与泻药合用，会加速磷酸哌嗪从胃肠道排出，使其达不到最大效应。②在推荐剂量时，罕见不良反应，但在犬或猫，可见腹泻、呕吐和共济失调；应用高剂量，马和驹通常能耐受，但可见暂时性的软粪现象。③慎用于慢性肝、肾疾病以及胃肠蠕动减弱的患畜。④休药期：牛、羊 28 日；猪 21 日；禽 14 日。

【制剂、用法与用量】本品常制成片剂。内服，一次量，每千克体重，马、猪 0.2～0.25g；犬、猫 0.07g～0.1g；禽 0.2g～0.5g。马隔 3～4 周，猪隔 2 个月，犬、猫隔 2～3 周，禽隔 10～14 日应再次给药治疗。

枸橼酸乙胺嗪

【理化性质】本品又称海群生，为白色结晶性粉末；无臭、味酸苦。本品是哌嗪的衍生物，易溶于水。

【作用与应用】本品主要对丝虫及微丝蚴有特效，对于牛、羊肺丝虫病的初期效果好，对猪的肺丝虫、犬的恶丝虫和马、羊脑脊髓丝虫亦有一定驱虫作用。

本品用于牛、羊、猪、马驱肺线虫药；也用于犬恶丝虫病的预防。

【注意事项】①本品应用微丝蚴阳性犬后，个别犬会引起过敏反应，甚至致死，禁用。②毒性小，但犬长期服用可引起呕吐；驱蛔虫，大剂量喂服时，宜喂食后服用。

【制剂、用法与用量】本品常制成片剂。内服，一次量，每千克体重，马、牛、羊、猪 20mg；犬、猫 50mg。

伊维菌素

【理化性质】本品又称害获灭，为白色结晶性粉末；无臭，无味；几乎不溶于水。

【作用与应用】本品是由阿维链球菌发酵产生的半合成大环内酯类多组分抗生素，是新型的强力、广谱高效、低毒抗生素类抗寄生虫药。对畜禽体内外多数寄生虫特别是线虫如蛔虫、蛲虫、钩虫、肾虫及恶丝虫、肺线虫；节肢动物如螨虫、虱子等均有良好驱杀作用；对绦虫、原虫无效，因吸虫和绦虫不以 GABA 为神经递质，并且缺少受谷氨酸控制的氯离子通道。

本品用于防治家畜的胃肠道线虫病、牛皮蝇蛆、羊鼻蝇蛆、羊螨病和猪疥螨病以及其他寄生性昆虫病。

【注意事项】①本品使用时比较安全，因哺乳动物的外周神经递质为乙酰胆碱，GABA虽分布于中枢神经系统，但由于本类药物不易透过血脑屏障，而对其影响极小。②本品注射液仅供皮下注射，不宜做肌内或静脉注射，每个皮下注射点，不宜超过10ml；注射液仅适用于牛、羊、猪和驯鹿，用于犬和马时易引起严重反应；牧羊犬慎用。③本品安全范围较大，过量时也可中毒，可用印防己毒素解救；对虾、鱼及水生生物有剧毒；预混剂为猪专用剂型，其他动物不宜应用；猪饲料及残存药物的包装品切忌投鱼池，否则可致鱼死亡。④休药期：牛、羊35日；产奶期禁用；猪28日。预混剂，猪5日。

【制剂、用法与用量】本品常制成溶液、片剂和注射液。以伊维菌素计：内服，一次量，每千克体重，羊0.2mg，猪0.3mg；皮下注射，每千克体重，牛、羊0.2mg，猪0.3mg。

乙酰氨基阿维菌素

【理化性质】本品为白色或类白色结晶类粉末；有引湿性。本品在甲醇中极易溶解，在乙醇、三氯甲烷或丙酮中易溶。本品几乎不溶于水。

【作用与应用】本品作用与伊维菌素相同，但毒性较伊维菌素稍强。

【注意事项】①本品对光线敏感，贮存不当时易灭活。②其他参见伊维菌素。

【制剂、用法与用量】本品常制成片剂、胶囊剂、粉剂、注射液及透皮溶液等。用法与用量同伊维菌素。

多拉菌素

【理化性质】微黄色粉末；微溶于水。

【作用与应用】本品是新型、广谱抗寄生虫药，由基因重组的阿维链霉菌新菌株发酵而得。本品对胃肠道线虫、肺线虫、虱、蜱、螨和伤口蛆均有高效。

本品主要用于治疗家畜的线虫病和螨病等体外寄生虫病。

【注意事项】①本品推荐剂量的3倍量对牛的繁殖性能无影响，但残存药物对鱼类及水生生物有毒；其他参见伊维菌素。②犬可见严重的不良反应，如死亡等。③血药浓度及半衰期均比伊维菌素高和长。④休药期：28日，泌乳期禁用。

【制剂、用法与用量】本品常制成注射液。肌内注射，一次量，每33kg体重，猪0.01g。

越霉素A

【理化性质】黄色或黄褐色粉末，无臭或几乎无臭。本品在水中溶解，在乙醇中微溶，在丙酮、三氯甲烷或乙醚中几乎不溶。

【作用与应用】本品是由链霉菌产生的碱性水溶性抗生素。本品对猪蛔虫、结节虫、鞭虫和鸡蛔虫等体内寄生虫的排卵具有抑制作用，对成虫具有驱除作用。还具有一定的抗菌作用。内服很少吸收，主要从粪便排出。

【注意事项】蛋鸡产蛋期禁用。

【制剂、用法与用量】以越霉素A计。混饲：每1000kg饲料，猪、鸡10～20g。

精制敌百虫

【理化性质】白色结晶或结晶性粉末。本品遇碱可迅速变成毒性更强的敌敌畏，溶于水。

【作用与应用】本品对消化道线虫有效，对姜片吸虫、血吸虫也有一定效果。

本品用于驱除动物消化道线虫；也用于防治螨、虱、蚤、蜱、蚊和蝇等外寄生虫病，如杀灭羊鼻蝇蚴、马胃蝇蚴、牛皮蝇蚴。还可用于杀灭或驱除主要淡水养殖鱼类中华鳋、锚头鳋、鱼鲺、三代虫、指环虫、线虫、吸虫等寄生虫。

【注意事项】①本品对马、猪、犬较安全；反刍动物较敏感，常出现明显中毒反应，应慎用；家禽最敏感，以不用为宜。②用本品前后禁用胆碱酯酶抑制药；宜现用现配，奶牛不宜使用，中毒与解救详见解毒药。③内服或注射均能迅速吸收。吸收后乳汁和蛋品中药物含量极低。④虾、蟹、鳜、淡水白鲳、无鳞鱼、海水鱼禁用；特种水产动物慎用。⑤禁与碱性药物合用。⑥水中溶氧低时不得使用。⑦中毒时，用阿托品与碘解磷定等解救。⑧用完后的盛器应妥善处理，不得随意丢弃。⑨休药期：猪 7 日，鱼虾 500 度日。

【制剂、用法与用量】本品常制成片剂、粉剂。精致敌百虫粉，以敌百虫计，内服，一次量，每千克体重，马 30～50mg；牛 20～40mg；绵羊 80～100mg；山羊 50～70mg；猪 80～100mg。内服极量，一次量，马 19.9g，牛 15g。20%粉剂，以本品计，用水溶解并充分稀释后均匀泼洒：每 $1m^3$ 水体，0.9～2.25g。鱼苗用量减半。

碘硝酚

【理化性质】淡黄色粉末或淡黄色结晶性粉末；无臭，无味。在乙酸乙酯中易溶，在乙醇中溶解，在水中几乎不溶。

【作用与应用】本品为窄谱驱线虫药，对各类犬钩虫和猫管形钩虫有效，但不能驱除组织内幼虫。对蛔虫、鞭虫或肺吸虫的效果差。对羊鼻蝇蛆、螨和蜱的感染，以及野生猫科动物的钩口和颚口线虫感染亦有效。其作用方式除了作为氧化磷酸化的解偶联剂外，还直接作用于虫体神经和表皮膜，产生离子载体型作用，使虫体麻痹和膜破坏。寄生虫（如钩虫）仅在摄入含药物的血液后才受到影响，非吸血寄生虫则不会受影响。

本品可从消化道或注射部位迅速吸收，并在血浆中蓄积。犬的消除半衰期约 14 天。用药后 24h 内只有少量从尿中排出。

【注意事项】①安全范围窄，通常表现为肝毒性症状。②治疗量时，可见心率、呼吸加快，体温升高。③剂量过大时可见失明、呼吸困难、抽搐甚至死亡。④因为碘硝酚对组织中幼虫效果差，故 3 周后应重复用药。⑤本品不得用于秋季螨病的防治。

【制剂、用法与用量】碘硝酚注射液。皮下注射：一次量，每 1kg 体重，羊 10～20mg。

（二）抗绦虫药

绦虫通常依靠头节攀附于动物的消化道黏膜上，以及依靠虫体的波动作用保持在消化道寄生部位。目前所指的抗绦虫药系指在原寄生部位能杀灭绦虫的药物（即杀绦虫药），而古老的抗绦虫药，通常仅能使虫体暂时麻痹（即驱绦虫药），再借泻药作用将其排出。若在排出前，虫体复苏，重新攀附而多使治疗失败。在临床上广为使用的多为人工合成杀绦虫药，疗效高、毒性小，常用的药物有水杨酰苯胺类（氯硝柳胺、碘醚柳胺）、吡嗪并异喹啉类（吡喹酮、依西太尔）、苯磺酰胺类（氯舒隆）、替代酚（硝碘酚腈、六氯酚）、苯并咪唑类（阿苯达唑、三氯苯达唑）等。

抗绦虫药

氯硝柳胺

【理化性质】本品又称灭绦灵，为浅黄色结晶性粉末；无臭、无味；不溶于水。

【作用与应用】①本品为杀绦虫药，对多种绦虫均有杀灭效果。通常虫体在宿主消化道内已被消化，粪便中无绦虫的头节和节片。②对牛、羊前后盘吸虫也有作用。

本品主要用于畜禽、宠物绦虫病的防治；也用于反刍动物前后盘吸虫感染。

【注意事项】①本品对犬、猫的两倍治疗量即出现暂时性下痢，但能耐过；对鱼类毒性较强。②动物在给药前应禁食12h。③休药期：牛、羊28日。

【制剂、用法与用量】本品常制成片剂。内服，一次量，每千克体重，牛40～60mg；羊60～70mg；犬、猫80～100mg；禽50～60mg。

（三）抗吸虫药

抗吸虫药主要指驱除消化道中肝片吸虫、前后盘吸虫、姜片吸虫、双腔吸虫、前殖吸虫和肺吸虫等吸虫的药物。家畜吸虫病中，以肝片吸虫病普遍而危害较重。猫和犬主要是肺吸虫病；鸡为前殖吸虫病。根据化学结构不同将抗吸虫药分为卤化烃类（四氯化碳、六氯乙烷等）、二酚类（六氯酚、硫双二氯酚等）、硝基酚类（碘硝酚、硝氯酚、硝碘酚腈）、水杨酰苯胺类（氯氰碘柳胺、碘醚柳胺）、磺胺类（氯舒隆）、苯并咪唑类（阿苯达唑、三氯苯达唑）、其他（溴酚磷）。以上药物除卤化烃类和二酚类很少用外，常用药物主要有三氯苯达唑、阿苯达唑、氯舒隆、碘醚柳胺、氯氰碘柳胺等。

抗吸虫药

硝氯酚

【理化性质】本品又称拜尔-9015，为黄色结晶性粉末；无臭。不溶于水，其钠盐易溶于水。

【作用与应用】本品是广泛使用的高效、低毒抗肝片吸虫药。本品对牛、羊、猪的肝片吸虫成虫有效率达93%～100%；对未成熟虫体的有效剂量，其安全范围很低，无临床实用意义。

本品用于治疗牛、羊片形吸虫病。

【注意事项】①本品中毒量为治疗量的3～4倍，中毒后呈现体温升高、心率加快、呼吸加速等；中毒解救宜保肝强心，可根据症状选用安钠咖、毒毛旋花子苷、维生素C等治疗，禁用钙剂。②休药期：28日。

【制剂、用法与用量】本品常制成片剂。内服，一次量，每千克体重，黄牛3～7mg；水牛1～3mg；羊3～4mg。

碘醚柳胺

【理化性质】灰白色至棕色粉末。不溶于水。

【作用与应用】本品是世界各国广泛应用的抗牛羊片形吸虫药。本品对未成熟虫体和胆管内成虫的驱杀作用强。对牛、羊不同周龄的片形吸虫成虫驱除率100%，未成熟虫体的驱除率50%～98%；对牛、羊血矛线虫和仰口线虫成虫和未成熟虫体有效率超过96%；对羊鼻蝇蛆的各期寄生幼虫有效率达98%。

本品用于治疗牛、羊肝片吸虫病。

【注意事项】①本品内服后具有很长的半衰期（16.6日），为彻底消除未成熟虫体，用药3周后，最好再重复用药一次。②休药期：牛、羊60日，泌乳期禁用。

【制剂、用法与用量】本品常制成混悬液。内服，一次量，每千克体重，牛、羊7～12mg。

氯氰碘柳胺钠

【理化性质】浅黄色粉末；无臭。在乙醇或丙酮中易溶，在甲醇中溶解，在水或三氯甲烷中不溶。

【作用与应用】药效学：本品对牛、羊片形吸虫、捻转血矛线虫以及某些节肢动物均有驱除活性。对前后盘吸虫无效。对多数胃肠道线虫，如血矛线虫、仰口线虫、食道口线虫，驱除率均超过90%。某些羊捻转血矛线虫虫株能对本品产生耐药性。氯氰碘柳胺钠可有效驱除犬钩虫，但对体内的幼虫则无效。还可预防或减少马的普通圆线虫感染。此外，对一、二、三期羊鼻蝇蛆均有100%杀灭效果，对牛皮蝇三期幼虫亦有较好驱杀效果。其抗虫机制是通过增加寄生虫线粒体渗透性，对氧化磷酸化进行解偶联作用，从而发挥驱杀作用。

药动学：牛、羊内服后8～24h血药达峰值。氯氰碘柳胺在绵羊体内的血浆蛋白结合率很高（>99%），因而半衰期长达14.5天。药物主要经粪便排出（80%），不足0.5%的药物经尿排出体外。

【注意事项】氯氰碘柳胺可与苯并咪唑类合用，也可与左旋咪唑合用。

【制剂、用法与用量】本品常制成注射剂、片剂。皮下或肌内注射时，以氯氰碘柳胺钠计，一次量，每1kg体重，牛2～5mg；羊5～10mg。

硝碘酚腈

【理化性质】淡黄色粉末；无臭或几乎无臭。在乙醚中略溶，在乙醇中微溶，在水中不溶，在氢氧化钠试液中易溶。

【作用与应用】本品对牛、羊肝片吸虫和大片形吸虫成虫有驱杀效果，但对未成熟虫体效果较差。对阿维菌素类和苯并咪唑类药物有抗性的羊捻转血矛线虫虫株仍然有效。本品抗吸虫作用机制是阻断虫体的氧化磷酸化作用，降低ATP浓度，减少细胞分裂所需能量而导致虫体死亡。

给牛、羊内服后，在瘤胃内降解而失去部分活性，注射给药吸收良好，杀虫效果更佳。在牛、绵羊和兔的血浆蛋白结合率很高，达97%～98%。吸收后药物排泄缓慢，经尿、粪便排泄长达31天。

【注意事项】①按推荐剂量未见不良反应，高剂量（>20mg/kg）时，可见体温升高、呼吸深快，甚至死亡。②药液能使羊毛染成黄色。③重复用药应间隔4周以上。④不能与其他药液混合注射。

【制剂、用法与用量】本品常制成注射剂。皮下注射：一次量，每1kg体重，羊10mg。

三氯苯达唑

【理化性质】白色或类白色粉末；不溶于水。

【作用与应用】本品是苯并咪唑中专用于抗片形吸虫的药。本品对各种日龄的牛、羊等反刍动物及鹿、马肝片吸虫均有明显驱杀效果，是较理想的抗肝片吸虫药。

本品用于治疗牛、羊肝片吸虫病。

【注意事项】①本品对鱼类毒性较大，残留药物的容器切勿污染水源。②治疗急性肝片吸虫病，五周后应重复用药一次。③本品生物利用度较高，半衰期长。与左旋咪唑、甲噻嘧啶合用安全有效。④休药期：28日，产乳期禁用。

【制剂、用法与用量】本品常制成片剂和颗粒剂。内服，一次量，每千克体重，牛6～12mg；羊5～10mg。

（四）抗血吸虫药

家畜血吸虫病是由分体属吸虫、东毕属吸虫引起的。在我国流行的日本血吸虫病是一种人畜共患病。家畜中耕牛易患，病牛虽无严重临床症状，但血吸虫能在牛体内发育产卵，随粪便排出而污染环境，对人体形成很大威胁，目前我国血吸虫病主要流行地区是湘、鄂、赣、皖、苏、川、云，其中湖南岳阳和湖北荆州为重灾区；防治耕牛血吸虫病是彻底消灭人血吸虫病的重要措施。另外还必须采取综合防治措施，如加强粪便管理、灭螺、安全放牧以及药物治疗等才能获得满意的效果。药物治疗锑剂如酒石酸锑钾和没食子酸锑钠，曾是传统的特效药，由于其毒性大、疗程长、必须静脉注射等缺点，已逐渐被其他药物取代。吡喹酮具有高效、低毒、疗程短、口服有效等特点，是血吸虫病防治的首选药物。其他具有抗血吸虫作用的药物主要有硝硫氰胺（7505）、硝硫氰醚、呋喃丙胺、六氯对二甲苯、敌百虫等。

吡喹酮

【理化性质】本品无色结晶，味苦。不溶于水。

【作用与应用】本品是较理想的新型广谱抗血吸虫药和抗绦虫药，目前广泛用于世界各国。本品具有广谱抗血吸虫和绦虫作用，能使宿主体内血吸虫（包括日本血吸虫、曼氏血吸虫、埃及血吸虫）向肝脏移动，并在肝组织中死亡。对虫卵无效；对大多数绦虫成虫及未成熟虫体均有良效；对其他吸虫如华支睾吸虫、姜片吸虫、肺吸虫也有效。

本品用于动物的血吸虫病；也用于绦虫病和囊尾蚴病。

【注意事项】①本品是抗血吸虫病的首选药。治疗血吸虫病时，个别牛会出现体温升高，肌震颤和瘤胃膨胀等现象；大剂量注射时可能引起局部炎症，甚至坏死；犬内服后可引起全身反应为疼痛、呕吐、下痢、流涎、无力、昏睡等，但多能耐过，猫的不良反应少见。②本品不推荐用于4周龄以内的幼犬和6周龄以内的小猫，但与非班太尔配伍，可用于各年龄的犬和猫。③本品内服后吸收完全，吸收后分布广泛，对寄生于宿主各器官内（肌肉、脑、腹膜腔、胆管和小肠）的绦虫幼虫和成虫均有杀灭作用。④休药期：28日；弃奶期：7日。

【制剂、用法与用量】本品常制成片剂。内服，一次量，每千克体重，牛、羊、猪10～35mg（细颈囊尾蚴75mg）；犬、猫2.5～5mg；家禽10～20mg。

二、抗原虫药物

抗原虫药

畜禽的原虫病是由单细胞原生动物如球虫、锥虫、滴虫、梨形虫、弓形虫、利什曼原虫和阿米巴原虫等引起的一类寄生虫病。此类疾病以鸡、兔、牛和羊的球虫病危害最大，不仅流行广且可以造成大批畜禽死亡；其次，还有锥虫病和梨形虫病。本节分抗球虫药、抗锥虫药、抗梨形虫药进行叙述。

（一）抗球虫药

球虫病为寄生于胆管及肠上皮细胞内的一种原虫病。它以消瘦、贫血、下痢、便血为主要临床特征，严重危害雏鸡、犊牛、羔羊、幼兔的生长发育，甚至造成大批死亡，因而威胁养鸡和养兔业的发展。危害畜禽的球虫以艾美耳属球虫和等孢子属球虫为主。抗球虫药的种类很多，而其作用峰期因药物而异，如作用于第一代无性增殖的药物，预防性强，却不利于动物对球虫免疫力的形成；作用于第二代裂殖体，既有治疗作用的药物，又对动物抗球虫免疫力的形成影响不大。不论使用何种抗球虫药，经长期反复使用，均可产生明显的耐药性。为了避免或减少耐药性的产生，通常采用轮换用药、穿梭用药或联合用药。此外，在应用抗球虫药时为避免产生耐药性，任意加大剂量亦不可取，因为它除了增加抗球虫药的毒副作用外，甚至还能影响对球虫的免疫力。

莫能菌素

【理化性质】本品又称莫能星、莫能霉素或瘤胃素，为微白色至微黄橙色粉末。不溶于水。

【作用与应用】本品是第一个畜禽专用聚醚类抗生素类抗球虫药。①本品抗虫谱广，作用峰期为感染后第二天。对鸡的堆型艾美耳球虫、布氏艾美耳球虫、毒害艾美耳球虫、柔嫩艾美耳球虫、巨型艾美耳球虫等艾美耳球虫均呈高效；对羔羊雅氏艾美耳球虫、阿氏艾美耳球虫很有效。②对产气荚膜梭菌有抑杀作用，可防止坏死性肠炎的发生。③本品能改善瘤胃消化过程，使瘤胃发酵丙酸增加，使肉牛、羔羊的体重增加。

本品主要用于防治鸡球虫病。

【注意事项】①本品不宜与其他抗球虫药并用，因合用会使毒性增强。②泰妙菌素可明显影响本品的代谢，因此在使用该药前后 7 日内不能用莫能菌素。③对马属动物毒性较大，应禁用；超过 16 周龄产蛋鸡禁用，10 周龄以上火鸡、珍珠鸡及鸟类对本品敏感，不宜应用。④搅拌配料时，防止与皮肤、眼睛接触。⑤休药期：5 日。

【制剂、用法与用量】本品常制成预混剂。以莫能菌素计：混饲，每 1000kg 饲料，鸡 90g～110g。

盐霉素钠

【理化性质】盐霉素又称沙利霉素、优素精，为白色或淡黄色结晶性粉末；微有特异臭味。不溶于水。

【作用与应用】本品系畜禽专用单价聚醚类抗生素类抗球虫药。①本品抗球虫作用与莫能菌素、常山酮相似。对鸡的多种艾美耳球虫均有防治效果，作用峰期在第一代的裂殖体阶段。②对革兰氏阳性菌有抑制作用。③球虫对本品产生耐药性慢，与其他非离子载体类抗球虫药无交叉耐药性。

本品用于防治畜禽球虫病。

【注意事项】①本品安全范围较窄，应严格控制混饲浓度。②盐霉素禁与泰妙菌素合用，因后者能阻止盐霉素代谢而导致体重减轻，甚至死亡。必须应用时，至少应间隔 7 日。③对成年火鸡、鸭和产蛋鸡禁用。④休药期：5 日。

【制剂、用法与用量】本品常制成预混剂。混饲，每 1000kg 饲料，鸡 600g。

马度米星

【理化性质】本品又称加福、抗球王，为白色结晶粉末；有特臭。不溶于水。

【作用与应用】本品系由放线菌培养液中提取的畜禽专用的单价聚醚类抗生素，是目前聚醚类中作用最强、用药浓度最低的抗球虫药。本品不仅能抑制球虫生长而且能杀灭球虫。对球虫早期子孢子、滋养体以及第一代裂殖体均有抑杀作用，其抗球虫效果优于莫能菌素、盐霉素、甲基盐霉素等抗球虫药。也能有效控制对其他聚醚类抗球虫药具有耐药性的虫株。

本品专用于肉鸡球虫病。

【注意事项】①本品毒性大，除鸡外，禁用于其他动物。②本品对肉鸡的安全范围较窄，超过 6mg/kg 饲料浓度，即能明显抑制肉鸡生长率；8mg/kg 饲料浓度喂鸡能使部分鸡脱羽；10mg/kg 饲料浓度则引起雏鸡中毒死亡。因此，用药时必须精确计量，并使药料充分拌匀。③喂马度米星的鸡粪便切不可再加工做动物饲料，否则会引起动物中毒。④产蛋供人食用的鸡，在产蛋期不得使用。⑤休药期：鸡 5 日。

【制剂、用法与用量】一般用其铵盐，常制成预混剂。以本品计：混饲，每 1000kg 饲料，鸡 500g。

海南霉素钠

【理化性质】白色或类白色粉末；无臭。在甲醇、乙醇或三氯甲烷中极易溶解，在丙酮、乙酸乙酯和苯中易溶，在石油醚中极微溶解，在水中不溶。

【作用与应用】本品为单价糖苷聚醚类抗球虫药。具有广谱抗球虫作用，对鸡的柔嫩艾美耳球虫、毒害艾美耳球虫、堆型艾美耳球虫、巨型艾美耳球虫和缓艾美耳球虫等有高效。此外，海南霉素也能促进鸡的生长，增加体重和提高饲料利用率。主要用于预防鸡的球虫病。

【注意事项】①本品毒性较大，鸡使用海南霉素后的粪便切勿用作其他动物饲料，更不能污染水源。②仅用于鸡，其他动物禁用。产蛋期禁用。③禁与其他抗球虫药物合用。

【制剂、用法与用量】常制成预混剂。混饲：每 1000kg 饲料，鸡 500～750g。

地克珠利

【理化性质】本品又称杀球灵，为微黄色至灰棕色粉末；几乎无臭。不溶于水。

【作用与应用】本品属三嗪苯乙腈化合物，是目前抗球虫药中用药浓度最低的一种。①本品为新型、高效、低毒抗球虫药，对鸡的脆弱艾美耳球虫、堆型艾美耳球虫和鸭球虫的防治效果明显优于莫能菌素、氨丙啉、拉沙洛西、尼卡巴嗪、氯羟吡啶等。②对火鸡腺艾美耳球虫、孔雀艾美耳球虫和分散艾美耳球虫也有作用。可有效防治感染。

本品用于预防家禽球虫病。

【注意事项】①本品须连续用药以防止球虫病再度暴发。②本品用药浓度极低，药料必须充分拌匀。③饮水液，必须现用现配。④产蛋鸡禁用。⑤休药期：鸡 5 日。

【制剂、用法与用量】本品常制成预混剂。以地克珠利计，混饲，每 1000kg 饲料，禽 1g。

磺胺喹噁啉

【理化性质】本品又称磺胺喹沙啉，为黄色粉末；无臭。几乎不溶于水。

【作用与应用】本品为畜禽专用的抗球虫药。①本品主要抑制球虫第二代裂殖体的发育，作用峰期在感染后的第 4 天。对鸡的巨型艾美耳球虫、布氏艾美耳球虫和堆型艾美耳球虫的作用较强，对柔嫩艾美耳球虫的作用较弱，仅在高浓度有效。②不影响宿主对球虫的免疫力，与氨丙啉或抗菌增效剂配伍，可增强抗球虫作用。③对巴氏杆菌、大肠杆菌等有抗菌作用。

本品用于防治鸡、火鸡的球虫病，兔、犊牛、羔羊及水貂的球虫病；亦用于禽霍乱、大肠杆菌病等家禽的细菌性感染。

【注意事项】①本品对雏鸡有一定毒性，连续喂饲不得超过 5 天。否则，引起与维生素 K 缺乏有关的出血和组织干裂现象；亦可使鸡红细胞和淋巴细胞减少。②具有抗球虫和控制肠道细菌感染的双重功效。③本品可单独用于兔、水貂、犊牛、羔羊的球虫病治疗，但对鸡一般不单独使用，多与氨丙啉、磺胺二甲嘧啶等增效剂配伍使用。因对鸡盲肠部球虫较对小肠球虫的疗效差，且球虫易产生耐药性，加大浓度或连续使用易引起毒性反应。④产蛋期禁用。⑤休药期：10 日。

【制剂、用法与用量】磺胺喹噁啉钠可溶性粉。以磺胺喹噁啉钠计：混饮，每 1L 水，鸡 300～500mg，连用 2～3 日，停药 2 日，再用 3 日，连用不能超过 5 日。

磺胺氯吡嗪钠

【理化性质】本品为白色或淡黄色粉末。易溶于水。

【作用与应用】本品是畜禽专用抗球虫药。①本品对家禽球虫的作用与磺胺喹噁啉相似，不影响机体对球虫产生免疫力。②对巴氏杆菌、沙门菌有较强的抗菌作用。

本品主要用于治疗畜禽球虫病；也可治疗禽霍乱及鸡伤寒。

【注意事项】①本品具有抗球虫和抗菌的双重作用，对于治疗禽暴发性球虫病效果好。②肉鸡只能按推荐剂量连用 3 日，最多不得超过 5 日；产蛋鸡禁用。③长期使用磺胺类药的禽、兔，易对本品产生耐药性。④休药期：火鸡 4 日，肉鸡 1 日。

【制剂、用法与用量】本品常制成粉剂。以磺胺氯吡嗪钠计：内服，每千克体重，羊 120mg(配成 10%水溶液)，连用 3～5 日；混饲，每 1000kg 饲料，肉鸡、火鸡 600g，连用 3 日；兔 600g，连用 5～10 日。混饮，每 1L 水，肉鸡、火鸡 0.3g。

氯羟吡啶

【理化性质】本品又称克球粉、球定、可爱丹，为白色粉末；无臭。不溶于水。

【作用与应用】①本品对鸡 9 种艾美耳球虫均有良好效果，尤其对柔嫩艾美耳球虫作用最强。其活性峰期是感染第一天，因此可在感染前给药，作预防药或早期治疗药较为合适。②本品能使宿主对球虫的免疫力明显降低，停药过早，往往导致球虫病暴发。③对兔球虫亦有一定的防治效果。

本品用于禽、兔的球虫病。

【注意事项】①因本品抑制鸡对球虫的免疫力，肉鸡用于全育雏期，后备鸡群可连续喂至 16 周龄。②蛋鸡和种用肉鸡不宜使用。③由于本品较易产生耐药虫种，必须按计划轮换用药，但不能换用喹啉类抗球虫药。④与苄氧喹甲酯合并应用有一定的协同效应。⑤休药期：兔、鸡 5 日；复方制剂 7 日；产蛋鸡禁用。

【制剂、用法与用量】本品常制成预混剂。以本品计：混饲，每 1000kg 饲料，鸡 500g，兔 800g。

盐酸氨丙啉

【理化性质】本品又称安宝乐，白色粉末；无臭。易溶于水。

【作用与应用】本品是传统使用的可用于产蛋鸡的一种抗球虫药，其结构与硫胺相似。本品对鸡、火鸡、羔羊、犬和犊牛的球虫感染有效，其活性作用峰期在感染后第三天即第一代裂殖体。对球虫有性周期和孢子形成的卵囊也有抑杀作用；对鸡盲肠柔嫩艾美耳球虫、小肠堆型艾美耳球虫抗虫作用最强。

本品用于防治禽球虫病。

【注意事项】①本品抗球虫范围不广，常与其他抗球虫药合用，如与乙氧酰胺苯甲酯或磺胺喹噁啉合并应用，可增强其抗球虫效力。②毒性小，安全范围大，但应现配现用为宜。③本品为维生素 B_1 拮抗剂，因此，氨丙啉过高比例混入饲料可引起宿主产生维生素 B_1 缺乏症，饲料中添加维生素 B_1，即可解除其中毒症状。但明显影响氨丙啉的抗球虫活性，每千克饲料中维生素 B_1 的添加量应在 10mg 以下。④休药期：7 日。产蛋鸡禁用。

【制剂、用法与用量】本品常用盐酸氨丙啉乙氧酰胺苯甲酯预混剂（盐酸氨丙啉 250g，乙酸酰胺苯甲酯 16g，辅料适量，制成 1000g）。

临床上常用的制剂有：盐酸氨丙啉乙氧酰胺苯甲酯磺胺喹恶啉预混剂（1000g：盐酸氨丙啉 200g、乙氧酰胺苯甲酯 10g、磺胺喹嗯啉 120g）、盐酸氨丙啉乙氧酰胺苯甲酯预混剂（1000g：盐酸氨丙啉 250g、乙氧酰胺苯甲酯 16g）、盐酸氨丙啉磺胺喹喂啉钠可溶性粉（100g：盐酸氨丙啉 7.5g、磺胺喹咄啉钠 4.5g）。

盐酸氨丙啉乙氧酰胺苯甲酯磺胺喹恶啉预混剂、盐酸氨丙啉乙氧酰胺苯甲酯预混剂：混饲，每 1000kg 饲料，鸡 100g。盐酸氨丙啉磺胺喹嗯啉钠可溶性粉；混饮，每升水，鸡 0.0375g。

盐酸氯苯胍

【理化性质】白色或浅黄色结晶性粉末；有氯臭，味苦。几乎不溶于水。

【作用与应用】本品属胍基的衍生物。本品对鸡的多种球虫和鸭、兔的大多数球虫病均有良好的防治效果。抗球虫的作用峰期是第一代裂殖体（即感染第二天），对第二代裂殖体和卵囊也有作用，对毒害艾美耳球虫和和缓艾美耳球虫的效果与氯羟吡啶相似，对柔嫩艾美耳球虫、布氏艾美耳球虫、堆型艾美耳球虫、巨型艾美耳球虫预防效果优于氯羟吡啶；对兔的肠艾美耳球虫作用稍差。

本品用于畜禽球虫病。

【注意事项】①超过治疗剂量长期服用，可使鸡肉、鸡肝、鸡蛋带异臭味，但低饲料浓度（30mg/kg 饲料）不会发生上述现象。②蛋鸡产蛋期禁用。③停药过早，常致球虫病复发。④休药期：鸡 5 日，兔 7 日。

【制剂、用法与用量】本品常制成片剂和预混剂。以盐酸氯苯胍：内服，一次量，每千克体重，鸡、兔 10～15mg。以其预混剂计：混饲，每 1000kg 饲料，鸡 300～600g，兔 1000～1500g。

常山酮

【理化性质】本品又称卤山酮、速丹，为白色或灰白色结晶粉末。

【作用与应用】本品原为中药常山中的一种生物碱，现为人工合成品的广谱抗球虫药。①本品抗球虫谱较广，对鸡的多种球虫有效，对球虫的子孢子以及第一、第二代裂殖体均有抑制作用，并能控制卵囊排出，减少再感染的可能性。尤其对鸡柔嫩艾美耳球虫、毒害艾美耳球虫、巨型艾美耳球虫特别敏感，抗球虫活性甚至超过聚醚类抗生素，与其他抗球虫药无交叉耐药性。②对牛泰勒虫以及绵羊、山羊的泰勒虫也有作用。

本品主要用于家禽球虫病。

【注意事项】①本品对珍珠鸡敏感，禁用；能抑制鸭、鹅生长，应慎用。②本品是用量较小的一种抗球虫药，混料浓度达 6mg/kg 时可影响适口性，出现拒食，因此药料应充分拌匀，否则影响疗效。③鱼及水生动物对常山酮敏感，故喂药鸡的粪便及盛药容器切勿污染水源。④12 周龄以上火鸡、8 周龄以上雏鸡及产蛋鸡产蛋期禁用。⑤禁与其他抗球虫药合用。⑥休药期：5 日。

【制剂、用法与用量】本品常用其氢溴酸盐制成预混剂。以氢溴酸常山酮预混剂计：混饲，每 1000kg 饲料，鸡 500g，连用 15 日。

二硝托胺

【理化性质】淡黄色或淡黄褐色粉末；无臭。在丙酮中溶解，在乙醇中微溶，在三氯甲烷或乙醚中极微溶解，在水中几乎不溶。

【作用与应用】本品对鸡的多种艾美耳球虫，如柔嫩艾美耳球虫、毒害艾美耳球虫、布氏艾美耳球虫、堆型艾美耳球虫和巨型艾美耳球虫有效，特别是对柔嫩艾美耳球虫、毒害艾美耳球虫作用较强，对堆型艾美耳球虫效果稍差。二硝托胺对球虫的活性高峰期是在感染后第3天，且对卵囊的孢子形成亦有些作用。主要用于治疗鸡、火鸡和兔球虫病。使用推荐剂量不影响鸡对球虫产生免疫力，故适用于蛋鸡和肉用种鸡。有报道，连用本品6日，仅对球虫表现抑制作用，如果长期应用则对球虫有杀灭作用。

鸡内服二硝托胺后，在体内迅速代谢，停药24h后肌肉的残留量即低于100μg/kg。

【注意事项】①停药过早，常致球虫病复发，因此肉鸡宜连续应用。②二硝托胺粉末颗粒的大小会影响抗球虫作用，应为极微细粉末。③饲料中添加量超过250mg/kg（以二硝托胺计）时，若连续饲喂15日以上可抑制雏鸡增重。④蛋鸡产蛋期禁用。

【制剂、用法与用量】二硝托胺预混剂：以本品计，混饲，每1000kg饲料，鸡500g。

尼卡巴嗪

【理化性质】黄色或黄绿色粉末；无臭，稍具异味。在二甲基甲酰胺中微溶，在水、乙醇、乙酸乙酯、三氯甲烷或乙醚中不溶；在稀硫酸中不溶。

【作用与应用】本品对鸡的多种艾美耳球虫，如柔嫩艾美耳球虫、脆弱艾美耳球虫、毒害艾美耳球虫、巨型艾美耳球虫、堆型艾美耳球虫、布氏艾美耳球虫均有良好的防治效果。主要对球虫的第二代裂殖体有效，其作用峰期是感染后第4天。主要用于防治鸡、火鸡球虫病。球虫对本品不易产生耐药性，对其他抗球虫药耐药的球虫，使用尼卡巴嗪多数仍然有效。尼卡巴嗪对蛋的质量和孵化率有一定影响。

本品能由消化道吸收，并广泛分布于机体组织及体液中，以推荐剂量给鸡混饲11日，停药2日后，血液及可食用组织仍可检测到残留药物。

【注意事项】①夏天高温季节应慎用，否则会增加应激和鸡死亡率。②本品能使产蛋率、受精率及蛋品质量下降和棕色蛋壳色泽变浅，故蛋鸡产蛋期及种鸡禁用。③有潜在生长抑制和增加热应激反应的作用。

【制剂、用法与用量】常制成马度米星铵尼卡巴嗪预混剂。500g，马度米星2.5g＋尼卡巴嗪62.5g。

癸氧喹酯

【理化性质】类白色或微黄色结晶性粉末；无臭。在三氯甲烷中微溶，在水、乙醇或乙醚中不溶。

【作用与应用】癸氧喹酯属喹啉类抗球虫药，主要作用是阻碍球虫子孢子的发育，作用峰期为球虫感染后的第1天。由于能明显抑制宿主机体对球虫产生免疫力，因此在肉鸡整个生长周期应连续应用。球虫对癸氧喹酯易产生耐药性，应定期轮换用药。它的抗球虫作用与药物颗粒大小有关，颗粒愈细，抗球虫作用愈强，宜制成直径为1.8μm左右的微粒供使用。主要用于预防鸡的球虫病。

【注意事项】①产蛋供人食用的鸡，在产蛋期不得使用。②本品水溶液长期放置后会有轻微沉淀，故需将全天用药量集中到6h内饮完。③不能用于含皂土的饲料中。④休药期：鸡5日。

【制剂、用法与用量】癸氧喹酯干混悬剂。混饮：每1L水，鸡0.5～1.0g，连用7日。

（二）抗锥虫药

家畜锥虫病是由寄生于血液和组织细胞间的锥虫引起的一类疾病。危害牛、马、骆驼的锥虫主要有伊氏锥虫和马媾疫锥虫。防治本类疾病，除应用抗锥虫药外，平时应重视消灭其传播媒介——吸血昆虫，才能杜绝本病的发生。抗锥虫药物除了以下介绍的药物外，还有苏拉明、双脒苯脲等。

喹嘧胺

【理化性质】本品又称喹匹拉明或安锥赛，为白色或微黄色结晶性粉末；无臭、味苦。临床常用其甲基硫酸盐（又称甲硫喹嘧胺）和氯化物（又称喹嘧氯胺），其中前者易溶于水；而后者仅略溶于热水。

【作用与应用】本品对伊氏锥虫、马媾疫锥虫、刚果锥虫、活跃锥虫等作用较强。

本品用于防治马、牛、骆驼伊氏锥虫病及马媾疫。

【注意事项】①本品须新鲜配制，临用前用灭菌水配成10%混悬液。②本品严禁静脉注射；肌内或皮下注射时，常出现肿块或结节，当用量较大时应分点注射。③马属动物较敏感，用药后应注意观察，必要时可注射阿托品及其他对症治疗药物解救。④注射给药甲硫喹嘧胺吸收迅速，而喹嘧氯胺吸收缓慢，但均能迅速由血液渗透入组织。

【制剂、用法与用量】本品常制成粉针剂。注射用喹嘧胺（4份喹嘧氯胺与3份甲硫喹嘧胺混合的灭菌粉末）：肌内、皮下注射，一次量，每千克体重，牛、马、骆驼4～5mg。

三氮脒

【理化性质】本品又称贝尼尔、二脒那嗪、血虫净，为黄色或橙色结晶性粉末；无臭，味微苦。溶于水。

【作用与应用】本品是传统使用的广谱抗血液原虫药。①本品对家畜梨形虫、锥虫和无浆体均有治疗作用，但预防效果较差，如对牛双芽巴贝斯虫、马驽巴贝斯虫、犬巴贝斯虫及吉氏巴贝斯虫引起的临床症状有明显的消除作用，但不能完全使虫体消失；对马媾疫锥虫、牛的无浆体也有效，对猫巴贝斯虫无效。②用药后血中浓度高，持续时间较短，主要用于治疗，预防效果差。

本品用于家畜巴贝斯梨形虫病、泰勒梨形虫病、伊氏锥虫病及马媾疫锥虫病的治疗。

【注意事项】①本品毒性大，安全范围小。应用治疗量，有时马、牛也会引起不安、起卧、频繁排尿、肌肉震颤等不良反应。②骆驼敏感，通常不用；马较敏感，不能用大剂量；水牛比黄牛敏感，应慎用。③临用时配成5%～7%水溶液，局部刺激性强，大剂量应分点注射。剂量大能减少乳牛产奶量。④休药期：牛、羊28日，弃奶期7日。

【制剂、用法与用量】本品常制成粉针剂。肌内注射，一次量，每千克体重，牛、羊3～5mg；马3～4mg；犬3.5mg。

（三）抗梨形虫药

梨形虫旧称焦虫，曾命名为血孢子虫，现改名为梨形虫，家畜的梨形虫病是由蜱传播寄生于红细胞内的原虫病，常发生于马、牛等动物。牛羊常见的梨形虫主要有双芽巴贝斯虫、牛巴贝斯虫、分歧巴贝斯虫、牛泰勒虫、羊泰勒虫和牛无浆体；马主要有驽巴贝斯虫、马巴贝斯虫；犬主要有巴贝斯虫、吉氏巴贝斯虫等。

尽管梨形虫的种类很多，但病畜多以发热、黄疸和贫血为主要临床症状，往往引起患畜大批死亡，造成极大的经济损失，在我国尤其以牛的梨形虫病较为严重。杀灭中间宿主蜱、虻和蝇是防治本类疾病的重要环节，但目前很难做到，所以应用抗梨形虫药防治仍为重要手段。古老的抗梨形虫药有台盼蓝以及吖啶黄等，由于毒性太大，除吖啶黄外，目前已极少用。目前较常用药主要为双脒类和均二苯脲类化合物。

青蒿琥酯

【理化性质】白色结晶性粉末；无臭，几乎无味。在乙醇、丙酮或三氯甲烷中易溶，在水中略溶。

【作用与应用】本品具有抗牛、羊泰勒虫及双芽巴贝斯虫的作用，并能杀灭红细胞配子体，减少细胞分裂及虫体代谢产物的致热原作用。主要用于牛和羊的泰勒虫病。

单胃动物内服后吸收迅速，0.5～1h 达血药浓度峰值，半衰期约 0.5h，72h 后血中仅含微量。体内分布广泛，并可通过血脑屏障及胎盘屏障。药物浓度以胆汁为最高，肝、肾、肠次之；在肝脏代谢，其代谢物迅速经肾排泄。牛静注青蒿琥酯，消除半衰期为 0.5h，表观分布容积为 0.9～1.1L/kg，部分青蒿琥酯代谢为活性代谢物——双氢青蒿素。牛内服给药，血药浓度极低。

【注意事项】本品对实验动物有明显胚胎毒性作用，孕畜慎用。

【制剂、用法与用量】本品常制成片剂。内服：一次量，每 1kg 体重，牛 5mg。一日 2 次，首次剂量加倍。连用 2～4 日。

盐酸吖啶黄

【理化性质】红棕色或橙红色结晶性粉末；无臭、味酸。在水中易溶，在乙醇中溶解，在三氯甲烷、乙醚、液状石蜡或油类中几乎不溶。

【作用与应用】吖啶黄对马巴贝斯虫、驽巴贝斯虫、牛双芽巴贝斯虫、牛巴贝斯虫和羊巴贝斯虫等均有作用，但对泰勒虫和无浆体无效。静注给药 12～24h 后，患畜体温下降，外周血循环中虫体消失。必要时，可间隔 1～2 日重复用药 1 次。在梨形虫发病季节，可给动物每月注射一次，有良好预防效果。

【注意事项】缓慢注射，勿漏出血管；重复使用，应间隔 24～48h。

【制剂、用法与用量】本品常制成注射液。静脉注射：一次量，每 1kg 体重，马、牛 3～4mg（极量：2g）；羊、猪 3mg（极量：0.5g）。

三、杀虫药

具有杀灭体外寄生虫作用的药物称杀虫药。螨、蜱、虱、蚤、库蠓、蚊、蝇、蝇蛆、伤口蛆等节肢动物均属体外寄生虫，可引起畜禽体外寄生虫病，严重影响动物健康和导致巨大经济损失。因此选用高效、安全、经济、方便的杀虫剂具有重要的意义。杀虫药对动物体也同样具有毒性，使用不当甚至在规定剂量范围内也会出现程度不等的不良反应，所以在选用杀虫药时尤其要注意其安全性。首先，在产品质量上，要求较高的纯度；在具体应用时，除了严格掌握剂量、使用方法、浓度外，还需要加强动物的饲养管理；大群动物灭虫前应做好预试工作。杀虫药中传统使用的有机氯杀虫剂目前已禁止使用，原因是其性质不稳定、残留期长，在人和动物脂肪中大量富集，危害健康，且有的具有致癌作用。

杀虫药

（一）有机磷化合物

有机磷化合物具有如下的特点：杀虫效力强；具有广谱杀虫作用；易降解，对环境污染小；除敌百虫外遇碱易水解失活；对人畜毒性一般较大。本类药物（除蝇毒磷外）一般不用于乳牛。用药后至少需停药 7 日，动物才可屠宰出售。常用的有机磷杀虫剂有蝇毒磷、马拉硫磷、倍硫磷、敌敌畏、甲基吡啶磷、巴胺磷、二嗪农、辛硫磷等。

二嗪农

【理化性质】本品又称螨净，系无色油状液体；有淡酯香味。本品微溶于水。

【作用与应用】①本品对蝇、蜱、虱以及各种螨均有良好的杀灭效果，其灭蚊、驱蝇药效可维持 6～8 周。②具有触杀、胃毒、熏蒸内吸等作用，但内吸作用较弱。

本品主要用于驱杀家畜体表寄生的疥螨、痒螨及蜱、虱等；二嗪农项圈用于驱杀犬、猫体表蚤和虱。

【注意事项】①本品虽属中等毒性，但对禽、蜜蜂较敏感，毒性较大。②药浴时必须精确计量药液浓度，以动物全身浸泡 1min 为宜。为提高对猪疥癣病的治疗效果，可选用软刷助洗。③休药期：牛、羊、猪 14 日，弃奶期 3 日。

【制剂、用法与用量】本品常制成溶液剂和项圈制品。以二嗪农计：药浴，每 1000L 水，绵羊初次浸泡 250g，补充药液添加 750g；牛初次浸泡用 650g，补充药液添加 1500g。二嗪农项圈，每只犬、猫一条，使用期 4 个月。

辛硫磷

【理化性质】无色或浅黄色油状液体。

【作用与应用】①本品具有高效、低毒、广谱、杀虫残效期长等特点，对蚊、蝇、虱、螨的速杀作用仅次于敌敌畏和胺菊酯，但强于马拉硫磷和倍硫磷等。乳剂药浴对羊螨病效果良好，内服对猪姜片吸虫有效。②对害虫有较强的触杀及胃毒作用。

本品用于驱杀猪螨、虱、蜱等体外寄生虫。

【注意事项】①本品滞留残效期室内喷洒一般可达 3 个月左右，室外则短。②对人、畜的毒性低。③休药期：14 日。

【制剂、用法与用量】本品是用正丁醇制成的辛硫磷浇泼剂。外用，沿猪的脊背从两耳浇淋到耳根，每千克体重，猪 30mg（耳根部感染严重者，可在每侧耳内另外浇淋 75mg）。

蝇毒磷

【理化性质】本品又称库马福司，为白色或微黄色结晶粉。不溶于水。

【作用与应用】①本品对牛皮蝇蛆、蜱、螨、虱和蝇等外寄生虫有效。②内服对反刍动物、禽肠道内部分线虫、吸虫也有效。

本品用于防治牛皮蝇蛆、蜱、螨、虱和蝇等外寄生虫病。

【注意事项】①本品是有机磷中唯一可用于泌乳奶牛的杀虫剂。因奶牛吸收蝇毒磷后，大部分经代谢或以原形由粪尿中排出；残留于体内者，主要分布在脂肪中，奶中分布极微。外用高于治疗量的浓度，乳中含量仅在 0.01mg/L 以下，3 日后即难测出。②与其他有机磷类化合物以及胆碱酯酶抑制剂有协同作用，同时应用毒性增强。

【制剂、用法与用量】本品常制成溶液剂。外用，配成含蝇毒磷 0.02%～0.05%乳剂。

甲基吡啶磷

【理化性质】白色或类白色结晶性粉末；有特臭。微溶于水。

【作用与应用】本品是高效、低毒的新型有机磷杀虫剂。①本品对苍蝇、蟑螂、蚂蚁、跳蚤、臭虫等有良好杀灭作用，一次性喷雾，苍蝇的减少率可达 84%～97%。②主要以胃毒为主，兼有触杀作用。

本品用于杀灭厩舍、鸡舍等处的成蝇；也用于居室、餐厅、食品厂等灭蝇、灭蟑螂。

【注意事项】①本品对眼有轻微的刺激性，且易被皮肤吸收中毒，用时注意。喷雾时，动物可留于厩舍，但不能向动物直接喷射。②对鲑鱼有高毒，对其他鱼类也有轻微毒性，不要污染河流、池塘及下水道。对蜜蜂亦有毒性，禁用于蜂群密集处。③本品加水稀释后应当日用完。混悬液停放 30min 后，宜重新搅拌均匀再用。④本品残效期长。将其涂于纸板上，悬挂于舍内或贴于墙壁上，残效期可达 10～12 周，喷洒于天花板上残效期可达 6～8 周。

【制剂、用法与用量】本品常制成粉剂、颗粒剂。可湿性粉：喷雾，每 $200m^2$ 取本品 500g，充分混合于 4L 温水中。涂布，每 $200m^2$ 取本品 250g，充分混合于 200ml 温水中，涂 30 个点。颗粒剂：分撒，每立方米取本品 2g，用水湿润。

敌敌畏

【理化性质】带有芳香气味的黄色油状液体。微溶于水。

【作用与应用】本品具有高效、速效和广谱杀虫作用，效力比敌百虫强 8～10 倍。

本品用于环境卫生杀虫剂；也用于驱杀马胃蝇蚴及羊鼻蝇蚴及杀灭厩舍、家畜体表的蚊、虱、蚤、蜱、螨等寄生虫。

【注意事项】本品毒性高于敌百虫，对人、畜尤其禽、鱼、蜜蜂毒性较大，应慎用。

【制剂、用法与用量】本品常制成乳油剂。喷洒或涂擦，乳油加水稀释成 0.1%～0.5%溶液，喷洒空间地面和墙壁，每 $100m^2$ 面积约 1L。在畜禽粪便上喷洒 0.5%溶液。喷雾，以 1%溶液喷于动物头、背、四肢、体侧、被毛，不能湿及皮肤；杀灭牛体表的蝇、蚊，每头牛每日不能超过 60ml。

（二）有机氯化合物

有机氯类杀虫剂是发现和应用最早的人工合成杀虫剂，主要药物有滴滴涕、六六六等，现已禁用。目前，只有氯芬新系列制剂用于犬、猫等宠物体表的跳蚤幼虫的驱杀。

（三）拟除虫菊酯类杀虫药

除虫菊酯为菊科植物除虫菊的有效成分，具有杀灭各种昆虫的作用，特别是击倒力甚强，对各种害虫有高效、速杀作用，对人、畜无毒。但是天然除虫菊酯化学性质不稳定，残效期短，有些昆虫被击倒后可复苏。现在天然除虫菊酯化学结构的基础上人工合成了一系列的除虫菊酯拟似物，即拟除虫菊酯类。这类药物具有高效、速效，对人、畜毒性低，性质稳定，残效期较长等特点。长期应用易产生耐药性。兽医临床使用的有氰戊菊酯、溴氰菊酯、氟胺氰菊酯和氟氯苯氰菊酯等。

氰戊菊酯

【理化性质】又称速灭杀丁，为淡黄色黏稠液体。不溶于水。

【作用与应用】本品对多种体外寄生虫均有触杀、胃毒、驱避作用，杀虫效力很强。

本品用于驱杀畜禽体表寄生虫；也用于环境畜禽棚舍杀蚊、蝇等。

【注意事项】①本品为广谱杀虫剂，对有机氯、有机磷化合物敏感的畜禽，使用较安全。②碱性物质能降低本品的稳定性。③对鱼和蜜蜂有剧毒。④配制溶液时，水温以 12℃为宜，超过 25℃会降低药效。⑤休药期：28 日。

【制剂、用法与用量】常制成 5%和 20%溶液，驱杀体外寄生虫，喷雾，加水以 1∶(250～500）稀释。也有 100ml∶2g，100ml∶8g，100ml∶14g 驱杀养殖鱼类寄生虫。

溴氰菊酯

【理化性质】本品又称敌杀死，为白色结晶粉末。不溶于水。

【作用与应用】①本品具有广谱、高效、残效期长、低毒等优点，一次用药能维持药效近一个月。对蚊、家蝇、厩蝇、羊蜱蝇、牛羊各种虱、牛皮蝇、猪血虱及禽羽虱等均有良好的驱杀作用。②对虫体有胃毒、触杀作用，内吸作用差。

本品用于防治家畜体外寄生虫病，以及杀灭环境仓库等中的昆虫。

【注意事项】①本品对其他杀虫药耐药的虫体仍然敏感。②本品对皮肤、黏膜、眼睛、呼吸道有较强的刺激性，用时注意防护。急性中毒无特殊解毒药，主要以对症疗法为主。③本品对鱼类及其他冷血动物毒性较大，使用时切勿将残余药液倾入鱼塘，蜜蜂、家禽亦较敏感。④对塑料制品有腐蚀性。零度以下易结晶。⑤休药期：28 日。

【制剂、用法与用量】本品常制成乳油剂。以溴氰菊酯计：药浴或喷淋，每 1000L 水中含溴氰菊酯 5～15g（预防），30～50g（治疗），必要时 7～10 日重复一次。

（四）其他杀虫药

在兽医临床除双甲脒杀虫药外，还有升华硫、环丙氨嗪和非泼罗尼等药物及其制剂。

双甲脒

【理化性质】本品又称特敌克，为白色或浅黄色结晶性粉末；无臭。不溶于水。

【作用与应用】①本品是接触性广谱杀虫剂，兼有胃毒和内吸作用，对各种螨、蜱、蝇、虱等均有效。②产生杀虫作用较慢，一般在用药后 24h 才能使虱、蜱等解体，而使虫体不能复活。③本品残效期长，一次用药可维持药效 6～8 周。

本品用于防治牛、羊、猪、兔的疥螨、痒螨、蜱、虱等体外寄生虫病；也用于蜂螨。

【注意事项】①对于严重病畜，用药 7 日后可再用一次，以彻底治愈。②本品对人、畜安全，对鱼有剧毒，马敏感。③双甲脒对皮肤有刺激性，用时注意防护。④休药期：牛、羊 21 日；猪 8 日；牛乳废弃时间为 2 日；禁用于产奶羊和水生食品。

【制剂、用法与用量】本品常制成溶液。药浴、喷洒、涂擦，家畜 0.025%～0.05% 溶液。

环丙氨嗪

【理化性质】白色结晶性粉末；无臭或几乎无臭。在水或甲醇中略溶，在丙酮中微溶，在甲苯或正己烷中极微溶解。

【作用与应用】环丙氨嗪为昆虫生长调节剂，可抑制双翅目幼虫的蜕皮，特别是第 1 期幼虫蜕皮，使蝇蛆繁殖受阻，也可使蝇蛹不能蜕皮而死亡。鸡内服给药，即使在粪便中含药量极低也可彻底杀灭蝇蛆。当饲料中浓度达 1mg/kg 时即能控制粪便中多数蝇蛆的发育，5mg/kg 时，足以控制各种蝇蛆。一般在用药后 6～24h 发挥药效，可持续 1～3 周。

鸡内服本品后吸收较少，其体内主要代谢物为三聚氰胺。主要以原形从粪便排出。由于环丙氨嗪脂溶性低，很少在组织中残留。本品对人、畜和蝇的天敌无害，对动物的生长、产蛋、繁殖无影响。临床主要用于控制动物厩舍内蝇蛆的生长繁殖，杀灭粪池内蝇蛆，以保护环境卫生。

【注意事项】①避免儿童接触，存放在儿童不可触及的地方。②本品药料浓度达 25mg/kg 时，可使饲料消耗量增加，达 500mg/kg 以上可使饲料消耗量减少，1000mg/kg 以上长期喂养可能因摄食过少而死亡。③每公顷土地施用饲喂本品的鸡粪便以 1～2t 为宜，超过 9t 以上可能对植物生长不利。

【制剂、用法与用量】环丙氨嗪预混剂，以环丙氨嗪计。混饲：每 1000 kg 饲料，鸡 5g。连用 4～6 周。

非泼罗尼滴剂

【理化性质】本品为非泼罗尼加乙醇、一缩二乙二醇单乙酯等配制而成。淡黄色的澄清液体。

【作用与应用】非泼罗尼通过干扰 GABA 调控的氯离子通道，导致昆虫和蜱中枢神经系统紊乱直至死亡。主要通过胃毒和触杀起作用，也具有一定的内吸作用。兽医临床主要用于驱除犬、猫体表跳蚤，犬蜱及其他体表害虫。

非泼罗尼是一种对多种害虫具有防治效果的广谱杀虫药。本品对 480 余种农业、畜牧、卫生害虫和螨类均有杀灭效果。此外，对拟除虫菊酯类、氨基甲酸酯类杀虫剂产生耐药性的害虫也具有极强的驱杀作用。残效期一般为 2～4 周，最长可达 6 周。

几种常见寄生虫的生活史

【注意事项】本品对人、畜有中等毒性，对鱼高毒，使用时应注意防止废弃物或残药污染河流、湖泊及鱼塘环境。

【制剂、用法与用量】外用：滴于皮肤，每只动物，猫 0.5ml；犬体重 10kg 以下用 0.67ml，体重 10～20kg 用 1.34ml，体重 20～40kg 用 2.68ml，体重 40kg 以上用 4.02ml。

同步练习题

1. 单项选择题

(1) 对羊胃肠道线虫，牛肝片吸虫和绦虫均有效的药物是（　　）。

A. 阿维菌素　B. 阿苯达唑　C. 氯硝柳胺　D. 吡喹酮

(2) 治疗痒螨病的药物是（　　）。

A. 伊维菌素　B. 阿苯达唑　C. 吡喹酮　D. 地克珠利

(3) 治疗弓形虫病的有效药物是（　　）。

A. 吡喹酮　B. 阿苯达唑　C. 盐霉素　D. 磺胺六甲氧嘧啶

(4) 姜片吸虫病可用以下的（　　）进行治疗。

A. 青霉素　B. 磺胺嘧啶　C. 吡喹酮　D. 敌百虫

(5) 治疗球虫病宜选用的药物是（　　）。

A. 青霉素　B. 盐霉素

C. 磺胺二甲氧嘧啶　D. 马度米星

(6) 治疗牛囊尾蚴病可用（　　）。

A. 吡喹酮　B. 红霉素　C. 鱼石脂　D. 碘化钾

(7) 奶牛，6 岁，高热稽留，体温 41℃，血液稀薄，可视黏膜黄染，尿液红色，体表发现微小牛蜱。血涂片镜检见红细胞内有梨籽形虫体。治疗该病的药物是（　　）。

A. 阿苯达唑　B. 伊维菌素　C. 硫酸喹啉脲　D. 氨丙啉

(8) 不能用于治疗鸡球虫病的药物是（　　）。

A. 百球清　B. 马度米星　C. 阿苯达唑　D. 尼卡巴嗪　E. 地克珠利

(9) 预防鸡住白细胞虫病可选用的药物是（　　）。

A. 噻嘧啶 B. 乙胺嘧啶 C. 伊维菌素 D. 左旋咪唑 E. 阿苯达唑

(10) 矛形歧腔吸虫病的治疗药物是（ ）。

A. 阿苯达唑 B. 氨丙啉 C. 伊维菌素 D. 盐霉素 E. 三氮脒

(11) 治疗马巴贝斯虫病的药物是（ ）。

A. 咪唑苯脲 B. 甲硝唑 C. 阿苯达唑 D. 吡喹酮 E. 伊维菌素

(12) 春季，某绵羊群渐进性消瘦，高度贫血，颌下、胸腹下水肿，个别衰竭死亡，剖检见胆管增粗，内有红褐色叶状虫体，治疗该病的药物是（ ）。

A. 伊维菌素 B. 三氯苯达唑 C. 左旋咪唑 D. 三氮脒 E. 磺胺氯吡嗪

(13) 犬，消化不良，下痢，消瘦，贫血，粪便检查见有多量虫卵，形似电灯泡，一端有盖，另一端有一小突起，内含毛蚴。治疗该病的药物是（ ）。

A. 左旋咪唑 B. 阿苯达唑 C. 伊维菌素 D. 三氮脒 E. 盐霉素

(14) 夏季，5周龄散养鸡群食欲不振，腹泻，粪便带血，剖检见小肠中段肠管高度肿胀，肠腔内有大量血凝块，刮取肠黏膜镜检见多量裂殖体，预防该病的药物是（ ）。

A. 伊维菌素 B. 盐霉素 C. 泰乐菌素 D. 左旋咪唑 E. 链霉素

(15) 仔猪精神不振，腹泻，消瘦，贫血。粪检见大量壳薄、透明的椭圆形虫卵，内含折刀样幼虫。治疗该病的药物是（ ）。

A. 氨丙啉 B. 吡喹酮 C. 左旋咪唑 D. 地克珠利 E. 磺胺嘧啶

2. 填空题

(1) 治疗血吸虫病最有效的药物是________。

(2) 抗寄生虫药发展的主要趋向是要求具备______、________、________、________、________、________和________等条件。

(3) 聚醚类抗球虫药包括 ________、________、________、________等。

3. 简答题

(1) 抗寄生虫药的分类？

(2) 理想抗寄生虫药应具备什么条件？

4. 论述题

(1) 抗寄生虫药的作用机制？

(2) 使用抗球虫药时，如何防止产生明显的耐药性？

5. 案例分析题

(1) 2001年5月，某女，21岁，汉族，贵州贵阳人。患者于数天前发现右上臂有一个约2.0cm大小椭圆形结节，质地较硬，与皮下组织无粘连，可推动，有轻压痛。表面皮肤无红、热等症状。亦无发热、头痛、癫痫发作、视力障碍、呕吐、腹痛等，查体均无特殊。医院手术取出一囊状体，剖开后发现其内充满透明液体及一长约1.5cm的白色物体。在解剖镜下观察该白色小体，发现其头端有四个吸盘。经压片、固定、染色及透明后镜检，确定为猪囊尾蚴感染。请开写治疗处方。

(2) 2020年4月，福安市社口镇谢岭下村一养殖户家饲养的15～50日龄2000羽鸡，从4月1日起发现部分鸡食欲不振、喜挤堆、羽毛竖立、缩颈、呆立、嗉囊充满液体、腹泻带血。立刻用药物混料投喂，3日后鸡病情没有好转反而发病数量逐渐增多，并出现零星死亡。剖检发现盲肠有炎症，出现不同程度出血和肿胀，比正常肿大1～3倍，透过肠膜面可以看到细小的出血点，肠内有凝血和干酪样物质。涂片镜检发现大量球虫卵囊。根据发病情况、临床症状以及剖检病理变化，结合实验室检查确诊为鸡球虫病。请开写治疗处方。

(3) 2015年8月7日，文登区一花卉种植场养了8条牧羊犬，据业主讲其中一只犬发病。初期表现为烦躁不安，被毛粗乱，不愿走动，消瘦；随着病情发展，表现眼结膜苍白，有眵，精神不振，食欲减退，四肢抽搐。业主认为是犬瘟热，遂使用犬瘟热高免血清、磺胺嘧啶钠注射液等药物治疗 5 天，病情不见好转。8 月 13 日带病犬到兽医工作站就诊。

病犬体重约为 22kg，全身消瘦，精神沉郁，饮欲、食欲减退，黏膜苍白，牙龈和舌头发白，流涎，四肢无力，后躯瘫痪，喜卧，病犬表现常有痛痒感、烦躁不安，舐咬皮肤。检查体毛发现趾爪间隙、耳际、四肢等体表的各部位有大量虫体存在，大小从米粒至蚕豆大小不等。皮肤可见局部充血、水肿，有炎症反应。据业主讲其余 7 只犬也表现经常摩擦、抓挠和舔舐皮肤，有 3 只犬后肢跛行，业主认为缺钙，喂给钙片和鱼肝油，但效果不佳。摘取患犬体表寄生的虫体，经透明处理后在显微镜下观察，见虫体呈卵圆形，有假头和躯体。大的虫体长约 16mm、宽约 10mm，刺破虫体后有大量鲜血溢出。虫体背部有一盾板，多角，夹杂少数大刻点，腹部有生殖孔；小的虫体长约 6mm、宽约 4mm，假头短，假头基矩形，基突短，须肢侧面边缘呈圆弧状，盾板上有银灰色花纹，并有大小混杂的圆形点窝。虫体眼在身体边缘，呈圆形，颈沟深而短，侧沟长，夹杂有刻点，足强大，末端有一对爪。根据该犬临床检查、实验室检查结果、流行病学调查综合诊断本病为犬蜱病。请开写治疗处方。

模块三　内脏系统药物

内容摘要

本模块包括消化系统、呼吸系统、泌尿系统、生殖系统、血液循环系统的药物，要求掌握内脏系统药物的作用机制、临床应用、注意事项及其制剂等，能将内脏系统药物安全、有效、合理地应用于临床中。

单元一　消化系统药物

学习目标

1. 知识目标：理解消化系统药物的分类与作用机制。
2. 能力目标：掌握常用药物的作用特点、临床应用，做到合理选药用药。
3. 素质目标：遵守执业兽医职业道德行为规范，爱岗敬业、诚实守信，不滥用药物。

消化系统疾病是家畜较多发的常见病。引起消化系统疾病的原因很多，饲料品质不良、饲养管理不善以及家畜不当使役等都可引起动物消化功能紊乱，导致胃肠道的分泌、蠕动、吸收和排泄等功能障碍，从而产生消化不良、积食、鼓胀、腹泻或便秘等一系列疾病。消化系统疾病也可继发于其他器官疾病或传染病。

由于动物种类不同，其消化系统的解剖结构和生理功能亦不同，因而发病类型和发病率也有差异。如马属动物常发便秘疝，反刍动物常发前胃疾病。无论何种原因引起的消化系统疾病，其治疗原则都是相同的，即在解除病因、改善饲养管理的前提下，针对其消化系统功能障碍，合理使用调节消化功能的药物才能取得良好的效果。作用于消化系统的药物很多，这些药物主要通过调节胃肠道的运动和消化腺的分泌功能，维持胃肠道内环境和微生态平衡，从而改善和恢复消化系统功能。根据其药理作用和临床应用可分为健胃药、助消化药、瘤胃兴奋药、制酵药、消沫药、泻药和止泻药等。

一、健胃药与助消化药

（一）健胃药

凡能促进动物唾液和胃液的分泌，调整胃的功能活动，加强消化和提高食欲的药物称为健胃药。健胃药的药效标志是增进食欲。食欲不振不是一种单独的疾病，而是某些疾病一个症状。因此，对于食欲不振应着重于病因治疗，临床上健胃药主要适用于功能性食欲不振，或作为病因治疗的辅助药物。

健胃药和助消化药

健胃药按其性质和药理作用特点分为苦味健胃药、芳香性健胃药和盐类健胃药三类。

1. 苦味健胃药

主要有龙胆、马钱子、大黄等，此类药物具有强烈的苦味，口服可刺激舌部味觉感受器，反射性地兴奋食物中枢，加强唾液和胃液分泌，提高食欲，促进消化功能，最终起到健胃作用。此作用在动物消化不良、食欲减退时更显著。使用时应注意：制成合理的剂型，如散剂、舔剂、溶液剂、酊剂等，经口给药（不能用胃导管），饲喂前给药。用量不宜过大，同一种药物不宜长期反复应用，以免动物产生耐受性，使药效降低。

龙胆酊

【理化性质】本品为黄棕色的液体，味苦。

【作用与应用】本品味苦性寒，内服可作用于舌味觉感受器，促进唾液与胃液分泌增加，加强消化，提高食欲。临床常与其他健胃药配伍制成散剂、酊剂、舔剂等剂型，用于食欲不振及某些热性疾病引起的消化不良等。

【制剂、用法与用量】龙胆酊。由龙胆、40%乙醇浸制而成。马、牛 50～100ml，驼 60～150ml，羊、猪 5～10ml。复方龙胆酊，主要成分为龙胆、陈皮、草豆蔻，马、牛 50～100ml；羊、猪 5～20ml。

2. 芳香性健胃药

本类药物种类较多，如陈皮、桂皮、豆蔻、茴香、姜、大蒜、辣椒等。它们含有挥发油，具有辛辣性或苦味，内服后对消化道黏膜有轻度的刺激作用，能反射性地使消化液分泌增加，促进胃肠蠕动。另外，还有轻度的抑菌和制止发酵作用；药物吸收后，一部分挥发油经呼吸道排出，能增加支气管腺的分泌，有轻度祛痰作用。因此，健胃、祛风、制酵、祛痰是挥发油的共有作用。临床上常将本类药物配成复方，用于消化不良、胃肠内轻度发酵和积食等。

3. 盐类健胃药

主要有氯化钠、碳酸氢钠等。内服少量的盐类，通过渗透压作用，可轻度刺激消化道黏膜，反射性地引起胃肠蠕动增强，消化液分泌增加，提高食欲。吸收后又可补充离子，调节体内离子平衡。

（二）助消化药

食物消化主要由胃肠及其附属器官分泌的胃液、胰液、胆汁等完成。当消化功能减弱，消化液分泌不足时，会引起消化过程紊乱。助消化药系指能促进胃肠消化过程的药物，一般是消化液中的主要成分，如稀盐酸、稀醋酸、淀粉酶、胃蛋白酶、胰酶等。它们能补充消化液中某种成分的不足，发挥替代疗法的作用，因而用于消化道分泌功能减弱、消化不良。常用于治疗哺乳期幼畜的消化不良。在临床上常与健胃药配合应用。

稀盐酸

【理化性质】无色澄明液体。无臭，味酸。呈强酸性反应。应置玻璃塞瓶内密封保存。

【作用与应用】盐酸是胃液的主要成分之一，适当浓度的稀盐酸可激活胃蛋白酶原，使其转变成为有活性的胃蛋白酶，并提供酸性环境使胃蛋白酶发挥消化蛋白质的作用。另外，胃内容物保持一定酸度有利于胃排空及钙、铁等矿物质的溶解与吸收，还有抑菌制酵作用。

临床适用于胃酸缺乏引起的消化不良、胃内异常发酵、马骡急性胃扩张等。

【注意事项】①禁与碱类、盐类健胃药，有机酸，洋地黄及其制剂配合使用；②用药浓度和用量不可过大，否则可能因食糜酸度过高，反射性地引起幽门括约肌痉挛，影响胃的排空，而产生腹痛。

【制剂、用法与用量】稀盐酸。含盐酸约10%。内服，一次量，马10～20ml，牛15～30ml，猪1～2ml，羊2～5ml，犬0.15～0.5ml。用前加50倍水稀释成0.2%的溶液使用。

胃蛋白酶

【理化性质】本品从牛、羊、猪等动物的胃黏膜提取制得。白色至淡黄色的粉末。味微酸，有吸湿性。能溶于水，水溶液呈酸性。

【作用与应用】本品内服后在胃内可使蛋白质初步分解为蛋白胨，有利于蛋白质的进一步分解吸收。在酸性环境中作用强，pH为1.8时其活性最强。当胃液分泌不足引起消化不良时，胃内盐酸也常不足，为充分发挥胃蛋白酶的消化作用，在用药时应同服稀盐酸。

临床常用于胃液分泌不足或幼畜因胃蛋白酶缺乏所引起的消化不良。

【注意事项】①忌与碱性药物、鞣酸、重金属盐等配合使用；②与抗酸药（如氢氧化铝）同服，因胃内pH升高而使其活力降低；③温度超过70℃时迅速失效；④剧烈搅拌可破坏其活性，导致减效。

【制剂、用法与用量】胃蛋白酶。每1g中含蛋白酶活力不得少于3800IU。内服。一次量，马、牛4000～8000单位，羊、猪800～1600单位，驹、犊1600～4000单位，犬80～800单位，猫80～240单位。用前先将稀盐酸加水20倍稀释，再加入胃蛋白酶，于饲喂前灌服。

干酵母

【理化性质】又名食母生，为麦酒酵母菌的干燥菌体。呈淡黄白色或黄棕色的薄片、颗粒或粉末。有酵母的特臭，味微苦。

【作用与应用】本品含B族维生素，如维生素B_1、维生素B_2、烟酸、维生素B_6、维生素B_{12}、叶酸、肌醇及麦芽糖酶、转化酶等。这些成分多为体内酶系统的重要组成物质，能参与体内糖、蛋白质、脂肪等的代谢和生物转化过程，因而能促进消化。

临床用于食欲不振、消化不良和B族维生素缺乏的辅助治疗，如多发性神经炎、糙皮病、酮血症等的治疗。

【注意事项】①本品含大量对氨基苯甲酸，可拮抗磺胺类药的抗菌作用，不宜合用；②用量过大可发生轻度下泻。

【制剂、用法与用量】干酵母片。内服，一次量，马、牛120～150g，猪、羊30～60g，犬8～12g。

乳酶生

【理化性质】又名表飞鸣。乳酸杆菌制剂，白色或淡黄色的干燥粉末，无臭，无味，难溶于水。

【作用与应用】内服进入肠内后，能分解糖类产生乳酸，使肠内酸度升高，从而抑制腐败性细菌的繁殖，并可防止蛋白质发酵，减少肠内产气。临床主要用于消化不良、肠臌气和幼畜腹泻等。

【注意事项】①不应与抗菌药物、收敛剂、吸附剂、酊剂及乙醇等同用，并禁用热水调药，以免减效；②应在饲喂前服药；③超过有效期，其中活菌数目已很少，不宜再用；④受热效力降低，凉暗处保存。

【制剂、用法与用量】乳酶生片。每克乳酶生中活的乳酸杆菌数不低于1000万个。内服，一次量，驹、犊10～30g，羊、猪2～10g。

（三）健胃药与助消化药的合理选用

健胃药与助消化药可用于治疗动物的食欲不振、消化不良，临床上常配伍应用。但食欲不振、消化不良往往是许多全身性疾病或饲养管理不善的临床表现，因此，必须在对因治疗和改善饲养管理的前提下，配合选用本类药物，则能提高疗效。

马属动物出现口干、色红、苔黄、粪干小等消化不良症状时，选用苦味健胃药龙胆酊、大黄酊、陈皮酊等；如果口腔湿润、色青白、舌苔白、粪便松软带水，则选用芳香性健胃药配合人工盐等较好。当消化不良兼有胃肠弛缓或胃肠内容物有异常发酵时，应选用芳香性健胃药，并配合鱼石脂等制酵药。猪的消化不良，一般选用人工盐或大黄苏打片。吮乳幼畜的消化不良，主要选用胃蛋白酶、乳酶生、胰酶等。草食动物吃草不吃料时，亦可选用胃蛋白酶，配合稀盐酸。牛摄入蛋白质丰富的饲料后，在瘤胃内产生大量的氨，影响瘤胃活动，早期可用稀盐酸或稀醋酸，疗效良好。

二、制酵药与消沫药

（一）制酵药

凡能抑制细菌或酶的活动，阻止胃肠内容物发酵，使其不能产生过量气体的药物称制酵药。

瘤胃臌气一般是因家畜采食大量发酵或腐败变质的饲料后，因细菌的作用而产生大量气体，当这些气体不能通过肠道或嗳气排出时，则引起鼓胀。治疗时，除危急病例可穿刺放气外，一般可使用制酵药，如鱼石脂、甲醛溶液、煤酚皂溶液、乙醇、大蒜酊等，制止胃肠道内微生物发酵产气，并刺激胃肠黏膜，加强胃肠蠕动，以排出气体。临床上主要用于治疗反刍动物的瘤胃胀气，也用于马属动物的胃扩张及肠臌气。

制酵药和消沫药

（二）消沫药

消沫药是一类表面张力低，能迅速破坏起泡液的泡沫，而使泡内气体逸散的药物。当牛、羊采食大量含皂苷的饲料，如紫云英、紫苜蓿等豆科植物后，经瘤胃发酵会产生许多不易破裂的黏稠性小气泡，这些小气泡夹杂在瘤胃内容物中无法排出，便引起泡沫性臌气。消沫药由于呈疏水性，其表面张力低于起泡液（泡沫性臌气瘤胃内的液体）的表面张力，与起泡液接触后，其微粒黏附于泡沫膜上，造成泡沫膜局部的表面张力下降，使泡沫膜面受力不均，产生不均匀收缩，致使膜局部被“拉薄”而破裂，气体逸出。此时，消沫药微粒再进行下一个消沫过程，如此循环，相邻的小气泡融合，逐渐汇集成大气泡或游离的气体通过嗳气排出。常用消沫药有二甲硅油、植物油。

二甲硅油

【理化性质】本品为二甲基硅氧烷的聚合物。无色澄清的油状液体，无臭或几乎无臭，无味；不溶于水及乙醇。须密封保存。

【作用与应用】本品表面张力低，内服后能迅速降低瘤胃内泡沫液膜的表面张力，使小气泡破裂，融合成大气泡，随嗳气排出，产生消除泡沫作用。本品消沫作用迅速，用药5min内即产生效果，15～30min作用最强。治疗效果可靠，几乎没有毒性。临床用于泡沫性臌气。

【注意事项】灌服前后宜灌注少量温水，以减少刺激性。

【制剂、用法与用量】二甲硅油片。内服，一次量，牛3～5g，羊1～2g，临用时制成2%～5%的乙醇或煤油溶液用胃管投服。

（三）制酵药与消沫药的合理选用

由于采食大量容易发酵或腐败变质的饲料导致的臌气或急性胃扩张，除危急者可以穿刺放气外，一般可用制酵药或瘤胃兴奋药，减少气体产生，加速气体排出。对其他原因引起的臌气，除制酵外，应对因治疗。

在常用的制酵药中以甲醛的作用确实可靠，但由于对局部组织刺激性强，加之能杀灭多种对机体有益的肠道微生物和纤毛虫，因此，除严重胀气外，一般情况均不宜选用。鱼石脂的制酵效果较好，刺激作用比较缓和，所以比较多用。鱼石脂与乙醇配合应用效果好。

泡沫性臌气时，如果选用制酵药，仅能制止气体的产生，对已形成的泡沫无消除作用。因此，必须选用消沫药。

三、瘤胃兴奋药

反刍动物消化生理的主要特征是在瘤胃内进行发酵消化或微生物消化，这种瘤胃消化要比肉食或杂食动物以消化酶进行的消化更为复杂。饲养管理不良、饲料质量低劣，以及某些全身性疾病如高热、低血钙等，均可引起瘤胃运动弛缓、反刍减弱或停止，造成瘤胃积食、瘤胃臌气等一系列疾病。此时，在消除原发病的同时，可配合应用瘤胃兴奋药治疗。

瘤胃兴奋药

瘤胃兴奋药是指能加强瘤胃收缩、促进蠕动、兴奋反刍的药物，又称反刍兴奋药。临床上常用的瘤胃兴奋药有拟胆碱药和抗胆碱酯酶药（如氨甲酰胆碱、新斯的明等）及浓氯化钠注射液等。氨甲酰胆碱、新斯的明的药理作用及应用请参见神经系统用药部分。

浓氯化钠注射液

【理化性质】又称高渗氯化钠注射液，为10%氯化钠的灭菌水溶液，无色透明，pH为4.5～7.5，专供静脉注射用。

【作用与应用】本品静脉注射可提高血液渗透压，增加血容量，改善血液循环，有利于组织新陈代谢，同时又能刺激血管壁的化学感受器，反射性地兴奋迷走神经，加强胃肠的蠕动和分泌。当胃肠功能减弱时，这种作用更加显著。本品作用缓和，疗效良好，一般用药后2～4h作用最强。

用于治疗反刍动物前胃弛缓、瘤胃积食和马属动物便秘等。

【注意事项】①静脉注射时不能稀释，注射速度宜慢，不可漏至血管外；②心力衰竭和肾功能不全患畜慎用；③在500ml浓氯化钠注射液中配合10%安钠咖注射液10ml效果更好。

【制剂、用法与用量】浓氯化钠注射液。静脉注射，一次量，每千克体重，家畜0.1g。

四、泻药与止泻药

（一）泻药

凡能促进肠管蠕动，增加肠内容积或润滑肠管、软化粪便、促进排便的一类药物称泻药。临床上主要用于治疗便秘，排出肠内毒物及腐败分解产物；或服用驱虫药后，除去肠内残存的药物和虫体。根据泻药作用机制将其分为容积性泻药、刺激性泻药、润滑性泻药和神经性泻药四类。

泻药

（1）容积性泻药　临床上常用的有硫酸钠和硫酸镁，它们都是盐类，所以又名盐类泻药。硫酸钠、硫酸镁其水溶液含有不易被胃肠黏膜吸收的硫酸根离子、钠离子和镁离子等，在肠内形成高渗，能吸收大量水分，并阻止肠道水分被吸收，软化粪便，增大肠内容积，并对肠壁产生机械性刺激，反射性地引起肠蠕动增强。同时，盐类离子对肠黏膜也有一定的化学刺激作用，可促进肠蠕动，加快粪便排出。

盐类泻药的致泻作用与溶液的浓度和量有密切关系。高渗溶液能保持肠腔水分，并能使体液的水分向肠腔转移，增大肠管容积，发挥致泻作用。硫酸钠的等渗溶液为3.2%，硫酸镁为4%。致泻时，应配成6%～8%溶液灌服，主要用于大肠便秘。单胃家畜服药后经3～8h排便，反刍动物要经18h以上才能排便。如果与大黄等植物性泻药配伍，可产生协同作用。

应用盐类泻药前需给动物大量饮（灌）水，以保证泻下效果。

盐类溶液浓度过高（10%以上），不仅会延长致泻时间，降低致泻效果，而且进入十二指肠后，能反射性地引起幽门括约肌痉挛，妨碍胃内容物排空，有时甚至可引起肠炎。

（2）刺激性泻药　本类药物内服后，在胃内一般无变化，到达肠内后，分解出有效成分，对肠黏膜感受器产生化学性刺激，反射性促进肠管蠕动和增加肠液分泌，产生泻下作用。临床常用的有大黄、芦荟、番泻叶、蓖麻油、巴豆油、牵牛子等。

（3）润滑性泻药　本类药物内服后，多以原形通过肠道，起润滑肠壁、阻止肠内水分吸收及软化粪便的作用，使粪便易于排出。临床常用的有液状石蜡、花生油、棉籽油、菜籽油、芝麻油和猪油等。故本类药又名油类泻药。

（4）神经性泻药　包括拟胆碱药如氨甲酰胆碱，抗胆碱酯酶药如新斯的明等。它们有较强的促进胃肠蠕动、增强腺体分泌作用，可引起泻下，而且作用迅速，但其副作用很大，应用时必须注意。

硫酸钠

【作用与应用】内服大剂量硫酸钠，在肠内解离出钠离子和不易被肠壁吸收的硫酸根离子从而发挥泻下作用。另外，硫酸钠内服后，进入十二指肠，刺激肠黏膜，可反射性引起胆管入肠处括约肌松弛，胆囊收缩，促使胆汁排出。内服小剂量时对胃肠黏膜有缓和刺激而呈现健胃作用。

临床主要应用：①用于马属动物大肠便秘，反刍动物瓣胃及皱胃阻塞；②作为健胃药，多与其他盐类配伍使用；③用于排出消化道内毒物、异物，配合驱虫药排出虫体等；④10%～20%高渗溶液外用治疗化脓创、瘘管等。

【注意事项】①治疗大肠便秘时，硫酸钠合适的浓度为4%～6%，浓度过低效果较差，浓度过高则可继发肠炎，加重机体脱水；②硫酸钠不适用于小肠便秘治疗，因易继发胃扩张；③硫酸钠禁与钙盐配合应用。

【用法与用量】内服致泻，一次量，马200～500g，牛400～800g，羊40～100g，猪25～50g，犬10～25g，猫2～4g。

硫酸镁

【理化性质】又名泻盐（$MgSO_4 \cdot 7H_2O$）。无色细小针状结晶或斜方形柱状结晶。味苦而咸，易溶于水，有风化性。

【作用与应用】本品内服小剂量时，能适度刺激消化道黏膜，使胃肠的分泌与蠕动稍增加，故有健胃作用；因可刺激十二指肠黏膜，反射性地使胆总管括约肌松弛和胆囊排空，有利胆作用。内服大剂量时，在肠内解离出镁离子和不易被肠壁吸收的硫酸根离子，借助渗透压作用，在肠腔内保留大量水分，增加肠内容积，并稀释肠内容物，软化粪便，促进排便。此外，静脉注射硫酸镁溶液有抑制中枢神经作用，可缓解骨骼肌痉挛。

临床主要治疗大肠便秘；排出肠内毒物或辅助驱虫药排出虫体；牛瓣胃阻塞。

【注意事项】①因易继发胃扩张，不适用于小肠便秘的治疗；②肠炎患者不宜用本品；③在某些情况下（如机体脱水、肠炎等），镁离子吸收增多会产生毒副作用；④中毒时可静脉注射氯化钙进行解救。

【用法与用量】内服致泻，一次量，马 200～500g，牛 300～800g，羊 50～100g，猪 25～50g，犬 10～20g，猫 2～5g，用时配成 6%～8%溶液灌服。

液状石蜡

【理化性质】本品是石油提炼过程中的一种副产品，为无色透明的油状液体。无臭，无味。不溶于水和乙醇。

【作用与应用】内服后在肠道内不被吸收，也不发生变化，以原形通过肠管，能阻碍肠内水分的吸收，对肠黏膜有润滑作用，并能软化粪块。其泻下作用缓和，对肠黏膜无刺激性，比较安全。孕畜也可应用。

临床适用于治疗瘤胃积食、小肠阻塞、有肠炎的患畜及孕畜便秘。

【注意事项】不宜多次服用，以免影响消化，阻碍脂溶性维生素及钙、磷等营养物质的吸收。

【制剂、用法与用量】液状石蜡。内服，一次量，马、牛 500～1500ml，驹、犊 60～120ml，羊 100～300ml，猪 50～100ml，犬 10～30ml，猫 5～10ml，可加温水灌服。

（二）止泻药

止泻药

凡能制止腹泻的药物称止泻药。根据药物作用特点可将止泻药分为四类：

1. 保护收敛性止泻药

如碱式硝酸铋、碱式碳酸铋等，这类药物具有收敛作用，能在肠黏膜表面形成蛋白保护膜。

2. 吸附性止泻药

如药用炭、白陶土、硅碳银等，具有吸附作用，能吸附毒物、毒素等，从而减少其对肠黏膜的刺激。

3. 抗菌止泻药

如某些抗生素、磺胺类、喹诺酮类等，能发挥对因治疗作用，使肠道炎症消退而止泻。

4. 抑制肠道平滑肌的药物

如阿托品、颠茄、盐酸消旋山莨菪碱等，可松弛肠道平滑肌，减少蠕动和分泌，抑制腹泻，消除腹痛。

碱式碳酸铋

【理化性质】又名次碳酸铋。白色或黄白色粉末。无臭，无味。不溶于水和乙醇，易溶于酸。遇光易变质，应遮光、密闭保存。

【作用与应用】本品内服难吸收，内服后在胃肠内能缓慢地解离出铋离子，铋离子与蛋白质结合，产生收敛、保护黏膜作用。铋离子亦能在肠道内与硫化氢结合，形成不溶性硫化铋覆盖于黏膜表面，保护肠黏膜，并减少硫化氢对肠壁的刺激，使肠道蠕动变慢而发挥止泻作用。碱式碳酸铋外用，在炎症组织中也能缓慢地解离出铋离子，与细菌、组织表层的蛋白质结合，产生收敛和抑菌消炎作用。对烧伤、湿疹可用碱式碳酸铋粉撒布。

临床上用于治疗肠炎和腹泻，外用治疗湿疹和烧伤，10%软膏可用于创伤或溃疡治疗。

【注意事项】对由病原菌引起的腹泻，应先用抗菌药控制其感染后再用本品。

【制剂、用法与用量】碱式碳酸铋片。内服，一次量，马、牛 15～30g，猪、羊、驹、犊 2～4g，犬 0.3～2g。

药用炭

【理化性质】又名活性炭。黑色粉末。无臭，无味。不溶于水。在空气中吸收水分药效降低，必须干燥密封保存。

【作用与应用】本品颗粒细小，表面积大，吸附能力很强。内服到达肠道后，不被消化也不被吸收，能与气体、病原微生物、发酵产物、化学物质和细菌毒素等中的有害物质结合，阻止其吸收，从而能减轻内容物对肠壁的刺激，使肠蠕动减弱，呈止泻作用。

临床用于治疗腹泻、中毒、胃肠臌气等。外用于浅部创伤，有干燥、抑菌、止血和消炎作用。

【注意事项】①本品禁与抗生素、乳酶生合用，因其被吸附而降低药效；②本品的吸附作用是可逆的，用于吸附毒物时，必须用盐类泻药促使排出；③在吸附毒物的同时也能吸附营养物质，不宜反复应用。

【用法与用量】内服，一次量，马 20～150g，牛 20～200g，羊 5～50g，猪 3～10g，犬 0.3～2g。

（三）泻药与止泻药的合理选用

1. 泻药的合理选用

① 大肠便秘早、中期，一般首选盐类泻药如硫酸钠或硫酸镁，也可大剂量灌服人工盐（200～400g）缓泻。

② 小肠阻塞早、中期，一般以选用液状石蜡、植物油为主。优点是容积小，对小肠无刺激性，且有润滑作用。

③ 排出毒物，一般选用盐类泻药，不宜用油类泻药，以防促进脂溶性毒物吸收而加重病情。

④ 便秘后期，局部已产生炎症或其他病变时，一般只能选用润滑性泻药，并配合补液、强心、消炎等。

在应用泻药时，要防止因泻下作用太猛，水分排出过多而引起病畜脱水或继发肠炎。对泻下作用剧烈的泻药一般只投药一次，不宜多用。用药前应注意给予充分饮水。对于幼畜、孕畜及体弱患畜的便秘，多选用人工盐或润滑性泻药。单用泻药不能奏效时，应进行综合治疗，如治疗便秘时，泻药与制酵药、强心药、体液补充剂配合应用，效果较好。

2. 止泻药的合理选用

腹泻是机体的一种保护性反应，有利于细菌、毒物或腐败分解产物的排出。腹泻的早期不应立即使用止泻药，应先用泻药排出有害物质，再用止泻药。但剧烈或长期腹泻，不仅影响营养物质吸收，严重时还会引起机体脱水及钾、钠、氯等电解质紊乱，这时必须立即应用止泻药，并注意补充水分和电解质等，采取综合治疗。治疗腹泻时，应先查明腹泻的原因，然后根据需要，选用止泻药。如细菌性腹泻，特别是严重急性肠炎时，应给予抗菌药止泻，一般不选用吸附药和收敛约；对大量毒物引起的腹泻，不急于止泻，应先用盐类泻药促进毒物排出，待大部分毒物从消化道排出后，方可用碱式硝酸铋等保护受损的胃肠黏膜，或用活性炭吸附毒物；一般的急性水泻，往往导致脱水、电解质紊乱，应首先补液，然后再用止泻药。

实训六　硫酸镁的导泻作用

【目的】通过硫酸镁对肠道的作用了解盐类泻药的导泻作用机制。

【原理】渗透压是影响肠吸收的重要因素。盐类泻药易溶于水，其水溶液中的离子（如Mg^{2+}、SO_4^{2-}）不易被肠壁吸收，在肠内形成高渗环境，阻止肠内水分吸收和将组织中水分吸入肠管，使肠内保持大量水分，增大肠内容积，对肠壁感受器产生机械刺激，再加上盐类离子对肠黏膜的化学刺激，反射地促进肠蠕动。随着肠管蠕动，水分向粪块中央渗透，发挥其浸泡、软化和稀释作用，使之随着肠蠕动而排出体外。

【材料】

（1）动物　家兔。

（2）药品　1%硫喷妥钠、6.5%和20%硫酸镁、生理盐水。

（3）器材　兔手术台、毛剪、剪刀、镊子、烧杯、止血钳、止血纱布、注射器、棉线。

【方法与步骤】

① 将兔称重，耳静脉缓慢注射1%硫喷妥钠1～2ml/kg，使兔麻醉。

② 将兔仰卧保定于手术台上，将兔腹部剪毛、消毒后，沿腹中线剪开腹壁，取出小肠（以空肠为最佳，若有内容物应小心把肠内容物向后挤），用不同颜色的棉线将肠管结扎成等长的三段（3cm），每段分别注射1ml的生理盐水、6.5%和20%的硫酸镁溶液。

注射完毕后，将小肠放回腹腔，并以浸有39℃生理盐水的药棉覆盖，以保持温度和湿润，后将腹壁用止血钳封闭，40 min后打开腹腔，观察三段结扎小肠的容积变化。

【实验结果】记录注射生理盐水和不同浓度硫酸镁后小肠的容积变化（表3-1）。

表3-1　注射生理盐水和硫酸镁后小肠容积变化

肠断号	药物	容积变化
1	6.5%硫酸镁	
2	20%硫酸镁	
3	生理盐水	

【注意事项】

① 选择肠管的长度和粗细应尽量相同。

② 结扎时保证三段肠管间不相通。

③ 注射前肠管充盈度要尽量相同。

【讨论与作业】临床应用盐类泻药应注意哪些问题？

➢ 知识拓展

大黄

【理化性质】蓼科植物大黄的干燥根茎，味苦。内含苦味质和蒽醌苷类的衍生物（大黄素、大黄酚和大黄酸等）。

【作用与应用】大黄的作用与用量有密切关系。口服小剂量时，苦味物质发挥其苦味健胃作用；中等剂量时，质发挥其收敛止泻作用；大剂量时，被吸收的蒽醌苷类，在体内水解为大黄素和大黄酚等，再由大肠分泌进入肠腔，刺激大肠黏膜，使肠蠕动增强，引起下泻。大黄致泻后往往继发便秘，故临床很少单独作为泻药，常与硫酸钠配用。此外，大黄还有较强的抗菌作用，能抑制金黄色葡萄球菌、大肠杆菌、痢疾杆菌、铜绿假单胞菌、链球菌及皮肤真菌等。临床上主要作为健胃药。大黄末与石灰粉（2∶1）配成撒布剂，可治疗化脓疮；与地榆末配合调油，擦于局部，可治疗火伤和烫伤等。

同步练习题

1. 单项选择题

(1) 禁与碱性药物配伍使用的药物是（　　）。

A. 人工盐　B. 胰淀粉酶　C. 胃蛋白酶　D. 胰脂肪酶　E. 胰蛋白酶

(2) 苦味健胃药的主要作用机制是（　　）。

A. 刺激舌的味觉感受器　B. 刺激口腔黏膜

C. 刺激胃黏膜感受器　D. 补充消化液中的化学成分

(3) 与稀盐酸合用，治疗幼畜因消化液分泌不足而引起的消化不良的药物是（　　）。

A. 胃蛋白酶　B. 碳酸氢钠　C. 氯化钠　D. 铁制剂

(4) 健胃药给药途径是（　　）。

A. 静脉注射　B. 皮下注射　C. 肌内注射　D. 口服给药

(5) 激活胃蛋白酶原的因素是（　　）。

A. 碳酸氢盐　B. 内因子　C. 磷酸氢盐　D. 盐酸　E. 钠离子

(6) 盐类泻药应选用（　　）。

A. 硫酸铜溶液　B. 速尿注射液　C. 硫酸镁注射液　D. 硫酸镁溶液　E. 硫酸钡溶液

(7) 无兴奋反刍作用的药物是（　　）。

A. 氨甲酰甲胆碱　B. 新斯的明

C. 10%氯化钠注射液　D. 0.9%氯化钠注射液

(8) 10%氯化钠注射液是一种（　　）。

A. 健胃药　B. 反刍兴奋药　C. 电解质平衡药　D. 催吐药

2. 填空题

(1) 可作为助消化药物的酸是________，酶是________和________。

(2) 大肠便秘的早期，一般首选________泻药，也可大剂量灌服________缓泻。

(3) 对幼畜、孕畜及体弱患畜的便秘，多选用________或________泻药。

(4) 对大量毒物引起的腹泻，不急于止泻，应先用盐类泻药促进毒物排出，待大部分毒物从消化道排出后，方可用________等保护受损的胃肠黏膜。

3. 简答题

(1) 制酵药与消沫药的作用机制和临床应用有何区别？

(2) 仔猪出现过料情况，经过分析疑似消化不良，请问用什么药物治疗？

(3) 腹泻是临床上常见的一种症状，腹泻的原因有哪些？常用的止泻药有哪些？

4. 论述题

（1）乳酶生可治疗幼畜腹泻、消化不良，为何不能与抗菌药同服？遇到腹泻时为何不立即使用止泻药？

（2）反刍动物采食了含有皂苷的食物引起瘤胃臌气，为什么不选用鱼石脂而选用松节油、二甲硅油等进行治疗？

（3）试述容积性泻药产生泻下作用的机制及影响泻下效果的因素有哪些。应用泻药应注意的问题有哪些？

5. 案例分析题

一头奶牛，喂给大量带露水的鲜嫩青草后即表现不安，回顾腹部，反刍、嗳气停止。腹部迅速膨大，左肷部显著突起。呼吸高度困难，张口吭气，结膜发绀。叩诊瘤胃呈鼓音，听诊瘤胃蠕动音消失。初步诊断为急性瘤胃臌气。请开写治疗处方。

单元二　呼吸系统药物

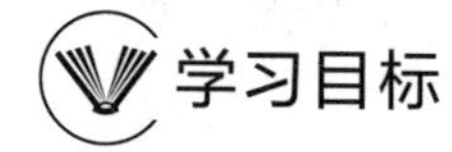

1. 知识目标：理解呼吸系统药物的分类与作用机制。
2. 能力目标：掌握呼吸系统常用药物的作用特点、临床应用，做到合理选药用药。
3. 素质目标：遵守执业兽医职业道德行为规范，爱岗敬业、诚实守信，不滥用药物。

呼吸器官由呼吸道和肺组成，在呼吸中枢调节下，进行正常的气体交换，对维持机体内环境的平衡具有十分重要的作用。因其直接与外界环境接触，环境的剧烈变化，如寒冷、潮湿、烟尘及微生物等，对呼吸系统有着直接的影响，常导致呼吸系统疾病的发生，症状主要表现为咳、痰、喘。咳、痰、喘三者往往同时存在，互为因果，如痰多可引起咳嗽，也可阻塞支气管引起喘息；喘息可引起咳嗽，又往往会增加痰液。过度的痰、咳、喘可严重影响呼吸和循环功能。引起呼吸系统疾病的原因很多，常见的是病原微生物和寄生虫感染、化学刺激、过敏反应、神经功能失调、气候骤变等。临床上主要对因治疗，并配合祛痰、镇咳、平喘药等对症治疗。根据药物作用特点，可将呼吸系统药物分为镇咳祛痰药、平喘药。

一、镇咳祛痰药

（一）镇咳药

镇咳祛痰药

凡能降低咳嗽中枢兴奋性，减轻或制止咳嗽的药物称镇咳药。

咳嗽是当呼吸道受到异物或炎症产物刺激时，引起的防御性反射，通过咳嗽，能使异物或炎症产物排出。轻度咳嗽有助于祛痰，对机体有利，此时不宜镇咳。剧烈和频繁的咳嗽易导致肺气肿或心脏功能障碍等不良后果，也会影响动物休息，故应使用镇咳药。临床上治疗急性或慢性支气管炎时，常配合应用祛痰药，对无痰干咳可单用镇咳药；对有痰剧咳可在应用祛痰药的同时，适当配合少量作用较弱的镇咳药，如甘草制剂等，以减轻咳嗽，但不应单独使用强镇咳药，如可待因等。在兽医临床上很少单独使用镇咳药。

（二）祛痰药

凡能促进气管与支气管黏液分泌，使痰液变稀，易于排出的药物称为祛痰药。在正常生理情况下，呼吸道内不断有少量痰液分泌，在呼吸道内形成稀薄的黏液层，对黏膜起保护作用。

在病理情况下，由于炎症对黏膜的不良刺激，使分泌物增多，并因黏膜上皮的病理变化，使纤毛运动减弱，黏液不能顺利排出。于是滞留在呼吸道内的黏液，因水分被吸收，加上呼吸气流的影响，使黏液更加黏稠，黏着于呼吸道内壁不能排出，因而导致咳嗽，严重的引起喘息。祛痰药使痰液变稀并易于排出，痰液排出后，减少了刺激，便可缓解咳嗽，故祛痰药还有间接的镇咳作用。

氯化铵

【理化性质】本品为无色结晶或白色结晶性粉末；无臭、味咸、凉。本品易溶于水，常制成片剂和粉剂。

【作用与应用】人工盐具有多种盐类的综合作用。内服少量时，能轻度刺激消化道黏膜，促进胃肠的分泌和蠕动，增加消化液分泌，从而产生健胃作用，还有利胆作用。内服大量时，其主要成分硫酸钠在肠道中可解离出钠离子和不易被吸收的硫酸根离子，借助渗透压作用，在肠管中保持大量水分，并刺激肠管蠕动，软化粪便，起到缓泻作用。兽医临床上，小剂量用于治疗消化不良、前胃弛缓和慢性胃肠卡他等，大剂量可用于治疗早期大肠便秘。

【注意事项】①禁与酸性药物配伍应用，与酸性药物同服可发生中和反应，使药效降低；②内服作泻剂应用时宜大量饮水。

【用法与用量】祛痰药。主要用于支气管炎初期。内服：一次量，马 8～15g；牛 10～25g；羊 2～5g；猪 1～2g；犬、猫 0.2～1g。

碘化钾

【理化性质】本品为无色结晶或白色结晶性粉末；无臭，味咸、带苦。本品极易溶于水，常制成片剂。

【作用与应用】本品内服后部分从呼吸道腺体排出，刺激呼吸道黏膜，使腺体分泌增加，痰液稀释易于咳出，呈现祛痰作用。

本品常用于亚急性或慢性支气管炎的治疗。

【注意事项】①本品在酸性溶液中能析出游离碘。②肝、肾功能低下患畜慎用。③本品刺激性较强，不适于急性支气管炎症。④与甘汞混合后能生成金属汞和碘化汞，使毒性增强；遇生物碱可生成沉淀。

【用法与用量】碘化钾片：内服，一次量，马 5～10g；羊、猪 1～3g；犬 0.2～1g。

二、平喘药

凡能够解除支气管平滑肌痉挛、扩张支气管、缓解喘息的药物统称平喘药。有些镇咳性祛痰药因能减少咳嗽或促进痰液的排出，减轻咳嗽引起的喘息而有良好的平喘作用。另外，有些抗组胺药亦能减轻或消除因变态反应而引起的气喘。

平喘药

氨茶碱

【理化性质】本品为白色至微黄色的颗粒或粉末，易结块；微有氨臭，味苦。本品是茶碱与乙二胺的复合物，溶于水，常制成片剂和注射液。

【作用与应用】①本品能抑制磷酸二酯酶，使cAMP（环磷酸腺苷）的水解速度变慢，升高组织中cAMP/cGMP（环磷酸鸟苷）比值，抑制组胺和慢反应物质等过敏介质的释放，促进儿茶酚胺释放，使支气管平滑肌松弛；直接松弛支气管平滑肌而解除其痉挛，缓解支气管黏膜的充血水肿，发挥平喘功效。②有较弱的强心和利尿作用。

主要用于缓解支气管哮喘症状，也用于心功能不全或肺水肿的患畜。

【注意事项】①本品与克林霉素、红霉素、四环素、林可霉素合用时，可降低其在肝脏的清除率，使血药浓度升高，甚至出现毒性反应。②与其他茶碱类药合用时，不良反应增多。③酸性药物可加快其排泄，碱性药物可延缓其排泄。④与儿茶酚胺类及其他拟肾上腺素类药合用，能增加心律失常的发生率。⑤内服可引起恶心、呕吐等反应。⑥ 静注或静滴如用量过大、浓度过高或速度过快，都可强烈兴奋心脏和中枢神经，故需稀释后注射并注意掌握速度和剂量。注射液碱性较强，可引起局部红肿、疼痛，应做深部肌内注射。⑦肝功能低下，心衰患畜慎用。

【用法与用量】氨茶碱片：内服，一次量，每千克体重，马5～10mg；犬、猫10～15mg。氨茶碱注射液：肌内、静脉注射，一次量，马、牛1～2g；羊、猪0.25～0.5g；犬0.05～0.1g。

三、镇咳、祛痰与平喘药的合理选用

呼吸道炎症初期，痰液黏稠而不易咳出，可选用氯化铵祛痰；呼吸道感染伴有发热等全身症状，应以抗菌药控制感染为主，同时选用刺激性较弱的祛痰药，如氯化铵；当痰液黏稠度高，频繁咳嗽亦难以咳出时，选用碘化钾或其他刺激性药物如松节油等蒸气吸入。

痰多咳嗽或轻度咳嗽，不应选用镇咳药止咳，要选用祛痰药将痰液排出，咳嗽就会减轻或停止；对长时间频繁而剧烈的疼痛性干咳，应选用镇咳药（可待因等）止咳，或选用镇咳药与祛痰药配伍应用，如复方甘草合剂、复方枸橼酸喷托维林糖浆等；对急性呼吸道炎症初期引起的干咳，可选用喷托维林；小动物干咳可选二氧丙嗪。

对因细支气管积痰而引起的气喘，祛痰、镇咳后可得到缓解；因气管痉挛引起的气喘，可选平喘药治疗；一般轻度气喘，可选氨茶碱或麻黄碱平喘，辅以氯化铵、碘化钾等祛痰药进行治疗。但不宜应用可待因或喷托维林等镇咳药，因其能阻止痰液的咳出反而加重喘息。异丙肾上腺素等均有平喘作用，适用于过敏性喘息。祛痰、镇咳和平喘药均为对症治疗。用药时要先考虑对因治疗，并有针对性地选用对症药治疗。

➢ 知识拓展

麻黄鱼腥草散

【主要成分】麻黄、黄芩、鱼腥草、穿心莲、板蓝根。

【性状】本品为黄绿色至灰绿色的粉末；气微，味微涩。

【功能与主治】宣肺泄热，平喘止咳。主要用于肺热咳喘，鸡支原体病。

【用法与用量】每1kg饲料，鸡15～20g。

复方麻黄散

【主要成分】麻黄、桔梗、薄荷、黄芪、氯化铵。

【性状】本品为棕色的粉末；气微，味咸。

【功能与主治】化痰，止咳。主要用于肺热咳喘。

【用法与用量】混饲：每1kg饲料，鸡8g。

陈克恢发现麻黄碱的抗哮喘作用

同步练习题

1. 单项选择题

（1）氨茶碱的主要平喘机制为（ ）。

A. 直接舒张支气管　B. 抑制磷酸二酯酶
C. 激活鸟苷酸环化酶　D. 抑制腺苷酸环化酶
E. 促进肾上腺素的释放

（2）用于平喘的腺苷受体阻断药是（ ）。

A. 氨茶碱　B. 异丙阿托品　C. 色甘酸钠　D. 奈多罗米　E. 麻黄碱

（3）可溶解黏痰的祛痰药是（ ）。

A. 氯化铵　B. 舒喘灵　C. 乙酰半胱氨酸　D. 异丙阿托品　E. 氨茶碱

（4）氯化铵祛痰作用原理是（ ）。

A. 直接刺激呼吸道黏膜，使呼吸道分泌物增多，痰液稀释而易于咳出
B. 口服后刺激胃黏膜，反射地增加呼吸道分泌，痰液稀释而易于咳出
C. 使痰中黏性成分分解，痰液黏性降低而易于咳出
D. 有抗菌、抗炎作用，使痰量减少
E. 以上都不是

（5）不能控制哮喘发作的药物是（ ）。

A. 异丙肾上腺素　B. 肾上腺素　C. 麻黄碱
D. 色甘酸二钠　E. 氢化可的松

2. 填空题

（1）氨茶碱可用于________、________和________；不良反应有________、________和________。

（2）呼吸道炎症初期，痰少而黏稠时，选用________祛痰；痰多且伴有剧烈咳嗽者，不宜单独用______镇咳。

（3）氨茶碱是最常用的平喘药之一，其口服可用于______，肌注或静滴用于______。

（4）氨茶碱平喘作用机制与其抑制________有关，色甘酸钠可用于支气管哮喘的预防性治疗，其作用机制是________。

（5）氨茶碱临床上用于________和________。

（6）异丙肾上腺素吸入给药，显效快，适于________，反复用药易产生________，此时不宜________，否则可产生________。

（7）目前多数平喘药的作用均是通过提高________的比值而发挥作用。

3. 问答题

（1）平喘药可分为哪几类？每类列举一个代表药。

（2）如何合理使用镇咳、祛痰与平喘药？

单元三　血液循环系统药物

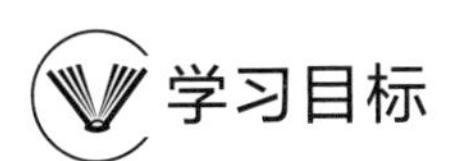

学习目标

1. 知识目标：理解强心药、止血药、抗凝血药、抗贫血药及血容量扩充药的作用机制。

2. 能力目标：掌握血液循环系统常用药物的作用特点、临床应用，能够做到合理选药用药。

3. 素质目标：遵守执业兽医职业道德行为规范，爱岗敬业、诚实守信，不滥用药物。

凡能提高心肌兴奋性，加强心肌收缩力，改善心脏功能的药物称为强心药。具有强心作用的药物种类很多，其中有些是直接兴奋心肌，而有些则是通过调节神经系统来影响心脏的功能活动。常用强心药物有肾上腺素、咖啡因等。它们的作用机制、适应证均有所不同。肾上腺素适用于心脏骤停时的急救，咖啡因则适用于过劳、中暑、中毒等引起的急性心力衰竭。因此临床必须根据药物的药理作用，结合疾病性质，合理选用。有关肾上腺素、咖啡因等药物请参考有关部分内容，此处主要介绍治疗心功能不全药物。

心功能不全（心力衰竭）是指心肌因收缩力减弱或衰竭，致使心排出血量减少，静脉回流受阻等而呈现的全身血液循环障碍的一种临床综合征。此病以伴有静脉系统充血为特征，故又称充血性心力衰竭。临床表现为以呼吸困难、水肿及发绀为主的综合症状。家畜的充血性心力衰竭多由毒物或细菌毒素、过度劳役、重症贫血，以及继发于心脏本身的各种疾病如心肌炎症、慢性心内膜炎等所致。临床上对本病的治疗除消除原发病外，主要是使用能改善心脏功能、增强心肌收缩力的药物。

强心苷至今仍是治疗充血性心力衰竭的首选药物，临床主用于治疗各种原因引起的慢性心功能不全。常用的强心苷类药物有洋地黄毒苷、毒毛花苷 K、去乙酰毛花苷等。各种强心苷对心脏的作用基本相似，主要是加强心肌收缩力，但作用强度、快慢及持续时间长短有所不同。

一、强心药

洋地黄毒苷

强心药

【理化性质】本品为白色和类白色的结晶粉末；无臭。本品属慢作用强心类药物，不溶于水，常制成注射液和酊剂。

【作用与应用】①本品对心脏具有高度选择作用，使心肌细胞内可利用的 Ca^{2+} 量增加，从而使心肌收缩力加强。治疗剂量能明显加强衰竭心脏的收缩力（即正性肌力作用），使心肌收缩敏捷，并通过植物神经介导，减慢心率和房室传导速率（负性心率和频率）。②可使得流经肾脏的血流量和肾小球滤过功能加强，产生利尿作用。

本品主要用于慢性充血性心力衰竭，阵发性室上性心动过速和心房颤动等。

【注意事项】①洋地黄安全范围窄，易于中毒，必须严格控制用量。中毒症状有精神抑郁、运动失调、厌食、呕吐、腹泻、严重虚弱、脱水和心律不齐等。犬最常见的心律不齐包括心脏房室传导阻滞、室性心动过速、室性心悸。中毒的有效治疗方法是立即停药，维持体液和电解质平衡，停止使用排钾利尿药，内服或注射补充钾盐。中度及严重中毒引起的心律失常，应用抗心律失常药如苯妥英钠或利多卡因治疗。②由于洋地黄具有蓄积作用，在用药前应先询问用药史，只有在 2 周内未曾用过洋地黄的病畜才能按常规给药。③用药期间，不宜使用肾上腺素、麻黄碱及钙剂，以免增强毒性。④禁用于急性心肌炎、心内膜炎、牛创伤性心包炎及主动脉瓣闭锁不全病例。⑤动物处于休克、贫血、尿毒症等情况下，不宜使用本品。除非有充血性心力衰竭发生。⑥成年反刍动物内服无效。

【用法与用量】洋地黄毒苷片。内服，全效量，每千克体重，马 0.033～0.066mg，犬 0.03～0.04mg。

洋地黄毒苷注射液。全效量，家畜每 100kg 体重，马、牛 0.6～1.2mg，犬 0.1～1mg；

维持量应酌情减少。

洋地黄制剂的应用方法一般分为两个步骤。首先在短期内给予较大剂量以达到显著的疗效，这个量称全效量（亦称饱和量或洋地黄化量），达到全效量的标准是心脏功能改善，心律减慢接近正常，尿量增加，然后每天给予较小剂量以维持疗效，这个量称维持量，维持量约为全效量的 1/10。全效量的给药方法有缓给法和速给法两种。

速给法：适用于急性、病情较重的病畜。静脉注射洋地黄毒苷注射液，首次注射全效量的 1/2，以后每隔 2h 注射全效量的 1/10。达到洋地黄化后，每天给予一次维持量（全效量的 1/10）。应用维持量的时间长短随病情而定，往往需要维持用药 1～2 周或更长时间，其量也可按病情做适当调整。

缓给法：适用于慢性、病情较轻的病畜。内服洋地黄酊，将洋地黄酊全效量分为 8 剂，每 8h 内服一剂。首次投药量为全效量的 1/3，第二次为全效量的 1/6，第三次及以后每次为全效量的 1/12。

毒毛花苷 K

【理化性质】本品为白色或微黄色粉末。本品溶于水，常制成注射剂。

【作用与应用】本品作用同洋地黄毒苷。

本品临床主要用于充血性心力衰竭。

【注意事项】①本品内服吸收很少，静脉注射作用快，3～10min 即显效，作用持续时间 10～12h。在体内排泄快，蓄积性小。②用前以 5%葡萄糖注射液稀释，缓慢注射。其他同洋地黄毒苷。

【用法与用量】静脉注射：一次量，马、牛 1.25～3.75mg；犬 0.25～0.5mg。临用前以 5%葡萄糖注射液稀释，缓慢注射。

临床常用强心药的合理选用

作用于心脏的药物很多，有些是直接兴奋心肌，有些是通过神经调节来影响心脏的功能活动。常用的强心药有强心苷、咖啡因、樟脑及肾上腺素等。临床必须根据药理学的作用原理，结合疾病性质，合理选用。

强心苷类对心脏有高度的选择性，作用特点是加强心肌收缩力，使收缩期缩短，舒张期延长，并减慢心率，有利于心脏的休息和功能的恢复，继而缓解呼吸困难、消除水肿等症状。慢作用类主要用于慢性心功能不全，快作用类主要用于急性心功能不全或慢性心功能不全的急性发作。

咖啡因、樟脑是中枢兴奋药，有强心作用。其作用比较迅速，持续时间较短。适用于过劳、高热、中毒、中暑等过程中的急性心脏衰弱。在这种情况下，机体的主要矛盾不在心脏，而在于这些疾病引起的畜体功能障碍，血管紧张力减退，回心血量减少，心排血量不足，心搏动加快，心肌陷于疲劳，造成心力衰竭。应用咖啡因、樟脑，能调整畜体功能，增强心肌收缩力，改善循环。

肾上腺素的强心作用快而有力，它能提高心肌兴奋性，扩张冠状血管，改善心肌缺血、缺氧状态。肾上腺素不用于心力衰竭的治疗，适用于麻醉过度、溺水等心搏骤停时的心脏复跳。

止血药和抗凝血药

二、止血药

凡能促进血液凝固和制止出血的药物称止血药。止血药既可通过影响某些凝血因子，促进或恢复凝血过程而止血，也可通过抑制纤维蛋白溶解系统而止血。后者亦称抗纤溶药，包括氨基己酸、氨甲环酸等。能降低毛细血管通透性的药物（如安络血）也常用于止血。由于出血原因很多，各种止血药作用机制亦有所不同。在临床上应根据出血原因、药物功效、临床症状等采用不同的处理方法。如制止大血管出血需用压迫、包扎、缝合等方法；对毛细血管和静脉渗血或因凝血机制障碍等引起的出血，除对因治疗外，适当选用止血药在临床上具有重要意义。

临床上将止血药分为局部止血药和全身止血药两类。局部止血药如吸收性明胶海绵、三氯化铁；全身止血药包括安络血、酚磺乙胺、亚硫酸氢钠甲萘醌、凝血酸等。

亚硫酸氢钠甲萘醌

【理化性质】本品又称维生素 K_3，为白色结晶性粉末；无臭或微有特臭。本品属人工合成品，为亚硫酸氢钠甲萘醌和亚硫酸氢钠的混合物，易溶于水，常制成注射液。

【作用与应用】本品为肝脏合成凝血酶原（因子Ⅱ）的必需物质，参与凝血因子Ⅶ、Ⅸ、Ⅹ的合成。缺乏可致上述凝血因子合成障碍，影响凝血过程而引起出血倾向或出血。

本品主要用于维生素 K 缺乏所致的出血和各种原因引起的维生素 K 缺乏症。

【注意事项】①本品较大剂量可致幼畜溶血性贫血、高胆红素血症及黄疸。②不宜长期大量应用，可损害肝脏，肝功能不良患畜宜改用维生素 K_1。③天然的维生素 K_1、维生素 K_2 是脂溶性的，其吸收有赖于胆汁的增溶作用，胆汁缺乏时则吸收不良；维生素 K_3 因溶于水，内服可直接吸收，也可肌注给药，但肌注部位可出现疼痛、肿胀等。④较大剂量的水杨酸类、磺胺药等可影响其作用；巴比妥类可诱导其代谢加速，故均不宜合用。

【用法与用量】肌内注射，一次量，马、牛 100～300mg；羊、猪 30～50mg；犬 10～30mg；禽 2～4mg。

酚磺乙胺

【理化性质】本品又称止血敏，为白色结晶或结晶性粉末；无臭，味苦。本品易溶于水，常制成注射液。

【作用与应用】①本品能增加血小板数量，并增强其聚集性和黏附力，促进血小板释放凝血活性物质，缩短凝血时间，加速血块收缩。②能增强毛细血管抵抗力、降低其通透性、减少血液渗出。

本品主要用于各种出血，如手术前后出血、消化道出血等。

【注意事项】①本品止血作用迅速，注射后 1h 作用达高峰，药效可维持 4～6h，一般应在外科手术前 15～30min 用药预防出血。②可与其他止血药（如维生素 K）并用。

【用法与用量】肌内、静脉注射，一次量，马、牛 1.25～2.5g；羊、猪 0.25～0.5g。

安络血

【理化性质】本品又称安特诺新，为橘红色结晶或结晶性粉末；无臭，无味。本品极微溶于水，常制成注射剂。

【作用与应用】本品能增强毛细血管对损伤的抵抗力，降低毛细血管通透性，促进断裂毛细血管端回缩而止血，对大出血无效。

本品主要用于毛细血管渗透性增加所致的出血，如鼻出血、内脏出血、血尿、视网膜出血、手术后出血及产后子宫出血等。

【注意事项】①本品中含有水杨酸，长期应用可产生水杨酸反应。②抗组胺药能抑制本品作用，用本品前48h应停止给予抗组胺药。③不影响凝血过程，对大出血、动脉出血疗效差。④内服可吸收，但在胃肠道内可被迅速破坏、排出。

【用法与用量】 肌内注射，一次量，马、牛5～20ml；羊、猪2～4ml。

明胶

【理化性质】 本品为淡黄色至黄色、半透明、微带光泽的粉粒或薄片；无臭。本品在水中久浸可吸水膨胀并软化，质量可增加数倍，常制成吸收性海绵。

【作用与应用】 ①由本品制成的吸收性明胶海绵，能吸收大量血液，并促使血小板破裂释出凝血因子而促进血液凝固。②吸收性明胶海绵敷于出血处，对创面渗血有机械性压迫止血作用。

本品主要用于创口渗血区止血，如外伤性出血、手术止血、毛细血管渗血、鼻出血等；也可用作赋形剂。

【注意事项】 ①本品为灭菌制品，使用过程中要求无菌操作，以防污染。②包装打开后不宜再消毒，以免延长吸收时间。

【用法与用量】 贴于出血处，再用干纱布压迫。

止血药的合理选用

出血的原因很多，在临床上应用止血药时，要根据出血原因、出血性质并结合各种药物的功能和特点选用。

① 较大的静脉、动脉出血，必须采取结扎、用止血钳或烧烙等方法止血。

② 体表小血管、毛细血管的出血，可采用局部压迫或用明胶海绵等局部止血药。

③ 出血性紫癜、鼻出血、外科小手术出血等，可用安络血，以增强毛细血管对损伤的抵抗力，促进断端毛细血管回缩。

④ 手术前后预防出血和止血、消化道出血、肾出血、肺出血等，可选用酚磺乙胺，以促进血小板生成，并促使释放凝血活性物质。

⑤ 防治幼雏出血性疾病，选用维生素K为宜。

⑥ 纤维蛋白溶解症所致的出血，如外科手术的出血、肺出血、脾出血、呼吸道出血、消化道出血、产后子宫出血等，选用抗纤维蛋白溶解药6-氨基己酸为宜。

三、抗凝血药

凡能延缓或阻止血液凝固的药物称抗凝血药，简称抗凝剂。常用的抗凝血药有枸橼酸钠等。这些药物通过影响凝血过程中的不同环节而发挥抗凝血作用，临床常用于输血、血样保存、实验室血样检查、体外循环以及防治具有血栓形成倾向的疾病。

枸橼酸钠

【理化性质】 本品为无色结晶或白色结晶性粉末；无臭，味咸、凉。本品易溶于水，常制成注射液。

【作用与应用】 本品含有的枸橼酸根离子能与血浆中钙离子形成难解离的可溶性络合物，使血中钙离子浓度迅速减少而产生抗凝血作用。

本品主要用于血液样品的抗凝，已很少用于输血。

【注意事项】 大量输血时，应另注射适量钙剂，以预防低血钙。

【用法与用量】 体外抗凝，每100ml血液添加0.4%枸橼酸钠注射剂10ml。

四、抗贫血药

兽医临床上的常用抗贫血药有硫酸亚铁、右旋糖酐铁、维生素 B_{12}、叶酸等，有关维生素 B_{12}、叶酸等药物详见模块五内容介绍。

硫酸亚铁

【理化性质】本品为淡蓝绿色柱状结晶或颗粒；无臭，味咸、涩；在干燥空气中即风化，在湿空气中即迅速氧化变质，表面生成黄棕色的碱式硫酸铁。本品在水中易溶，在乙醇中不溶。

抗贫血药

【作用与应用】铁为构成血红蛋白、肌红蛋白和多种酶（细胞色素氧化酶、琥珀酸脱氢酶、黄嘌呤氧化酶等）的重要成分。铁缺乏不仅能引起贫血，还可能影响其他生理功能。通常正常的日粮摄入足以维持体内铁的平衡，但在哺乳期、妊娠期和某些缺铁性贫血情况下，铁的需要量增加，补铁能纠正因铁缺乏引起的异常生理症状和血红蛋白水平的下降。

本品用于防治缺铁性贫血，如慢性失血、营养不良、孕畜及哺乳期仔猪贫血等。

铁盐主要以 Fe^{2+} 形式在十二指肠和空肠上段吸收，进入血液循环后，Fe^{2+} 被氧化为 Fe^{3+}，再与转铁蛋白结合成血浆铁，转运至肝、脾、骨髓等组织中，与这些组织中的去铁铁蛋白结合成铁蛋白而贮存，并最终参与血红蛋白合成。缺铁性贫血时，铁的吸收和转运增加。铁的代谢发生在一个近乎封闭的系统内，由血红蛋白破坏所释放的铁可被机体重新利用，只有少量的铁通过毛发、肠道、皮肤等细胞的脱落排出。另有少量的铁经尿、胆汁和乳汁排泄。

【注意事项】①稀盐酸可促进 Fe^{3+} 转变为 Fe^{2+}，有助于铁剂的吸收，与稀盐酸合用可提高疗效；维生素 C 能防止 Fe^{2+} 氧化，因而利于铁的吸收。②钙剂、磷酸盐类、含鞣酸药物、抗酸药等均可使铁沉淀，妨碍其吸收。③铁剂与四环素类药物可形成络合物，互相妨碍吸收。④内服对胃肠道黏膜有刺激性，大量内服可引起肠坏死、出血，严重时可致休克。⑤铁能与肠道内硫化氢结合生成硫化铁，使硫化氢减少，减少了对肠蠕动的刺激作用，可致便秘，并排黑便。⑥禁用于消化道溃疡、肠炎等。

【用法与用量】内服：一次量，马、牛 2～10g；羊、猪 0.5～3g；犬 0.05～0.5g；猫 0.05～0.1g，配成 0.2%～1%溶液。

> ➢ **知识拓展**
>
> **凝血过程**
>
> 血液凝固是凝血因子按一定顺序激活，最终使纤维蛋白原转变为纤维蛋白的过程，可分为凝血酶原激活物的形成；凝血酶形成；纤维蛋白形成三个基本步骤。
>
> 1. 凝血酶原激活物的形成
>
> 凝血酶原激活物为Ⅹa、Ⅴ、Ca^{2+} 和 PF3（血小板第 3 因子，为血小板膜上的磷脂）复合物，它的形成首先需要因子Ⅹ的激活。根据凝血酶原激活物形成始动途径和参与因子的不同，可将凝血分为内源性凝血和外源性凝血两条途径。

（1）内源性凝血途径 由因子Ⅻ活化而启动。当血管受损，内膜下胶原纤维暴露时，可激活Ⅻ为Ⅻa，进而激活Ⅺ为Ⅺa。Ⅺa在Ca^{2+}存在时激活Ⅸa，Ⅸa再与激活的Ⅷa、PF3、Ca^{2+}形成复合物进一步激活Ⅹ。上述过程参与凝血的因子均存在于血管内的血浆中，故取名为内源性凝血途径。由于因子Ⅷa的存在，可使Ⅸa激活Ⅺ的速度加快20万倍，故因子Ⅷ缺乏使内源性凝血途径障碍，轻微的损伤可致出血不止，临床上称甲型血友病。

（2）外源性凝血途径 由损伤组织暴露的因子Ⅲ与血液接触而启动。当组织损伤血管破裂时，暴露的因子Ⅲ与血浆中的Ca^{2+}、Ⅶ共同形成复合物进而激活因子Ⅹ。因启动该过程的因子Ⅲ来自血管外的组织，故称为外源性凝血途径。

2. 凝血酶形成

在凝血酶原激活物的作用下，血浆中无活性的因子Ⅱ（凝血酶原）被激活为有活性的因子Ⅱa（凝血酶）。

3. 纤维蛋白的形成

在凝血酶的作用下，溶于血浆中的纤维蛋白原转变为纤维蛋白单体；同时，凝血酶激活ⅩⅢ为ⅩⅢa，使纤维蛋白单体相互连接形成不溶于水的纤维蛋白多聚体，并彼此交织成网，将血细胞网罗在内，形成血凝块，完成血凝过程。

血液凝固是一系列酶促生化反应过程，多处存在正反馈作用，一旦启动就会迅速连续进行，以保证在较短时间内出现凝血效应。

同步练习题

1. 选择题

（1）口服铁剂，最常见的不良反应是（　　）。

A. 胃酸分泌增多　B. 昏迷　C. 嗜睡

D. 胃肠道刺激　E. 过敏反应

（2）体内外都有抗凝作用的抗凝药是（　　）。

A. 双香豆素　B. 肝素　C. 链激酶

D. 鱼精蛋白　E. 硫酸亚铁

（3）下列关于维生素K的叙述，错误的是（　　）。

A. 参与凝血酶的形成　B. 用于阻塞性黄疸

C. 用于水杨酸类药物引起的出血　D. 治疗严重肝硬化出血

E. 用于香豆素类药物引起的出血

（4）可用于体外循环的抗凝药是（　　）。

A. 肝素　B. 双香豆素　C. 华法林　D. 链激酶　E. 尿激酶

（5）肝素抗凝血作用机制是（　　）。

A. 抑制凝血因子Ⅱ、Ⅶ、Ⅸ、Ⅹ的合成

B. 加速灭活多种凝血因子

C. 直接灭活多种凝血因子

D. 与Ca^{2+}形成难解离的可溶性络合物

E. 抑制TXA2合成酶

(6) 肝素过量时的拮抗药是( )。

A. 维生素K　B. 维生素C　C. 硫酸鱼精蛋白　D. 氨甲苯酸　E. 氨甲环酸

2. 填空题

(1) 肝素在________和________均有抗凝作用,香豆素只在________有抗凝作用。

(2) 铁是合成________的原料,缺铁后可发生________贫血。

(3) 常用于治疗缺铁性贫血的药物为________,一般其三价离子需要在胃肠道内还原________才能被吸收。

(4) 影响凝血因子的止血药有____________、____________。

(5) 为加强铁剂的吸收,在服铁剂时可同服________和________,忌服________和________。

(6) 维生素K和肝素的作用原理分别是________和________。

(7) 在体内具有抗凝作用而体外无效的药物是________,其抗凝原理为________。其优点是________,如过量发生出血,可用________对抗。

(8) 对于恶性贫血________,大剂量叶酸可以纠正,但不能改善________症状,故还应用________治疗。

(9) 肝素过量出血可用________对抗,香豆素类出血可用________对抗。

3. 问答题

(1) 简述全身止血药、抗凝血药的作用特点与应用。

(2) 如何合理选用抗贫血药?

4. 论述题

临床上如何合理选用强心苷和其他强心药?

单元四　生殖系统药物

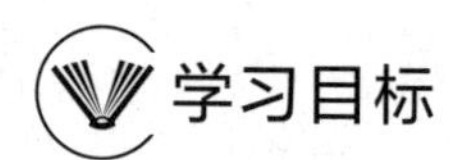

学习目标

1. 知识目标:理解生殖系统药物的分类与作用机制。
2. 能力目标:掌握常用药物的作用特点、临床应用,做到合理选药用药。
3. 素质目标:遵守执业兽医职业道德行为规范,爱岗敬业、诚实守信,不滥用药物。

哺乳动物的生殖受神经和体液双重调节。机体内外的刺激,通过感受器产生的神经冲动,传到下丘脑,引起促性腺激素释放激素分泌;释放激素经下丘脑的门静脉系统转运至垂体前叶,导致促性腺激素释放;促性腺激素经血液循环到达性腺,调节性腺的功能,这是体液调节机制。性腺分泌的激素称为性激素。体液调节存在着相互制约的反馈调节机制,即血液中某种生殖激素的水平升高或降低,反过来对它的上一级激素的分泌起抑制或促进作用。促使分泌减少的反馈调节称为负反馈,促使分泌增多的反馈调节称为正反馈。

当生殖激素分泌不足或过多时,使机体的激素系统发生紊乱,引发产科疾病或繁殖障碍,这时就需使用药物进行治疗或调节。对生殖系统用药的目的在于提高或抑制繁殖力、调节繁殖进程、增强抗病能力。所用药物包括子宫收缩药和生殖激素类药物。

一、子宫收缩药

生殖系统药物

子宫收缩药是一类能选择性地兴奋子宫平滑肌，引起子宫收缩的药物。由于药物的不同、剂量的不同及子宫的生理状态的不同，用药后可表现为子宫节律性收缩或强直性收缩。引起子宫节律性收缩的药物，可用于产前的催产、引产；引起子宫强直性收缩的药物，则多用于产后止血或产后子宫复原。

缩宫素注射液

【理化性质】本品从猪、牛、羊脑垂体后叶中提取或人工合成。为无色澄明或几乎澄明液体。

【作用与用途】能选择性兴奋子宫，加强子宫平滑肌的收缩。①催产和引产：对于胎位及产道正常的宫缩无力性难产，为了加强子宫节律性收缩，促进分娩，可用小剂量缩宫素做催产；对于死胎、过期妊娠及妊娠合并严重疾病（如心脏病、肺结核等），需提前终止妊娠者，可用小剂量缩宫素做引产。②产后止血：产后出血时，应立即肌内注射或皮下注射较大剂量缩宫素，使子宫产生强直性收缩，压迫肌层内血管而止血。③催乳：可促进乳腺腺泡和腺导管周围的肌上皮细胞收缩，促进乳汁排出。

子宫收缩药。临床上主要用于催产、产后子宫止血和胎衣不下等。

【注意事项】①子宫颈尚未开放、骨盆过狭及产道阻碍时禁用于催产。②体内雌激素含量不足时，对子宫收缩无效。③使用过量可导致子宫持续性强直收缩，引起胎儿宫内窒息，甚至子宫破裂。

【制剂、用法与用量】缩宫素注射液。皮下、肌肉注射：一次量，马、牛 30～100 单位；猪、羊 10～50 单位；犬 2～10 单位。

马来酸麦角新碱

【理化性质】白色或类白色结晶性粉末；无臭；微有引湿性；遇光易变质。略溶于水，在乙醇中微溶，在三氯甲烷或乙醚中不溶。

【药理作用】能选择性兴奋子宫平滑肌，使子宫收缩。其特点是：①作用迅速、强大而持久；②对妊娠子宫比未孕子宫敏感，尤以临产时和新产后子宫最敏感；③对子宫体和子宫颈的作用无选择性，不利于胎儿娩出，故禁用于催产、引产；④剂量稍大即引起子宫强直性收缩，压迫血管而有止血作用。

【临床应用】子宫收缩药。主要用于产后止血、加速胎衣排出和子宫复原。

【注意事项】胎儿未娩出之前禁用，以免引起子宫破裂、胎儿宫内窒息之危险；不宜与缩宫素及其他子宫收缩药联用。

【制剂、用法与用量】马来酸麦角新碱注射液，以马来酸麦角新碱计。肌内、静脉注射：一次量，马、牛 5～15mg；猪、羊 0.5～1.0mg；犬 0.1～0.5mg。

二、性激素类药物

本类药物能促进和维持第二性征的发育和成熟，维持正常生殖系统功能。也参与体内下丘脑-垂体轴的反馈调节。本类药物均通过与细胞内性激素受体结合，指导胞浆内蛋白质合成，产生生理效应。

丙酸睾酮

【理化性质】白色结晶或类白色结晶性粉末。无臭。在水中不溶，在植物油中略溶，在甲醇、乙醇或乙醚中溶解，在三氯甲烷中极易溶解。

【作用与应用】具有促进雄性器官发育、维持第二性征和性欲以及同化作用。作为雄性动物功能不全、促进小动物疾病恢复与增重、再生障碍性贫血的辅助治疗药。

性激素类药，用于雄激素缺乏症的辅助治疗。

【注意事项】①具有水钠潴留作用，肾、心或肝功能不全患畜慎用。②仅用于种畜。③注射部位可出现硬结、疼痛、感染及荨麻疹。

【制剂、用法与用量】丙酸睾酮注射液，以丙酸睾酮计。肌内、皮下注射：一次量，每1kg体重，种畜0.25～0.5mg。

三、促性腺激素类药物

黄体酮

【理化性质】本品为白色或类白色的结晶粉末。无臭。在水中不溶，在乙醇、乙醚或植物油中溶解，在三氯甲烷中极易溶解。

【作用与应用】黄体酮是由卵巢黄体分泌的一种天然孕激素，在体内对雌激素激发过的子宫内膜有显著形态学影响，为维持妊娠所必需。①在月经周期后期使子宫黏膜内腺体生长，子宫充血，内膜增厚，为受精卵植入做好准备。受精卵植入后则使之产生胎盘，并减少妊娠子宫的兴奋性，抑制其活动，使胎儿安全生长。②在与雌激素共同作用下，促使乳房充分发育，为产乳做准备。③使子宫颈口闭合，黏液减少变稠，使精子不易穿透；大剂量时通过对下丘脑的负反馈作用，抑制垂体促性腺激素的分泌，产生抑制排卵作用。

临床用于预防流产。主要针对黄体分泌不足，孕酮缺乏引起的先兆流产。

【注意事项】产乳供人食用的家畜，在泌乳期不得使用；长期应用可能延长妊娠期。注射液如有结晶析出，可加温溶解后注射。

【制剂、用法与用量】黄体酮注射液，以黄体酮计。肌内注射：一次量，马、牛50～100mg；羊、猪15～25mg；犬2～5mg。

绒促性素

【理化性质】本品为白色或类白色的粉末。在水中溶解，在乙醇、丙酮或乙醚中不溶。

【作用与应用】绒促性素是胎盘滋养层细胞分泌的一种促性腺激素。对雌性能促使卵泡成熟及排卵，并使破裂卵泡转变为黄体，促使其分泌孕激素。对雄性则具有促黄体素的作用，能促进曲细精管功能，特别是睾丸间质细胞的活动，使其产生雄激素，促使性器官和副性征发育、成熟，促使睾丸下降并促进精子生成。

主要用于以下几方面：①诱导排卵，提高受胎率。在卵泡接近成熟（卵泡直径大于2cm）时注射本品，绝大多数马在24～48h内排卵。②增强同期发情的排卵效果。母猪先用孕激素抑制发情，停药时注射马促性素，4天后再注射本品，同期化准确，受胎率正常。③对患卵巢囊肿并伴有慕雄狂症状的母牛，疗效显著。④治疗公畜性功能减退。

【注意事项】不宜长期使用，以免产生抗体和抑制垂体促性腺功能；多次应用可引起过敏反应，并降低疗效；本品溶液极不稳定，且不耐热，应在短时间内用完。

【制剂、用法与用量】注射用绒促性素，以绒促性素计。肌内注射：一次量，马、牛1000～5000单位，羊100～500单位，猪500～1000单位，犬25～300单位；一周2～3次。

戈那瑞林

【理化性质】本品为人工合成的促性腺激素释放激素类药物。白色或类白色块状物或粉末。

【作用与应用】静脉注射或者肌内注射生理剂量的戈那瑞林引起血浆LH（促黄体素）明显升高和FSH（促卵泡素）轻度升高，促使雌性动物卵巢的卵细胞成熟排卵或雄性动物的精巢发育及精子形成。奶牛经肌内注射后，在其注射部位迅速被吸收，在血浆中很快代谢为无活性的片段，经尿排出。

促使动物腺垂体释放促卵泡素（FSH）和促黄体素（LH），用于治疗奶牛的卵巢功能停止，诱导奶牛同期发情。

【注意事项】禁止用于促生长；使用本品，不宜同时再用其他类激素药物；儿童不宜触及本品。

【制剂、用法与用量】戈那瑞林注射液。用注射用水或生理盐水溶解并稀释后肌内注射。卵巢功能停止的奶牛一经确诊后，即开始Ocsynch程序，诱导发情于产后50日左右开始Ocsynch程序。在开始程序当日每头注射戈那瑞林100～200μg，第7日注射氯前列醇钠0.5mg，过48h第二次注射相同剂量的戈那瑞林，再过18～20h后输精。

血促性素

【理化性质】本品从健康孕马的血清或血浆中提取，又称孕马血清促性腺激素（PMSG），也称为马绒毛膜促性腺激素。白色或类白色粉末。

【作用与应用】激素类药。具有促卵泡素和促黄体素样活性。对母畜，主要表现促卵泡素样作用，促进卵泡的发育和成熟，引起发情；也有轻度促黄体素样作用，促进成熟卵泡排卵甚至超数排卵；能增加雄激素的分泌，提高公畜的性欲，并促进精子的形成。

主要用于母畜催情和促卵泡发育，也用于胚胎移植时的超数排卵。

【注意事项】①不宜长期使用，以免产生抗体和抑制垂体促性腺功能。②本品溶液极不稳定，且不耐热，应在短时间内用完。

【制剂、用法与用量】注射用血促性素。临用前，用生理盐水注射液稀释。皮下、肌内注射：催情，牛、马1000～2000单位；羊100～500单位；猪200～800单位；犬25～200单位；猫25～100单位；兔、水貂30～50单位。超排，母牛2000～4000单位；母羊600～1000单位。

四、前列腺素类药物

氯前列醇钠

【理化性质】白色或类白色粉末。有引湿性。在水、甲醇或乙醇中易溶，在丙酮中不溶。

【作用与应用】本品可抑制绒毛膜促性腺激素和促黄体素，使孕酮下降，作用于卵巢上的功能黄体，使其迅速溶解。本品还可作用于垂体后叶，促使垂体后叶分泌催产素，引起子宫平滑肌和乳腺上皮收缩，参与母畜的分娩和泌乳过程。

前列腺素类药。主要用于控制母牛同期发情和怀孕母猪诱导分娩。

【不良反应】在妊娠后期应用本品，可增加动物难产的风险，且药效下降。

【注意事项】①妊娠动物禁用。②诱导分娩时，应在预产期前2日使用，严禁过早使用。③本品可诱导流产或急性支气管痉挛，使用时要小心，妊娠妇女和患有哮喘及其他呼吸道疾病的人员操作时应特别小心。④如果偶尔吸入或注射本品引起呼吸困难，可吸入速效舒张支气管药。⑤本品极易通过皮肤吸收，操作时应戴橡胶或一次性防护手套，操作完毕及在饮水或饭前，用肥皂和水彻底洗手。皮肤上粘、溅本品，应立即用清水冲洗干净。⑥本品不能与解热镇痛抗炎药同时应用。⑦本品用完后，空瓶应深埋或焚烧。本品产生的废弃物应在批准的废物处理设备中处理，严禁在现场处置未经稀释的本品。勿使本品污染饮水、饲料和食品。

【制剂、用法与用量】注射用氯前列醇钠，以氯前列醇钠计。肌内注射：一次量，牛同期发情 0.4～0.6mg，11 日后再注射一次；母猪诱导分娩预产期前 3 日内 0.05～0.2mg。

氯前列醇钠注射液，以氯前列醇钠计。肌内注射：一次量，牛 0.2～0.3mg；猪妊娠第 112～113 日，0.05～0.1mg。

同步练习题

1. 单项选择题

(1) 能选择性地兴奋子宫平滑肌，引起子宫收缩的一类药物属于（　　）。
A. 子宫收缩药　B. 性激素类药物　C. 促性腺激素类药物　D. 前列腺素类药物

(2) 临床上主要用于催产、产后子宫止血和胎衣不下的药物，应选用（　　）。
A. 丙酸睾酮　B. 缩宫素注射液　C. 黄体酮　D. 氯前列醇钠

(3) 主要用于治疗产后止血、加速胎衣排出和子宫复原的药物，应选用（　　）。
A. 丙酸睾酮　B. 黄体酮　C. 马来酸麦角新碱　D. 氯前列醇钠

(4) 用于雄激素缺乏症辅助治疗的药物，应选用（　　）。
A. 丙酸睾酮　B. 黄体酮　C. 马来酸麦角新碱　D. 氯前列醇钠

(5) 主要针对黄体分泌不足、孕酮缺乏引起的先兆流产，选择药物（　　）。
A. 丙酸睾酮　B. 黄体酮　C. 马来酸麦角新碱　D. 氯前列醇钠

(6) 主要用于治疗性功能障碍、习惯性流产及卵巢囊肿等，应选用药物（　　）。
A. 丙酸睾酮　B. 黄体酮　C. 马来酸麦角新碱　D. 绒促性素

(7) 用于治疗奶牛的卵巢功能停止，诱导奶牛同期发情药物是（　　）。
A. 丙酸睾酮　B. 黄体酮　C. 马来酸麦角新碱　D. 戈那瑞林

(8) 主要用于控制母牛同期发情和怀孕母猪诱导分娩的药物（　　）。
A. 氯前列醇钠　B. 黄体酮　C. 马来酸麦角新碱　D. 丙酸睾酮

(9) 主要用于母畜催情和促进卵泡发育，也用于胚胎移植时超数排卵的药物（　　）。
A. 黄体酮　B. 血促性素　C. 马来酸麦角新碱　D. 丙酸睾酮

2. 填空题

(1) 用于母牛同期发情的药物有________和________。
(2) ________可用于母猪的诱导分娩。
(3) 胎儿未娩出之前禁用的子宫收缩药是________。
(4) 子宫收缩药包括________、________。
(5) 性激素类药物有________。
(6) 促性腺激素类药物包括________、________和________。
(7) 前列腺素类药物有________。
(8) ________仅用于种畜。
(9) 预防母畜流产的药物有________和________。

3. 简答题

(1) 促性腺激素类药物有哪些？在临床应用上有何区别？

(2) 简述氯前列醇钠的作用机制和使用注意事项。

(3) 比较黄体酮和绒促性素作用的异同点。

4. 论述题

(1) 比较缩宫素与马来酸麦角新碱作用的异同点；说明马来酸麦角新碱于产前应用的危害。

(2) 可用于母畜同期发情的药物有哪些？论述其作用的异同点及应用注意事项。

5. 案例分析题

8 月末，某奶牛场，极个别母牛分娩后仍不能将胎衣全部排出，只见一部分胎衣悬吊于阴门之外。呈带状，暗红色光滑，表面可见大小不等的许多胎儿子叶。母牛拱背努责，表现不安。初步诊断为胎衣不下。请开写治疗处方。如果 2 天后胎衣仍未排出，该如何治疗？

单元五　泌尿系统药物

学习目标

1. 知识目标：理解利尿药和脱水药的作用机制，了解临床常用药物的种类。
2. 能力目标：掌握泌尿系统常用药物的作用特点、临床应用，能够做到合理选药用药。
3. 素质目标：遵守执业兽医职业道德行为规范，爱岗敬业、诚实守信，不滥用药物。

作用于泌尿系统药物主要包括利尿药与脱水药。

泌尿系统药物

一、利尿药

利尿药是一类作用于肾，增加电解质和水的排泄，使尿量增多的药物。

利尿药通过影响肾小球的滤过、肾小管的重吸收和分泌等功能，特别是影响肾小管的重吸收而实现其利尿作用。根据作用强度和部位，利尿药可分为高效利尿药（呋塞米、依他尼酸、布美他尼）、中效利尿药（氢氯噻嗪、氯噻嗪、氯噻酮）和低效利尿药（螺内酯、氨苯蝶啶、阿米洛利）。临床主要用于治疗各种类型的水肿，急性肾衰竭及促进毒物的排出。

呋塞米

【理化性质】本品又称速尿，为白色或类白色的结晶性粉末；无臭，几乎无味。本品不溶于水，常制成片剂和注射液。

【作用与应用】①本品能抑制肾小管髓袢升支的髓质部和皮质部对 Cl^- 和 Na^+ 的重吸收，导致管腔液 Na^+、Cl^- 浓度升高，髓质间液 Na^+、Cl^- 浓度降低，肾小管浓缩功能下降，从而导致水、Na^+、Cl^- 排泄增多。②能促进远曲小管 Na^+-K^+ 和 Na^+-H^+ 交换增加，K^+、H^+ 排泄增多。

本品主要用于治疗各种原因引起的全身水肿及其他利尿药无效的严重病例；也可用于预防急性肾功能衰竭以及药物中毒时加速排出。

【注意事项】①本品可诱发低钠血症、低钙血症、低钾血症等电解质平衡紊乱及胃肠道功能紊乱，长期大量用药可出现低血钾、低血氯及脱水，应补钾或与保钾性利尿药配伍或交替使用，并定时监测水和电解质平衡状态。②大剂量静注可能使犬听觉丧失。③与氨基糖苷类抗生素同时应用可增加后者的肾毒性、耳毒性。④可抑制筒箭毒碱的肌肉松弛作用，但能增强琥珀胆碱的作用。⑤皮质激素类药物可降低其利尿效果，并增加电解质紊乱尤其是低钾血症发生机会，从而可能增加洋地黄的毒性。⑥能与阿司匹林竞争肾的排泄部位，延长其作用，因此在同时使用阿司匹林时需调整用药剂量。⑦与其他利尿药同时应用，可增强其利尿作用。⑧无尿患畜禁用；电解质紊乱或肝损害的患畜慎用。

【用法与用量】 呋塞米片：内服，一次量，每千克体重，马、牛、羊、猪2mg；犬、猫2.5～5mg。呋塞米注射液：肌内、静脉注射，一次量，每千克体重，马、牛、羊、猪0.5～1mg；犬、猫1～5mg。

氢氯噻嗪

【理化性质】 又名双氢克尿噻。白色结晶性粉末。无臭，味微苦。不溶于水，微溶于乙醇，在氢氧化钠溶液中溶解。

【作用与应用】 本品主要作用于髓袢升支皮质部和远曲小管的前段，抑制 Na^{+}、Cl^{-} 的重吸收，从而起到排钠利尿作用，属中效利尿药。由于流入远曲小管和集合管的 Na^{+} 的增加，促进 Na^{+}-K^{+} 的交换，故 K^{+} 的排泄也增加。临床用于治疗肝、心、肾性水肿。也可用于治疗局部组织水肿，如产前浮肿、牛乳房水肿等，以及在某些急性中毒时加速毒物排出。

【注意事项】 ①严重肝、肾功能障碍和电解质平衡紊乱的患畜慎用；②宜与氯化钾合用，以免发生低钾血症；③可产生胃肠道反应（如可引起呕吐、腹泻等）。

【用法与用量】 氢氯噻嗪片：内服，一次量，每千克体重，马、牛 1～2mg，羊、猪 2～3mg，犬、猫 3～4mg。

螺内酯

【理化性质】 又名安体舒通。淡黄色粉末。味稍苦。可溶于水和乙醇。

【作用与应用】 本品是醛固酮的拮抗剂。主要影响远曲小管与集合管的 Na^{+}- K^{+} 交换过程，抑制 K^{+} 的排出，起保 K^{+} 排 Na^{+} 作用，故称保钾性利尿药。在排 Na^{+} 的同时，带走 Cl^{-} 和水分而产生利尿作用。

【注意事项】 由于本品利尿作用较弱，很少单独应用，常与强效、中效利尿药合用治疗各种水肿，并能纠正失钾的不良反应。

【用法与用量】 安体舒通胶囊。内服，一次量，每千克体重，犬、猫 2～4mg。

二、脱水药

脱水药又称渗透性利尿药，是一种非电解质类物质。

脱水药在体内不被代谢或代谢较慢，但能迅速提高血浆渗透压，且很容易从肾小球滤过，在肾小管内不被重吸收或吸收很少，从而提高肾小管内渗透压。因此，临床上可以使用足够大的剂量，以显著增加血浆渗透压、肾小球滤过率和肾小管内液量，产生利尿脱水作用。临床主要用于消除脑水肿等局部组织水肿。常用的脱水药有甘露醇、山梨醇、尿素、高渗葡萄糖溶液。葡萄糖能携带水分透过血脑屏障，进入脑脊液及脑组织中，使颅内压升高。

甘露醇

【理化性质】 本品为白色结晶性粉末，无臭，味甜。本品易溶于水，常制成注射液。

【作用与应用】 ①静脉注射高渗甘露醇后可提高血浆渗透压，使组织（包括眼、脑、脑脊液）细胞间液水分向血浆转移，产生组织脱水作用，从而可降低颅内压和眼内压。②可防止有毒物质在小管液内的积聚或浓缩，对肾脏产生保护作用。

本品主要用于预防急性肾功能衰竭，降低眼内压和颅内压，加速某些毒素的排泄，以及辅助其他利尿药以迅速减轻水肿或腹水，如用于脑水肿、脑炎的辅助治疗。

【注意事项】①本品为高渗性脱水剂，大剂量或长期应用可引起水和电解质平衡紊乱。②静注过快可能引起心血管反应，如肺水肿及心动过速等。③静注时药物漏出血管可使注射部位水肿，皮肤坏死。④严重脱水、肺充血或肺水肿、充血性心力衰竭以及进行性肾功能衰竭的患畜，禁用。⑤脱水动物在治疗前应补充适当体液。

【用法与用量】静脉注射：一次量，马、牛 1000～2000ml；羊、猪 100～250ml。

山梨醇

【理化性质】本品为白色结晶性粉末；无臭，味甜。本品易溶于水，常制成注射液。

【作用与应用】本品为甘露醇的同分异构体，作用和应用与甘露醇相似。

【注意事项】①本品进入体内后，部分在肝脏转化为果糖，故相同浓度的作用效果较甘露醇弱。②局部刺激比甘露醇大。

【用法与用量】静脉注射，一次量，马、牛 1000～2000ml；羊、猪 100～250ml。

三、利尿药与脱水药的合理应用

① 中度、轻度心性水肿除按常规应用强心苷外，一般选氢氯噻嗪。重度心性水肿除用强心苷外，首选呋塞米。

② 急性肾衰竭时，一般首选大剂量呋塞米。急性肾炎所引起的水肿，一般不选利尿药，宜选抗菌药为主，配合氢氯噻嗪。

③ 各种因素引起的脑水肿，首选甘露醇，次选呋塞米。

④ 肺充血引起的肺水肿，选甘露醇。

⑤ 心功能降低、肾循环障碍且肾小球滤过率下降，可用氨茶碱。

⑥ 无论哪种水肿，如较长时间应用利尿药、脱水药，都要补充钾或与保钾性利尿药并用。

> 知识拓展

利尿消肿常用方剂

五皮散

【处方】桑白皮 30g，陈皮 30g，大腹皮 30g，姜皮 15g，茯苓皮 30g。

【性状】本品为黄褐色的粉末；气微香，味辛。

【功能主治】具有行气、化湿、利水的功能。主治各种动物的水肿。

【用法与用量】内服，马、牛 120～240g，羊、猪 45～60g。

五苓散

【处方】茯苓 100g，泽泻 200g，猪苓 100g，肉桂 50g，白术（炒）100g。

【性状】本品为淡黄色的粉末，气微香，味甘、淡。

【功能主治】温阳化气、利湿行水。通过改善循环和利尿，主治水湿内停，排尿不利，泄泻，水肿，宿水停脐。

【用法与用量】内服，马、牛 150～250g，羊、猪 30～60g。

同步练习题

1. 选择题

为了纠正氢氯噻嗪常见的不良反应，应补充（　　）。

A. 钙　B. 磷　C. 钾　D. 铁　E. 钠

2. 问答题

（1）使用呋塞米和氢氯噻嗪时为什么会出现低血钾？如何应对？

（2）使用甘露醇时应注意什么？

3. 论述题

临床上在什么情况下使用利尿药和脱水药？

模块四　神经系统药物

内容摘要

神经系统是动物体内起主导作用的功能调节系统，分为中枢神经系统和外周神经系统两大部分。本模块包括作用于中枢神经系统的药物和作用于外周神经系统的药物，要求掌握神经系统药物的作用机制、临床应用、注意事项及其制剂用法用量等，能将神经系统药物安全、有效、合理地应用于临床中。

单元一　中枢神经系统药物

学习目标

1. 知识目标：理解中枢神经系统药物的相关概念、分类与作用机制。
2. 能力目标：掌握常用药物的作用特点、临床应用，做到合理选药用药。
3. 素质目标：建立法治观念，树立法治意识，依法用药。

中枢神经系统由脑和脊髓组成，脑又包括大脑、脑干和小脑。中枢神经系统有数以亿计的神经元，其活动形式表现为兴奋与抑制。中枢神经系统药物包括中枢兴奋药、中枢抑制药和解热镇痛抗炎药。其中中枢抑制药包括镇静药与抗惊厥药、麻醉性镇痛药、全身麻醉药、化学保定药。

一、中枢兴奋药

中枢兴奋药是指能提高中枢神经系统功能活动的一类药物。虽然中枢兴奋药对于不同部位具有一定的选择性，但是一般来说对整个中枢神经系统均有兴奋作用。其作用的强弱、范围与药物的剂量和中枢神经系统功能状态有关。

中枢兴奋药

（一）大脑兴奋药

能提高大脑皮层的兴奋性，促进脑细胞代谢，改善大脑功能，可引起动物觉醒、精神兴奋与运动亢进，维持清醒状态，增加随意运动。

咖啡因

【理化性质】主要含于茶叶、咖啡植物的叶子和种子中，可人工合成，为质轻、白色或微带黄绿色、有丝状的针状结晶。无臭，味苦。难溶于冷水及乙醇，在热水或氯仿中易溶。本品与佐剂苯甲酸钠混合，制成注射剂，简称安钠咖。

【作用与应用】咖啡因对中枢神经系统具有明显的兴奋作用。小剂量时兴奋大脑皮层，中等剂量时兴奋延髓，大剂量或中毒剂量时可兴奋包括脊髓在内的整个中枢神经系统。咖啡因对脊髓的兴奋作用较弱，大剂量时也可表现为强直或痉挛性惊厥。兴奋大脑皮层时，并不减弱大脑皮层的抑制过程。动物表现对刺激反应敏感，精神活泼，易消除疲劳，增强肌肉的工作能力，中枢处于抑制时则需要较大剂量。对呼吸中枢有直接兴奋作用，可提高呼吸中枢对二氧化碳气体的敏感性，使呼吸加深加快、换气量增加。心血管运动中枢兴奋时可使血压稍升高，心率加快。迷走神经兴奋时可使心率减慢，但在整体情况下常被其对血管、心脏的直接作用所抵消。本品还可兴奋骨骼肌，加强其收缩，但作用较弱。松弛支气管平滑肌和胆管平滑肌，有轻微的止喘和利胆作用。通过影响糖和脂肪代谢，而升高血糖和血中脂肪酸。

咖啡因在临床上有以下用途：①作为强心药，治疗各种疾病所致的急性心力衰竭；②解救中枢抑制药中毒以及某些传染病所致的呼吸中枢抑制和昏迷、劳役过度所致的疲劳，或用于剧烈腹痛时保持体力等；③作为利尿药，用于治疗心、肝和肾病引起的水肿；④与溴化物配伍，调节大脑皮层活动，恢复大脑皮层抑制与兴奋过程的平衡。

【注意事项】本类药品毒性较低，常用剂量的不良反应较少。常见的副作用有胃黏膜刺激反应，如恶心、呕吐；剂量过大时，可引起烦躁不安、肌肉颤抖、惊厥。大剂量可引起呼吸加快、心跳加速、体温升高、流涎、呕吐、腹泻、尿频甚至惊厥死亡。中毒时用溴化物、水合氯醛或硫喷妥钠等解救。

【制剂、用法与用量】安钠咖注射液。皮下、肌内、静脉注射：一次量，马、牛 2～5g，猪、羊 0.5～2g，犬 0.1～0.3g。

（二）延髓兴奋药

延髓兴奋药又称呼吸兴奋药，主要直接或间接兴奋延髓呼吸中枢，增加呼吸频率和呼吸深度，改善呼吸功能，对血管运动中枢也有不同程度的兴奋作用。

尼可刹米

【理化性质】本品为无色至淡黄色的澄清油状液体。有轻微的特臭，有引湿性，能与水、乙醇、氯仿或乙醚任意混合，应遮光、密封保存。注射液为无色的澄明液体。

【作用与应用】本品对延髓呼吸中枢具有选择性直接兴奋作用，也可作用于颈动脉窦和主动脉体化学感受器，反射性兴奋呼吸中枢，提高呼吸中枢对缺氧的敏感性，使呼吸加深加快。对大脑皮层、血管运动中枢和脊髓有较弱的兴奋作用。对其他器官无直接兴奋作用。

常用于各种原因引起的呼吸中枢抑制，如中枢抑制药中毒、疾病引起的中枢性呼吸抑制、新生仔畜窒息或加速麻醉动物的苏醒等。对阿片类药物中毒所致的呼吸衰竭比戊四氮更有效，对吸入麻醉药中毒作用次之，对巴比妥类药物中毒的解救效果不如戊四氮。

【注意事项】①本品静脉注射速度不宜过快；②如出现惊厥，应及时静脉注射地西泮或小剂量硫喷妥钠；③兴奋作用之后，常出现中枢抑制现象。剂量过大可引起多汗、呛咳、血压升高、心率加快甚至惊厥。

【制剂、用法与用量】尼可刹米注射液。静脉、肌内或皮下注射：一次量，马、牛 2.5～5g；羊、猪 0.25～1g；犬 0.125～0.5g。

（三）脊髓兴奋药

能选择性兴奋脊髓，小剂量提高脊髓反射兴奋性，大剂量导致强直性惊厥。

硝酸士的宁

【理化性质】本品为马钱科植物番木鳖树种子的主要生物碱。无色针状结晶或者白色结晶粉末；无臭，味极苦。本品在沸水中易溶，在水中略溶，在乙醇中微溶，在乙醚中几乎不溶。硝酸盐易溶于水，对光敏感，需遮光，密闭保存。注射液为无色的澄明液体。

【作用与应用】本品可选择性兴奋脊髓，增强脊髓反射的敏感性，提高骨骼肌的紧张度。对大脑皮层亦有一定的兴奋作用。中毒剂量对中枢神经系统的所有部位都有兴奋作用，使全身骨骼肌同时挛缩，出现典型的强直性惊厥。士的宁的作用机制是通过与甘氨酸受体结合，竞争性地阻断脊髓闰绍细胞释放的抑制性神经递质甘氨酸对神经元的抑制，从而引起脊髓兴奋效应。本品注射吸收迅速，体内分布均匀。在肝脏经氧化代谢破坏，约20%以原形从尿液及唾液排泄，排泄缓慢，易产生蓄积作用。

常用于治疗脊髓性的不全麻痹，如直肠、膀胱括约肌的不全麻痹，因挫伤引起的臀部、尾部与四肢的不全麻痹以及颜面神经麻痹，猪、牛产后麻痹等。本品对延髓的作用没有选择性，因此一般不用作兴奋呼吸的治疗。

【注意事项】①肝肾功能不全、癫痫及破伤风患畜禁用；②孕畜及中枢神经系统兴奋症状的患畜禁用；③本品排泄缓慢，长期应用易蓄积中毒，出现全身肌肉兴奋性提高、肌肉震颤、颈部僵硬、角弓反张等。严重时因窒息而死亡。故使用时间不宜太长，反复给药应酌情减量；④因过量出现惊厥时应保持动物安静，避免外界刺激，并迅速肌内注射苯巴比妥钠等进行解救。

【制剂、用法与用量】硝酸士的宁注射液。皮下注射：一次量，马、牛15～30mg，猪、羊2～4mg，犬0.5～0.8mg。

樟脑磺酸钠

【理化性质】本品为白色的结晶或结晶性粉末；无臭或几乎无臭，味先微苦，后甜。在水或热乙醇中极易溶解。

【作用与应用】本品注射后通过对局部刺激可反射性地兴奋呼吸中枢和血管运动中枢，吸收后能直接兴奋延髓呼吸中枢。大剂量也可兴奋大脑皮层。有一定的强心作用，使心肌收缩力增强、输出量增加、血压升高等。主要用于中枢抑制药中毒和肺炎等引起的呼吸及循环抑制。

本品常用于心脏衰弱和呼吸抑制等辅助治疗。

【注意事项】①如出现结晶时，可加温溶解后使用；②家畜宰前不宜使用；③过量中毒时可静脉注射水合氯醛、硫酸镁和10%葡萄糖注射液解救。

【制剂、用法与用量】樟脑磺酸钠注射液。静脉、肌内、皮下注射：一次量，马、牛10～20ml；羊、猪2～10ml；犬0.5～1ml。

二、镇静、催眠与抗惊厥药

镇静与抗惊厥药

镇静药与抗惊厥药是作用于中枢神经系统的不同部位，产生不同程度的抑制作用。镇静药是指对中枢神经系统产生轻度的抑制作用，主要作用于大脑皮层，使动物功能活动减弱，从而缓解烦躁不安，恢复安静的一类药物。其特点是对中枢神经系统的抑制作用有明显剂量依赖关系，小剂量镇静，较大剂量催眠，大剂量还可呈现抗惊厥和麻醉作用。主要用于兴奋不安或具有攻击行为的动物或患畜，以使其安静，便于管理和治疗。

抗惊厥药是指能对抗或缓解中枢神经系统病理性的过度兴奋状态，消除或缓解全身骨骼肌不自主强烈收缩的一类药物。常用的有硫酸镁注射液、巴比妥类药物、水合氯醛等。

盐酸氯丙嗪

【理化性质】 本品为白色或乳白色结晶性粉末，有微臭，味苦而麻，易溶于水、乙醇和氯仿，水溶液呈酸性反应。与碳酸钠、巴比妥类钠盐产生沉淀，遇氧化剂或日光渐变色，应遮光、密封保存。注射液为无色或几乎无色的澄明液体。

【作用与应用】 ①具有镇静、安定作用，能明显减少自发性活动，减少动物的攻击行为，但动物对刺激有良好的觉醒反应，加大剂量也不引起麻醉；②具有止吐作用，小剂量时能抑制延髓的化学催吐感受区，大剂量能直接抑制呕吐中枢，但对刺激消化道或前庭器官反射性兴奋呕吐中枢引起的呕吐无效；③能够抑制丘脑下部体温调节中枢，降低基础代谢，使体温下降 1～2℃，能使正常体温下降；④能够阻断肾上腺素受体，可致血管扩张、血压下降，改善微循环，具有抗休克作用；⑤有一定的镇痛作用。

本品用于有攻击行为的犬、猫和野生动物，使其安静；缓解大家畜因脑炎、破伤风引起的过度兴奋以及作为食管梗塞、痉挛疝的辅助治疗药；用于麻醉前给药；用于严重外伤、烧伤、骨折等麻醉时减少麻醉药的用量，防止休克和镇痛；还可用于减少高温季节长途运输时动物的应激反应。

【注意事项】 本品治疗量时安全范围大，较少发生不良反应，但马不宜使用，马会表现不安，常易摔倒，发生意外。若应用过量引起心率加快、呼吸浅表、肌肉震颤、血压降低时，禁用肾上腺素解救，可选用强心药和去甲肾上腺素。对体弱年老动物应慎用。本品有刺激性，静脉注射时宜稀释且缓慢进行。

【制剂、用法与用量】 盐酸氯丙嗪注射液。肌内注射：一次量，每千克体重，牛、马 0.5～1mg，猪、羊 1～2mg，犬、猫 1～3mg，虎 4mg，熊 2.5mg，单峰骆驼 1.5～2.5mg，野牛 2.5mg。牛、羊、猪休药期 28 日，弃乳期 7 日。

地西泮

【理化性质】 又名安定。白色或类白色结晶性粉末，无臭。在丙酮或氯仿中易溶，乙醇中溶解，水中几乎不溶。

【作用与应用】 本品具有安定、镇静、催眠作用，使动物安静和易于接近和管理。较大剂量时可使骨骼肌松弛，有较强的抗惊厥、抗癫痫和增强麻醉药的作用。主要用于各种动物的镇静与保定，如治疗癫痫、狂躁等，也可用于基础麻醉及麻醉前给药。

【注意事项】 孕畜忌用。肝肾功能障碍患畜慎用。静脉注射宜缓，以防造成心血管和呼吸抑制。中毒时可用中枢兴奋药解救。

【制剂、用法与用量】 地西泮片。内服：一次量，犬 5～10mg，猪 2～5mg，水貂 0.5～1mg。地西泮注射液。肌内、静脉注射：一次量，每千克体重，马 0.1～0.15mg，牛、羊、猪 0.5～1mg，犬、猫 0.6～1.2mg，水貂 0.5～1mg。牛、羊、猪休药期 28 日。

苯巴比妥

【理化性质】 本品为白色有光泽的结晶或粉末，无臭，味苦。本品在水中极微溶解，在氢氧化钠或碳酸钠溶液中溶解。

【作用与应用】 苯巴比妥为长效巴比妥类药物，其中枢抑制作用随剂量而异，具有镇静、抗惊厥作用，用于缓解脑炎、破伤风、士的宁中毒所致的惊厥。本品也是较好的抗癫痫药，对各种癫痫发作都有效。本品能提高癫痫发作的阈值，减少病灶部位异常兴奋向周围神经元的扩散。对癫痫大发作及癫痫持续状态有良效，但对癫痫小发作疗效差，且单用本药治疗时还能使癫痫发作加重。本品对丘脑新皮层通路无抑制作用，故镇痛作用弱，但能增强解热镇痛抗炎药的镇痛效果。

【注意事项】犬和猪有时会出现运动失调和躁动不安；猫敏感，慎用。联合用药可增强中枢抑制药和磺胺类药物的作用，不可与酸性药物配伍使用。肝肾功能不全、支气管哮喘或呼吸抑制的患畜禁用。严重贫血、心脏疾患的患畜及孕畜慎用。中毒时可用安钠咖、戊四氮、尼可刹米等中枢兴奋药解救。内服中毒初期，可先用1∶2000的高锰酸钾洗胃，再以硫酸钠导泻，并碱化尿液加速药物排泄。

【制剂、用法与用量】苯巴比妥片。内服：一次量，每千克体重，犬、猫6～12mg，用于治疗轻微癫痫。

注射用苯巴比妥钠。肌内注射：用于镇静、抗惊厥，一次量，每千克体重，羊、猪0.25～1g，犬、猫6～12mg；用于治疗癫痫状态，每千克体重，犬、猫6mg，隔6～12h一次。休药期28日，弃乳期7日。

溴化钠

【理化性质】本品为无色或白色细小的立方形结晶，或白色颗粒状粉末；无臭，有引湿性。

【作用与应用】溴化物的抗癫痫作用被认为是其对神经元兴奋和活性产生抑制作用的结果。溴离子与氯离子竞争细胞膜的跨膜转运而导致细胞膜的超极化，从而提高了癫痫发作的阈值，并限制了癫痫放电的传导。用以缓解中枢神经兴奋性症状。

【注意事项】按规定的用法用量使用尚未见不良反应。

【制剂、用法与用量】粉剂。内服：一次量，马10～50g；牛15～60g；羊、猪5～15g；犬0.5～2g。

硫酸镁注射液

【理化性质】本品为无色的澄明液体。

【作用与应用】本品注射给药主要发挥镁离子作用。当血浆中镁离子浓度过低时，出现神经和肌肉组织过度兴奋，可致激动；当镁离子浓度升高时，引起中枢神经系统抑制，产生镇静及抗惊厥作用。同时还能阻断运动神经末梢释放乙酰胆碱递质，并减弱运动终板对乙酰胆碱递质的敏感性，从而阻断运动中枢向骨骼肌兴奋的传导，使肌肉松弛。

本品用于破伤风及其他痉挛性疾病，如缓解破伤风、脑炎、士的宁等中枢兴奋药中毒所致的惊厥等。

【注意事项】①本品静脉注射宜缓慢，过快或过量均可导致血镁过高，引起血压剧降、呼吸抑制、心动过缓、神经肌肉兴奋传导阻滞，甚至死亡，若发生呼吸麻痹等中毒现象时，应立即静脉注射5%氯化钙溶液解救；②患有肾功能不全、严重心血管疾病、呼吸系统疾病的患畜慎用或不用；③与硫酸多黏菌素、硫酸链霉素、葡萄糖酸钙、盐酸普鲁卡因、四环素、青霉素等药物存在配伍禁忌。

【制剂、用法与用量】硫酸镁注射液。静脉、肌内注射，一次量，马、牛10～25g；羊、猪2.5～7.5g；犬、猫1～2g。

盐酸右美托咪定

【理化性质】本品为无色的液体。

【作用与应用】拟肾上腺素类药。右美托咪定是一种高特异的α_2肾上腺素受体兴奋药。激活的α_2肾上腺素受体能在多个器官与组织中产生多种反应，其中主要是降低交感神经的活性，产生镇静和止痛作用，这些作用的深度和过程与药物浓度相关。右美托咪定对其它中枢抑制剂（如麻醉剂）具有显著的增效作用，并能够显著降低麻醉剂的剂量。使用本品后，动物的血压会升高，随后会恢复正常或稍低于正常水平。也能导致呼吸频率减少和体温降低。

用于犬、猫的镇静剂和止痛剂，便于临床检查、临床治疗、小的手术和小的牙处理。也可用于犬深度麻醉前的前驱麻醉。

【注意事项】①在使用右美托咪定前应对犬猫禁食 12h；②为防止镇静状态下由于黑暗反射引起的角膜干燥，可以使用润滑剂；③禁用于具有下列症状的犬猫，包括心血管病症、呼吸系统病症、肝肾病症或由炎热、寒冷或疲劳引起的条件性休克、重度虚弱或应激；④使用右美托咪定注射液引发的副反应可采用阿替美唑注射液进行救治；⑤由于右美托咪定的镇静与止痛作用被逆转，恢复之后依然会有痛感，仍需要疼痛护理。

【制剂、用法与用量】盐酸右美托咪定注射液。用于犬的镇静和止痛：肌内注射 500μg/kg 或静脉注射 375μg/kg。

三、麻醉性镇痛药

临床上缓解疼痛的药物，按其作用机制、缓解疼痛的强度和临床用途可分为两类：一类是能选择性地作用于中枢神经系统，缓解疼痛作用较强，用于剧痛的一类药物，称镇痛药。另一类作用部位不在中枢神经系统，缓解疼痛作用较弱，多用于钝痛，同时还具有解热消炎作用，即解热镇痛抗炎药，临床多用于肌肉痛、关节痛、神经痛等慢性疼痛。

镇痛药可选择性地消除或缓解痛觉，减轻由疼痛引起的紧张、烦躁不安等，使疼痛易于耐受，但对其他感觉无影响并保持意识清醒。因反复应用易成瘾，故又称麻醉性镇痛药或成瘾性镇痛药。此类药物多数属于阿片类生物碱，如吗啡、可待因等，也有一些是人工合成代用品，如哌替啶、美沙酮等，属于须依法管制的药物。由于剧烈疼痛可引起生理功能紊乱，甚至休克，因此，在对疼痛有明确诊断的情况下，适时应用镇痛药是必要的。

吗啡

【理化性质】盐酸盐为白色、有丝光的针状结晶或结晶性粉末，无臭，遇光易变质。溶于水，略溶于乙醇。

【作用与应用】本品有强大的中枢性镇痛作用，镇痛范围广，对各种痛觉都有效。对中枢神经系统具有兴奋或抑制作用，且与动物的种属差异有关。本品有较强的镇咳作用，对各种原因引起的咳嗽均有效。本品小剂量可缓解反刍动物及马肠道痉挛，但能提高括约肌张力而呈现继发便秘；大剂量先呈现肠道功能亢进而腹泻，继而发生便秘，常见于犬和猫等动物。本品治疗剂量的吗啡对血管和心率无明显作用。大剂量吗啡使外周血管扩张，引起血压下降。

【注意事项】①本品不宜用于产科阵痛；②胃扩张、肠阻塞及胀气动物禁用；肝、肾功能异常动物慎用；对牛、羊、猫易引起强烈兴奋，须慎用；幼畜对本品敏感，慎用或不用；③纳洛酮、丙烯吗啡可特异性拮抗吗啡的作用，过量中毒时首选；④可引起组胺释放、呼吸抑制、支气管收缩、中枢神经系统抑制；⑤可引起呕吐、肠蠕动减弱以及便秘（犬）、体温过高（牛、羊、马和猫）或过低（犬、兔）等；⑥连续应用可成瘾；⑦禁与氯丙嗪、异丙嗪、氨茶碱、巴比妥类、苯妥英钠、哌替啶等药物混合注射。

【制剂、用法与用量】盐酸吗啡注射液。皮下或肌内注射：一次量，镇痛，每千克体重，马 0.1～0.2mg，犬 0.5～1mg。麻醉前给药，犬 0.5～2.0mg。

哌替啶

【理化性质】又称杜冷丁，为白色结晶性粉末；无臭或几乎无臭。本品是人工合成的麻醉性镇痛药，可作为吗啡的良好代用品，溶于水，常制成注射液。

【作用与应用】 本品作用与吗啡相似，但镇痛作用比吗啡弱，与吗啡等效剂量时，对呼吸有相同程度的抑制作用，但作用时间短。对胃肠平滑肌有类似阿托品样作用，强度为阿托品的1/10～1/20，能解除平滑肌痉挛。在消化道发生痉挛时可同时起镇静和解痉作用。对催吐化学感受区也有兴奋作用，易引起恶心、呕吐。

本品临床主要用作镇痛药，治疗家畜痉挛性疝痛、手术后疼痛及创伤性疼痛等；也用于猪、犬、猫等麻醉前给药，减少麻醉药的用量。

【注意事项】 ①本品与阿托品合用，可解除平滑肌痉挛增加止痛效果；与氯丙嗪、异丙嗪配伍用于抗休克和抗惊厥等；②具有心血管抑制作用，易致血压下降；过量中毒可致呼吸抑制、惊厥、心动过速、瞳孔散大等；③本品久用可成瘾；④不宜用于妊娠怀孕动物、产科手术；⑤禁用于患有慢性阻塞性肺部疾患、支气管哮喘、肺源性心脏病和严重肝功能减退的患畜；⑥对局部有刺激性，不能皮下注射；⑦猫慎用，可致过度兴奋。

【制剂、用法与用量】 哌替啶注射液。皮下、肌内注射，一次量，每千克体重，马、牛、羊、猪2～4mg；犬、猫5～10mg。

四、全身麻醉药

全身麻醉药

全身麻醉药是一类能可逆地抑制中枢神经系统，暂时引起意识、感觉、运动及反射消失，骨骼肌松弛，但仍保持延髓生命中枢（呼吸中枢和血管运动中枢）功能的药物。全麻药对中枢神经系统的作用是由浅入深的过程。中枢神经系统受抑制程度与药物在该部位的浓度有关，低剂量产生镇静作用，随剂量的增加可产生催眠、镇痛、意识丧失和失去运动功能等作用，进一步可引起麻痹、死亡。按照给药途径，可分为吸入麻醉药和非吸入麻醉药两大类。目前使用的全麻药单独应用都不理想，为了增强全麻药的作用，减少用量，降低毒副作用，扩大应用范围，临床常采用联合用药或辅以其他药物。常用的复合麻醉方式有麻醉前给药、诱导麻醉、基础麻醉、配合麻醉和混合麻醉等。

（一）非吸入性麻醉药

多数经静脉注射产生麻醉效果，又称静脉麻醉药。本类药物具有麻醉诱导期短，一般不出现麻醉兴奋期；但麻醉深度、药量及麻醉维持时间不易控制，排泄慢，苏醒期也较长。常用的非吸入性麻醉药有巴比妥类（硫喷妥钠、异戊巴比妥钠）、水合氯醛、氯胺酮、舒泰、速眠新等。

硫喷妥钠

【理化性质】 其为乳白色或淡黄色粉末；有蒜臭，味苦；有引湿性，易溶于水。

【作用与应用】 本品属于超短效巴比妥类药物。静脉注射后，动物通常在30s～1min进入麻醉状态；持续时间很短，如犬每千克体重静脉注射15～17mg，可持续7～10min麻醉；静脉注射18～22mg，可持续10～15min。加大剂量或重复给药，可增强麻醉强度和延长麻醉时间。常用作牛、猪、犬的全麻药或基础麻醉药以及马属动物的基础麻醉药；也用于中枢兴奋药中毒、脑炎、破伤风引起的惊厥。

【注意事项】 ①猫注射后可出现窒息、轻度的动脉低血压；马可出现兴奋和严重的运动失调，一过性白细胞减少，以及高血糖、窒息、心动过速和呼吸性酸中毒等；②反刍动物麻醉前需注射阿托品，以减少腺体分泌；③肝肾功能障碍、衰弱、休克、腹部手术、支气管哮喘（可引起喉头痉挛、支气管水肿）等禁用；④药液只供静脉注射，不可漏出血管外，否则易引起静脉周围组织炎症甚至坏死。不宜快速注射，否则将引起血管扩张和低血糖；⑤乙酰水杨酸、保泰松能置换取代本品与血浆蛋白的结合，从而提高其游离药量和增强麻醉效果，过量时可引起中毒；⑥本品过量引起的呼吸与循环抑制，可用戊四氮等解救。

【制剂、用法与用量】注射用硫喷妥钠。静脉注射：一次量，每千克体重，马、牛、羊、猪10～15mg，犊15～20mg，犬、猫20～25mg（临用时用注射用水或生理盐水配成2.5%溶液）。

异戊巴比妥

【理化性质】其钠盐为白色颗粒或粉末；无臭；在乙醚或三氯甲烷中几乎不溶，极易溶于水。

【作用与应用】本品作用与苯巴比妥相似。小剂量能镇静、催眠，随剂量增加能产生抗惊厥和麻醉作用，麻醉维持时间约30min。临床主要用于中小动物的镇静、抗惊厥和麻醉。

【注意事项】①肝功能、肾功能及肺功能不全患畜禁用；②苏醒期较长，动物手术后在苏醒期应加强护理；③本品中毒可用戊四氮等解救；④静脉注射不宜过快，否则可出现呼吸抑制或血压下降。猪的休药期28日。

【制剂、用法与用量】注射用异戊巴比妥钠。静脉注射：一次量，每千克体重，猪、犬、猫、兔2.5～10mg（临用前用灭菌注射用水配成3%～6%的溶液）。

水合氯醛

【理化性质】无色透明的结晶；有刺激性臭味，味微苦，易溶于水和乙醇。

【作用与应用】小剂量镇静；中等剂量催眠，但对呼吸中枢有一定的抑制作用；大剂量产生全身麻醉与抗惊厥作用，还能降低新陈代谢，抑制体温中枢，可使体温下降1～5℃。主要用于马、猪、犬的全身麻醉和疝痛、子宫直肠脱出、脑炎、破伤风、士的宁中毒等的镇静、镇痛、解痉。

【注意事项】本品刺激性大，口服5%以上溶液即能使胃肠黏膜发生炎症；静脉注射时不可漏出血管；内服或灌注时，宜用10%的淀粉浆糊配成5%～10%的浓度。静脉注射时，先注入2/3的剂量，余下1/3剂量应缓慢注入，待动物出现后躯摇摆、站立不稳时，即可停止注射并助其缓慢倒卧。有严重心、肝、肾疾病的病畜禁用。因能抑制体温中枢，故在寒冷季节应注意保温。过量中毒可用尼可刹米等缓解，不可用肾上腺素。麻醉时一般作基础麻醉，超过浅麻醉量能抑制延髓呼吸中枢、血管运动中枢及心脏活动而发生中毒甚至死亡。牛、羊应用易导致腺体大量分泌与瘤胃膨胀，故应慎用，且在应用前注射阿托品。

【制剂、用法与用量】水合氯醛粉。内服：一次量，马、牛10～25g，猪、羊2～4g，犬0.3～1g；静脉注射：一次量，每千克体重，马0.08～0.2g，水牛、猪0.13～0.18g。

氯胺酮

【理化性质】本品又称开他敏，为白色结晶性粉末，无臭；盐酸盐易溶于水。盐酸氯胺酮注射液为无色的澄明液体。

【作用与应用】本品是一种作用迅速的全身麻醉药，具有明显快速的镇痛作用，对心肺功能几乎无影响。抑制丘脑新皮层的冲动传导同时又能兴奋脑干与大脑边缘系统，产生“分离”麻醉。麻醉期间动物表现意识模糊，但各种反射，如咳嗽、吞咽、光反射和角膜反射依然存在，肌张力不变或增加，在一些动物可出现不同程度的僵直状态。

临床用于马、牛、猪、羊、野生动物的基础麻醉和化学保定。小剂量可直接用于短时、相对无痛且不需要肌松的小手术。也可与水合氯醛、赛拉嗪等进行混合麻醉，用于复杂的大手术。多以静脉注射给药，作用快且维持时间短。

【注意事项】①怀孕后期动物禁用；②驴、骡及禽不宜用该药；驴、骡对药物不敏感，即使用马的3倍量也不显麻醉效果，甚至表现出兴奋症状；禽类可导致惊厥；③本品对局部组织有强烈刺激性，多以静脉注射方式给药；静脉注射宜缓慢，以免出现心跳过快等不良反应；④对咽喉或支气管的手术或操作，必须合用肌肉松弛剂；⑤反刍动物应用时，麻醉前常需禁食12～24h，并给予小剂量阿托品抑制腺体分泌。

【制剂、用法与用量】盐酸氯胺酮注射液。静脉注射：一次量，每千克体重，马、牛2～3mg，猪、羊2～4mg；肌内注射：每千克体重，猪、羊10～15mg，犬10～20mg，猫20～30mg。休药期28日，弃乳期7日。

盐酸替来他明盐酸唑拉西泮

【理化性质】本品为冻干粉与注射用水组成的注射液，含唑拉西泮和替来他明，由法国维克制药集团研制生产。

【作用与应用】本品是一种新型分离麻醉剂，麻醉迅速，静脉注射后1min即可进入外科麻醉状态，肌内注射后5～8min进入麻醉状态。有止痛作用，降低对痛觉的反射而达到深度止痛。肌肉松弛效果与吸入型麻醉剂类似。具有诱导时间短、极小的副作用和最大的安全性等特征。

本品主要用于犬猫和野生动物的外科手术。

【注意事项】①用药前应禁食12h；②监测体温，注意麻醉动物的保温，防止热量过度散失；③动物的苏醒与动物的状况（如年龄、体重）和给药途径有关，静脉注射动物通常恢复较快；④麻醉恢复期应保证环境黑暗和安静；⑤在麻醉前与麻醉后避免使用含氯霉素的药物，否则会减慢麻醉药物的清除率；⑥不得与吩噻嗪类药物一起使用，共用会抑制心肺功能和使体温降低。

【制剂、用法与用量】注射用盐酸替来他明盐酸唑拉西泮。

术前用药：在注射本品15min前使用硫酸阿托品，皮下注射，每1kg体重，犬0.1mg，猫0.05mg。

全身麻醉：首次剂量，肌内注射，每1kg体重，犬7～25mg，猫10～15mg；或静脉注射，每1kg体重，犬5～10mg，猫5～7.5mg。

维持剂量：为首次剂量的1/3～1/2，最好采用静脉注射。

（二）吸入性麻醉药

经呼吸由肺吸收，并以原形经肺排出。包括挥发性液体（如乙醚、氟烷、甲氧氟烷、恩氟烷、异氟烷、七氟烷与地氟烷等）和气体（如氧化亚氮、环丙烷等），吸入性全麻药使用时需一定设备，基层难以实行。有些麻醉药具有易燃、易爆及刺激呼吸道等副作用。

氟烷

【理化性质】本品为无色透明、挥发性液体，遇光、热和潮湿空气缓慢分解。非易燃易爆品。

【作用与应用】本品为兽医临床上常用的吸入性麻醉剂。麻醉作用强，为氯仿的2倍，乙醚的4倍。其安全度比氯仿和乙醚大2倍。对呼吸道黏膜的刺激性极弱，不会引起支气管黏液及唾液的增多。本品的镇痛和肌肉松弛作用较差，故全身麻醉时，需要并用肌肉松弛药和镇痛药。麻醉加深时，对呼吸中枢、血管运动中枢和心肌有直接抑制作用，引起血压降低、心率减缓、心输出量减少。

临床主要用于犬、猫手术时的全身麻醉和诱导麻醉。

【注意事项】①本品能抑制子宫平滑肌的张力，影响催产药的作用，甚至抑制新生幼畜呼吸，故不宜用于剖宫产麻醉；②麻醉时，给药速度不宜过快，如呼吸运动减弱或肺通气量减少时，应立即输氧、人工呼吸，并迅速减少麻醉量或停止吸入；③应用本品麻醉时，不能并用肾上腺素或去甲肾上腺素，也不可并用六甲双铵、三碘季铵酚和萝芙木衍生物，因能促进氟烷诱发心律紊乱，或者降低动物的血压；④用于大动物时，一般先用巴比妥类麻醉剂或吩噻嗪类镇静剂；用于绵羊、山羊和猪时，宜配合麻醉前给药，注射硫酸阿托品；与氧化亚氮合用，可减少氟烷对心肺系统的抑制作用；⑤本品在光作用下缓慢分解，应避光保存。

【制剂、用法与用量】常用浓度为0.5%～5%（在吸入气体中所占比例）。诱导麻醉用4%，维持麻醉用1.5%。适用剂量是每小时0.049～0.19ml/kg，对犬与猫可使用氟烷与氧化亚氮进行混合麻醉。

异氟烷

【理化性质】本品在常温下为无色透明液体，有刺鼻臭味。非易燃易爆品。

【作用与应用】异氟烷能有效地抑制中枢神经系统，同时具有良好的肌肉松弛作用。其麻醉特点是麻醉诱导快，动物苏醒快，麻醉的深度能迅速调整，对各种动物的安全范围都大。临床用于诱导麻醉和/或维持麻醉，适合于各种动物，如犬、猫、马、牛、羊、猪、鸟类、动物园动物和野生动物。

【注意事项】不用于食品动物，可通过胎盘抑制胎儿。

【制剂、用法与用量】借助麻醉机吸入。诱导麻醉：浓度3%～5%（在吸入气体中所占比例），犬、猫3～5L/min，牛、驹、猪5～7L/min；维持麻醉：浓度1%～3%（在吸入气体中所占比例），犬、猫3～5L/min，牛、驹、猪5～7L/min。

五、化学保定药

化学保定药

化学保定药又称制动药，这类药物在不影响意识和感觉的情况下可使动物情绪转为平静和温顺，嗜眠或肌肉松弛，从而停止抗拒和各种挣扎活动，以达到类似保定的目的。

根据作用特点分为四类：①麻醉性化学保定药，如氯胺酮等；②安定性化学保定药，如乙酰丙嗪等；③镇痛性化学保定药，如赛拉嗪、赛拉唑等；④肌松性化学保定药，如氯化琥珀胆碱、泮库溴铵等。目前，化学保定药较广泛用于动物锯茸、运输、诊疗和外科手术，以及野生动物的捕捉与保定。国内兽医临床常用的有乙酰丙嗪、赛拉唑、赛拉嗪及其制剂。

赛拉嗪

【理化性质】又名隆朋，为白色或类白色结晶性粉末，味微苦，不溶于水，溶于乙醇，易溶于丙酮或苯。盐酸赛拉嗪注射液为无色澄明液体。

【作用与应用】本品为一种强效α_2肾上腺素受体激动剂，具有明显的镇静、镇痛和肌肉松弛作用。对骨骼肌松弛作用与其在中枢水平抑制神经冲动传导有关。对心血管、呼吸系统作用变化不定，多数动物用药后初期血压上升，但随后因减压反射，血压长时间下降、心率减慢、心动徐缓。能减少交感神经兴奋性，增强迷走神经活动，在反刍动物可引起唾液过度分泌，呼吸频率下降。对子宫平滑肌亦有一定兴奋作用，能增加牛子宫肌张力与子宫内压，妊娠家畜慎用。临床主要用于各种动物的镇痛和镇静；可与某些麻醉药合用于外科手术；也可用于猫的催吐。

【注意事项】①犬、猫用药后常出现呕吐、肌肉震颤、心搏徐缓、呼吸频率下降等，猫可出现排尿增加；②反刍动物对本品敏感，用药后表现为唾液分泌增多、瘤胃弛缓及臌胀、逆呕、腹泻、心搏缓慢和运动失调等，妊娠后期的牛会出现早产或流产。牛用本品前应禁食一定时间，并注射阿托品；手术时应采用俯卧姿势，并将头放低，以防异物性肺炎及减轻瘤胃胀气时压迫心肺；③马静脉注射速度宜慢，给药前可先注射小剂量阿托品，以防心脏传导阻滞；④有呼吸抑制、心脏病、肾功能不全等症状的患畜慎用；⑤中毒时，可用 α_2 受体阻断药及阿托品等解救；⑥供人食用的产奶动物禁用；⑦本品的许多药理作用与吗啡相似，但在猫、马和牛不会引起中枢兴奋，而是引起镇静和中枢抑制。其消除马的内脏器官疼痛效果比哌替啶、安乃近还好；与芬太尼合用消除内脏疼痛最有效。

【制剂、用法与用量】盐酸赛拉嗪注射液。肌内注射，一次量，每千克体重，马 1～2mg；牛 0.1～0.3mg；羊 0.1～0.2mg；犬、猫 1～2mg；鹿 0.1～0.3mg。

赛拉唑

【理化性质】又名静松灵，为白色结晶性粉末，味微苦，不溶于水。赛拉唑加适量盐酸制成的灭菌水注射液为无色澄明的液体。

【作用与应用】本品作用与赛拉嗪基本相似，但不同种属动物的敏感性有所差异。牛最敏感，猪、犬、猫、兔及野生动物敏感性较差。本品静脉注射后约 1min 或肌内注射后约 10～15min，即呈现良好的镇静、镇痛和骨骼肌松弛作用。

本品用于狂躁兴奋难以控制的动物的安定，便于诊疗和进行外科操作；也常用于捕捉野生动物和制服动物园内凶禽猛兽；小剂量用于动物运输、换药以及进行穿鼻、子宫脱出时的整复和食管梗塞等小手术；与普鲁卡因配合使用，用于锯角、锯茸、去势和剖宫产等手术。

【注意事项】①马属动物静脉注射速度宜慢，给药前可先注射小剂量阿托品，以免发生心脏传导阻滞；②牛用本品前应禁食，并注射阿托品，卧倒后宜将头放低，以免唾液和瘤胃液进入肺内，并应防止瘤胃胀气时压迫心肺；③猪对本品有抵抗，不宜用于猪；④妊娠后期禁用；⑤中毒时可用 α_2 受体阻断药及阿托品等解救。

【制剂、用法与用量】盐酸赛拉唑注射液。肌内注射：一次量，每千克体重，马、骡 0.5～1.2mg，驴 1～3mg，黄牛、牦牛 0.2～0.6mg，水牛 0.4～1mg，羊 1～3mg，鹿 2～5mg。休药期牛、羊 28 日，弃乳期 7 日。

琥珀胆碱

【理化性质】本品为白色或近白色结晶性粉末；无臭，味苦。微溶于乙醇和氯仿。

【作用与应用】本品为去极化型骨骼肌松弛药。能选择性与骨骼肌运动终板处Ｎ胆碱受体结合，使骨骼肌松弛。肌松的顺序首先是头部的眼肌、耳肌等小肌肉，其次是头部、颈部肌肉，再次是四肢和躯干肌肉，最后是膈肌。当过量时，常因膈肌麻痹，引起动物窒息死亡。该药作用快、持续时间短，但因动物种类不同存在差异。

临床主要作为肌肉松弛保定药，用于动物骨折整复、断角、锯茸、捕捉、运输时动物的保定；手术时用作麻醉辅助药，国外多用于马、犬、猫的手术。

【注意事项】①反刍动物对本品敏感，用药前应停食半日，以防影响呼吸或引起异物性肺炎；用药前给予小剂量阿托品，以避免腺液分泌过多而发生窒息；②用药过程中发现呼吸抑制或停止时，应立即拉出舌头，同时进行人工呼吸或输氧，静脉注射尼可刹米；③老、弱、孕动物禁用；高血钾、心肺疾病、电解质紊乱和使用抗胆碱酯酶药时慎用。

【制剂、用法与用量】氯化琥珀胆碱注射液。肌内注射：一次量，每千克体重，马 0.07～0.2mg，牛、羊 0.01～0.016mg，猪 2mg，犬、猫 0.06～0.11mg，梅花鹿、马鹿

0.08～0.12mg，水鹿 0.04～0.06mg。

➤ 知识拓展

麻醉分期

典型的麻醉可分四个期。因临床上许多因素相互影响，改变了临床症候和实际反映情况，故临床上全身麻醉不可能明确划分。但有此麻醉分期，有利于掌握麻醉的深度。下面以氟烷麻醉为例划分四个期。

第Ⅰ期（镇痛期）：麻醉药开始进入体内至意识丧失的阶段。动物运动不协调，出现幻觉和喊叫。此期缺乏镇痛，但出现遗忘症。瞳孔对光反射，大小正常，均有保护性反射。呼吸和心率基本正常。

第Ⅱ期（兴奋期）：动物对所有感觉刺激反应强烈，呈昏迷状态，非自主性鸣叫或挣扎。胃内有食物、水或空气时发生呕吐。一般动物中枢神经系统反应敏感，故此期十分危险。呼吸不规则，气喘，通气过度，心率加快，血压升高，瞳孔散大，眼球位于中央（或眼球震颤），角膜有反射，有明显的咀嚼、张口或吞咽动作等。

第Ⅲ期（外科麻醉期）：此期为呼吸、循环、肌张力和保护性反射均受到抑制的阶段。此期是进行外科手术的最佳时期。

第Ⅳ期（延髓麻痹期）：一旦心脏停止跳动，大脑缺氧，如在很短时间内循环和氧合作用得不到恢复，就会出现永久性脑损伤或死亡。故第Ⅳ期必须立即采取复苏措施，恢复呼吸和心血管功能。

同步练习题

1. 单项选择题

（1）中枢神经系统药物不包括（　　）。

A. 中枢兴奋药　　B. 中枢抑制药

C. 解热镇痛抗炎药　　D. 抗过敏药

（2）硫喷妥钠临床上主要用于（　　）。

A. 镇静　　B. 局部麻醉　　C. 诱导麻醉　　D. 镇痛　　E. 保定

（3）牛麻醉前给予阿托品的主要目的是（　　）。

A. 增加支气管分泌　　B. 减少支气管分泌

C. 加强支气管收缩　　D. 增强胃肠蠕动

E. 扩散瞳孔

（4）为了防止呕吐，全身麻醉时采取的措施错误的是（　　）。

A. 充分禁食　　B. 减轻胃肠胀气

C. 应用止吐药　　D. 未将舌头拉出口腔

E. 将动物颈基部垫高

（5）对家畜手术后的剧痛镇痛作用最强的药物是（　　）。

A. 水杨酸钠　　B. 安痛定　　C. 氨基比林　　D. 扑热息痛　　E. 哌替啶

2. 填空题

（1）中枢抑制药物包括__________、__________、________和__________。

(2) 根据给药途径全身麻醉药主要分为＿＿＿＿＿＿＿＿＿和＿＿＿＿＿＿＿＿＿两大类。

(3) 化学保定药根据作用特点分为＿＿＿＿＿、＿＿＿＿＿、＿＿＿＿和＿＿＿＿＿。

3. 简答题

(1) 简述硝酸士的宁的临床应用和注意事项。

(2) 简述延髓兴奋药的主要作用。

4. 论述题

制定健康动物绝育手术的全身麻醉方案。

实训七　水合氯醛的全麻作用观察

【原理】 水合氯醛能够抑制中枢神经系统，产生镇静、催眠以及全身麻醉与抗惊厥作用，暂时引起意识、感觉、运动及反射消失、骨骼肌松弛，但仍保持呼吸中枢和血管运动中枢功能。

【材料】

(1) 动物　犬。

(2) 药品　水合氯醛粉。

(3) 器械　电子秤、注射器、注射用水等。

【方法与步骤】

① 取体重约10kg、相近的犬4只，至少两个品种以上，编号，分别称重，并予以标记。

② 观察犬的精神状态、呼吸频率、心率、体温、角膜反射、瞳孔大小、痛觉反射、肌肉紧张度等，并做记录。

③ 按照以下方法使用麻醉药。

a. 1号犬按照推荐剂量的1/3口服水合氯醛。

b. 2号犬按照推荐剂量的2/3口服水合氯醛。

c. 3号犬按照推荐剂量口服水合氯醛。

d. 4号犬按照推荐剂量静脉注射水合氯醛。

④ 使用药物后，记录药物用量、注入时间，观察并记录犬的精神状态、呼吸频率、心率、体温、角膜反射、瞳孔大小、痛觉反射、肌肉紧张度。以目光呆滞、眼睑下垂、四肢无力、角膜反射和疼痛反射消失为麻醉起效，以犬反射恢复、身体各部自行活动、自主呼吸为苏醒，记录麻醉起效时间（即诱导时间）、麻醉维持时间、苏醒时间。

【注意事项】

① 可通过针刺犬身体各部位皮肤判断痛觉反射，用无菌棉签由角膜外轻触犬的角膜判断角膜反射。

② 若出现肺水肿、呼吸心跳停止等现象时立即抢救。

【结果】

实验结果记录表见表4-1。

表4-1　实验结果记录表

记录项目	1号		2号		3号		4号	
	用药前	用药后	用药前	用药后	用药前	用药后	用药前	用药后
体重								
给药量								

续表

记录项目	1号		2号		3号		4号	
	用药前	用药后	用药前	用药后	用药前	用药后	用药前	用药后
给药时间								
诱导时间								
维持时间								
苏醒时间								
精神状态								
痛觉反射								
角膜反射								
肌肉紧张度								
呼吸频率								
心率								
体温								
不良反应								
解救措施								

【讨论与作业】根据实验结果分析水合氯醛的麻醉特点及其临床应用。

单元二　外周神经系统药物

外周神经系统由传入神经（感觉神经）和传出神经组成，传出神经包括运动神经和植物性神经。作用于外周神经系统的药物包括传入神经药和传出神经药，传入神经药主要是局部麻醉药，传出神经药物包括肾上腺素能药和胆碱能药。

一、局部麻醉药

盐酸普鲁卡因

【理化性质】白色结晶或结晶性粉末，易溶于水，常制成注射液。

【作用与应用】局部麻醉药，用于浸润麻醉、传导麻醉、硬脊膜外麻醉和封闭疗法。

局部麻醉药

【注意事项】①在体内分解出对氨基苯甲酸可减弱磺胺的抑菌作用，故不宜与磺胺类药物配伍用；碱类、氧化剂易使本品分解，配合使用。②用量过大可引起中枢神经先兴奋后抑制，甚至造成呼吸麻痹等毒性反应。中毒时，应立即对症治疗，兴奋期可给予小剂量的中枢抑制药，若转为抑制期则不能用兴奋药解救，只能采用人工呼吸等措施。

【制剂、用法与用量】浸润麻醉、封闭疗法：0.25%～0.5%的溶液。传导麻醉：小动物用2%的浓度，每个注射点为2～5ml；大动物用5%的浓度，每个注射点为10～20ml。硬脊膜外麻醉：2%～5%溶液，马、牛20～30ml。

盐酸利多卡因

【理化性质】白色结晶粉末，易溶于水，常制成注射液。

【作用与应用】组织穿透力强，可作表面麻醉；麻醉力强，作用快，用药后5min起效，维持时间长，可达1～1.5h；弥散性广；麻醉效能是普鲁卡因2倍，而毒性为普鲁卡因1倍。静脉注射能抑制心室的自律性，缩短不应期。用于动物的表面麻醉、浸润麻醉、传导麻醉及硬膜外腔麻醉；也治疗心律失常。

【注意事项】①应用剂量过大或静脉注射时可引起毒性反应，出现嗜睡、头晕等中枢神经系统抑制症状，继而可出现惊厥或抽搐、血压下降或心搏骤停。②作表面麻醉时，必须严格控制剂量，防止中毒；本品弥散性广，一般不作腰麻。

【制剂、用法与用量】盐酸利多卡因注射液。浸润麻醉：用0.25%～0.5%溶液。表面麻醉用：2%～5%溶液。传导麻醉：用2%溶液，每个注射点，马、牛8～12ml；羊3～4ml。硬膜外麻醉：用2%溶液，马、牛8～12ml。

盐酸丁卡因

【理化性质】白色结晶或结晶性粉末，水中易溶，常制成粉针剂。

【作用与应用】长效酯类局麻药。脂溶性高，组织穿透力强，局麻作用比普鲁卡因强10倍，局麻维持时间长，可达3h左右。但出现局麻的潜伏期较长，5～10min。其吸收作用与普鲁卡因相似，但毒性较普鲁卡因大，为其10～12倍。用于眼科、泌尿道等黏膜表面麻醉。

【注意事项】大剂量可致心脏传导系统抑制。

【制剂、用法与用量】黏膜或眼结膜表面麻醉：配成0.5%～1%溶液。

二、传出神经药

作用于传出神经系统的药物

甲硫酸新斯的明

【理化性质】白色结晶粉末，易溶于水，常制成注射液。

【作用与应用】又称普洛色林，能可逆性地抑制胆碱酯酶（ChE）的活性，使乙酰胆碱的分解破坏减少，乙酰胆碱在体内浓度增高，呈现拟胆碱样作用。对心血管系统、腺体及支气管平滑肌的作用较弱，而对胃肠、子宫、膀胱平滑肌的作用强。能直接作用于骨骼肌运动终板的N_2受体，并能促进运动神经末梢释放乙酰胆碱，所以对骨骼肌的兴奋作用很强，能提高骨骼肌的收缩力。主要用于治疗重症肌无力、前胃弛缓、肠弛缓、便秘疝、手术后腹气胀、尿潴留及牛产后子宫复旧不全等。

【注意事项】①用药过量时可肌注阿托品解救，也可静脉注射硫酸镁直接抑制骨骼肌的兴奋性。②腹膜炎、肠道或尿道的机械性阻塞患畜及妊娠后期动物禁用；癫痫、哮喘动物慎用。③内服后吸收少且大部分被破坏，一般仅用于皮下、肌内注射给药。

【制剂、用法与用量】甲硫酸新斯的明注射液。皮下或肌注，一次量，马4～10mg；牛4～20mg；猪、羊2～5mg；犬0.25～1mg。

硫酸阿托品

【理化性质】无色或白色结晶性粉末，极易溶于水，常制成片剂和注射液。

【作用与应用】对胃肠、支气管、输尿管、胆管、膀胱等平滑肌有松弛作用，但这一作用与剂量的大小和内脏平滑肌的功能状态有关。治疗量的阿托品对正常活动的平滑肌影响较小，而当平滑肌处于过度收缩和痉挛时，松弛作用就很明显。对多种腺体有抑制作用，能明显地抑制唾液腺和支气管腺等的分泌，可引起口干舌燥、皮肤干燥、吞咽困难等症状。具有解救有机磷中毒作用。有机磷中毒后体内乙酰胆碱大量堆积，出现强烈的M样和N样作用。此时应用阿托品治疗，能迅速有效地解除M样作用的中毒症状。能解除迷走神经对心脏的抑制作用，引起心率加快。阿托品加快心率作用的强度取决于动物迷走神经的紧张度，如马、犬和猫等迷走神经紧张度高的动物，阿托品增加心率的作用很明显。大剂量能使痉挛的血管平滑肌松弛，解除小动脉痉挛，使微循环血流通畅，组织得到正常的血液供应，从而改善全身血液循环。具有松弛虹膜括约肌，使瞳孔散大的作用。由于瞳孔散大使虹膜向外缘扩展，压迫眼前房角间隙，阻碍房水流入巩膜静脉窦，引起房水积蓄，眼内压升高。大剂量有明显的中枢兴奋作用，除迷走神经和呼吸中枢外，也可兴奋大脑皮质运动区和感觉区。用于胃肠道平滑肌痉挛、唾液分泌过多、有机磷中毒等；也用于锑剂中毒引起的心传导阻滞、心律失常及硫酸喹啉脲等抗原虫药引起的严重不良反应的治疗；也可麻醉前给药；大剂量用于失血性休克及感染中毒性休克，如中毒性菌痢、中毒性肺炎等并发的休克；与毛果芸香碱交替使用，可防止急性炎症时的晶状体、睫状体和虹膜粘连。

【注意事项】①阿托品在治疗剂量时有口干、便秘、皮肤干燥等不良反应。一般停药后可逐渐消失。②剂量过大，除出现胃肠蠕动停止、臌气、心动过速、体温升高外，还可出现一系列中枢兴奋症状，如狂躁不安、惊厥，继而由兴奋转入抑制，出现昏迷、呼吸麻痹等中枢中毒症状。③解救时，多以对症治疗为主，如用镇静药或抗惊厥药来对抗中枢兴奋症状；应用毛果芸香碱、新斯的明对抗其周围作用和部分中枢症状。

【制剂、用法与用量】硫酸阿托品片：内服，一次量，每千克体重，犬、猫 0.02～0.04mg。硫酸阿托品注射液：肌内、皮下或静脉注射，一次量，每千克体重，麻醉前给药，马、牛、羊、猪、犬、猫 0.02～0.05mg；解除有机磷酸酯类中毒，一次量，每千克体重，马、牛、羊、猪 0.5～1mg，犬、猫 0.1～0.15mg，禽 0.1～0.2mg。

氢溴酸东莨菪碱

【理化性质】无色或白色结晶性粉末，易溶于水，常制成注射液。

【作用与应用】阻断 M 胆碱受体的作用和阿托品基本相似，抑制腺体分泌和散瞳作用较强，对心血管和平滑肌解痉作用较弱。具有镇静和较强的呼吸兴奋作用。用于麻醉前给药，可代替阿托品；也用于镇吐可以对抗吗啡的呼吸抑制作用。

【注意事项】①对抗胆碱药过敏者禁用。②与尿道前列腺功能紊乱有关的尿潴留、失代偿性心功能不全患畜禁用。③与其他具有阿托品样药合用，可加重阿托品样不良反应。④偶有口干、兴奋、发肿、心率加快等反应。

【制剂、用法与用量】氢溴酸东莨菪碱注射液。皮下注射，一次量，马、牛 1～3mg；猪、羊 0.2～0.5mg。

肾上腺素

【理化性质】白色结晶性粉末，微溶于水，常制成盐酸盐注射液。

【作用与应用】兴奋心脏。激动心脏 β_1 受体，加强心肌收缩力，加快心率，加速传导，增加心输出量；扩张冠状血管，改善心肌供血。还可增加心肌耗氧量，提高心肌兴奋性，如剂量过大或静脉注射过快，可引起心律失常，甚至心室纤颤。收缩或扩张血管。激动血管 α 受体使皮肤黏膜血管强烈收缩，腹腔内脏尤其肾血管显著收缩；激动 β_2 受体，使骨骼肌血管和冠状血管扩张。升高血压。小剂量使收缩压升高，舒张压不变或下降；大剂量使收缩压和舒张压均升高。激动支气管平滑肌 β_2 受体，可迅速而强大地松弛支气管平滑肌。用于心脏骤停的急救，缓解荨麻疹、支气管哮喘、休克、血清病和血管神经性水肿等过敏性疾患的症状；亦常与局部麻醉药并用，以延长其麻醉时间。

【注意事项】①可引起心律失常，表现为过早搏动、心动过速，甚至心室纤维性颤动。②与全麻药如水合氯醛、氟烷、氯仿合用时，易发生心室颤动。不能与洋地黄、钙剂并用。③用药过量尚可致心肌局部缺血、坏死。④皮下注射误入血管或静脉注射剂量过大、速度过快，可使血压骤升、中枢神经系统抑制和呼吸停止。⑤局部用（1∶5000)～(1∶100000）溶液，制止鼻衄、牙龈出血、术野渗血等出血；每100ml局麻药液中，加入0.1%肾上腺素溶液0.5～1ml，使局麻药液含（1∶100000）～（1∶200000）肾上腺素，以收缩局部小血管，延缓局麻药吸收，从而延长局麻时间并避免吸收中毒。

【制剂、用法与用量】盐酸肾上腺素注射液：皮下注射，一次量，马、牛2～5ml；羊、猪0.2～1.0ml；犬0.1～0.5ml；猫0.1～0.2ml（犬、猫需稀释10倍后注射）。静脉注射，一次量，马、牛1～3ml；羊、猪0.2～0.6ml；犬0.1～0.3ml；猫0.1～0.02ml。用时以生理盐水稀释10倍。心室内注射，犬、猫用量及浓度同皮下注射。

去甲肾上腺素

【理化性质】白色或类白色结晶性粉末，遇光和空气易变质，在水中易溶。常制注射液。

【作用与应用】主要兴奋α受体，对β受体的兴奋作用较弱。对心脏作用较肾上腺素弱，使心肌收缩加强，心率加快，传导加速。对皮肤、黏膜血管和肾血管有较强收缩作用，但可扩张冠状血管。有较强的升高血压作用，可增加休克时心、脑等重要器官的血液供应。常用于外周循环衰竭休克时的早期急救。

【注意事项】①限用于休克早期的应急抢救，并在短时间内小剂量静脉滴注。②若长期大剂量应用可导致血管持续地强烈收缩，加重组织缺血、缺氧，使休克的微循环障碍恶化。大剂量还可引起高血压、心律失常。③禁用于患有器质性心脏病或高血压的患畜。④与洋地黄毒苷同用，因心肌敏感性升高，易致心律失常。⑤与催产素、麦角新碱等合用，可增强血管收缩，导致高血压或外周组织缺血。⑥静脉注射后在体内迅速被组织摄取，作用仅维持几分钟，一般应采用静脉滴注，以维持有效血药浓度。⑦静脉滴注时严防药液外漏，以免引起局部组织坏死。

【制剂、用法与用量】重酒石酸去甲肾上腺素注射液，静脉滴注：一次量，马、牛8～12mg；羊、猪2～4mg。临用前稀释成每1ml中含4～8μg的药液。

➢ 知识拓展

传出神经的受体及其作用机制

1. 传出神经受体分类

根据其选择性结合的递质类型不同，分为胆碱受体和肾上腺素受体两种。

（1）胆碱受体　能选择性地与乙酰胆碱结合的受体，称胆碱受体。胆碱受体对各种激动剂敏感性不同，位于副交感神经节后纤维及少部分交感神经的节后纤维所支配的效应器细胞膜上的胆碱受体，对毒蕈碱敏感，称为毒蕈碱型胆碱受体（简称M胆碱受体或M受体），此受体兴奋所产生的效应称为毒蕈碱样作用，即M样作用；位于神经节细胞膜和骨骼肌细胞膜上的胆碱受体对烟碱较敏感，称为烟碱型胆碱受体（简称N胆碱受体或N受体）。此受体兴奋时的作用称烟碱样作用，即N样作用。

（2）肾上腺素受体　能选择性地与去甲肾上腺素或肾上腺素结合的受体，称肾上腺素受体。依据受体对激动剂敏感性不同，分为α肾上腺素受体（简称α受体）及β肾上腺素受体（简称β受体）。

2. 传出神经递质通过兴奋相应的受体产生作用

（1）乙酰胆碱的作用　兴奋M受体、N受体，产生M样、N样作用。M样作用，主要表现为心脏抑制、血管扩张、多数平滑肌收缩、瞳孔缩小、腺体分泌增加等，N样作用主要表现为植物神经节兴奋、骨骼肌收缩等。

（2）去甲肾上腺素或肾上腺素的作用　兴奋α、β受体，α受体作用主要表现为皮肤、黏膜、内脏血管（除冠状血管外）收缩，血压升高等；β受体作用主要表现为心肌兴奋，支气管、冠状血管平滑肌松弛等。

同步练习题

1. 单项选择题

（1）硫喷妥钠临床上主要用于（　　）。

A. 镇静　B. 局部麻醉　C. 诱导麻醉　D. 镇痛　E. 保定

（2）牛麻醉前给予阿托品的主要目的是（　　）。

A. 增加支气管分泌　B. 减少支气管分泌

C. 加强支气管收缩　D. 增强胃肠蠕动

E. 扩散瞳孔

（3）毛果芸香碱降低眼内压主要由于（　　）。

A. 收缩虹膜括约肌　B. 收缩虹膜开大肌

C. 收缩睫状肌　D. 松弛虹膜括约肌

（4）重症肌无力首选（　　）。

A. 新斯的明　B. 毛果芸香碱　C. 毒扁豆碱　D. 阿托品

2. 填空题

（1）阿托品是________受体阻断剂，解救有机磷中毒发挥的作用是________。

（2）肾上腺素对皮肤黏膜血管有__________作用，对冠状血管有________作用，对骨骼肌有______作用。

3. 简答题

（1）什么是局部麻醉药？局部麻醉的方式有哪些？

（2）盐酸肾上腺素的临床应用有哪些？

（3）作用于传出神经和传入神经的药物分为哪几类？有哪些常用药？

（4）拟胆碱药临床上有哪些应用？使用时应注意什么？

4. 讨论题

硫酸阿托品作用广泛，临床应如何使用？

模块五　调节组织代谢药物及抗过敏药物

内容摘要

本模块包括调节水盐代谢药物、维生素、钙、磷及微量元素、抗过敏药物、解热镇痛抗炎药物，要求掌握各类药物的作用机制、临床应用、注意事项及其制剂等，能将各类药物安全、有效、合理地应用于临床中。

单元一　调节水盐代谢药物

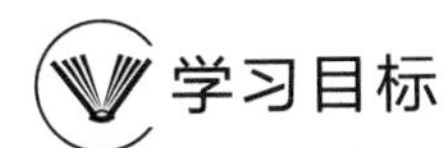

学习目标

1. 知识目标：理解调节水盐代谢药物的分类和作用机制。
2. 能力目标：掌握调节水盐代谢药物的作用特点、临床应用，做到合理选药用药。
3. 素质目标：遵守执业兽医职业道德行为规范，爱岗敬业、诚实守信，不滥用药物。

动物体内存在的液体称为体液。体液主要由水分和溶于水中的电解质、葡萄糖和蛋白质等构成，占成年动物体重的60%～70%，分为细胞内液（约占体液的2/3）和细胞外液（约占体液的1/3）。体液具有运输物质、调节酸碱平衡、维持细胞结构与功能等多方面的作用。虽然动物每天摄入水和电解质的量变动很大，但在神经-内分泌系统调节下，体液的总量、组成、酸碱度和渗透压总是在相对平衡的范围内波动。腹泻、高热、创伤、疼痛、休克、失血等，往往引起水盐代谢障碍和酸碱平衡紊乱，临床上需要应用水和电解质平衡药、酸碱平衡药、能量补充药、血容量扩充药等进行纠正，在实际应用中，这些药物往往不能截然分开。

一、水、电解质平衡药

水、电解质摄入过多或过少，排泄过多或过少，均对机体的正常功能产生影响，使机体出现脱水或水肿。发热、呕吐、腹泻、饮水量减少、呼吸频率加快、大面积烧伤、过度出汗、失血等，往往引起机体丢失大量水和电解质，需要给予电解质平衡药物纠正。常用的电解质平衡药物有氯化钠、氯化钾。

氯化钠

【理化性质】 无色、透明的立方形结晶或白色结晶性粉末。无臭、味咸。易溶于水，常制成注射液。

【作用与应用】 本品为电解质补充药。在动物体内，钠离子是细胞外液中极为重要的阳离子，是保持细胞外液渗透压和容量的重要成分。钠以碳酸氢钠形式构成缓冲系统，对调节体液的酸碱平衡也具有重要作用。钠离子在细胞外液中的正常浓度，是维持细胞的兴奋性、神经肌肉应激性的必要条件。体内大量丢失钠可引起低钠综合征，表现为全身虚弱、表情淡漠、肌肉痉挛、循环障碍等，重则昏迷直到死亡。另外，高渗氯化钠溶液静脉注射后能反射性兴奋迷走神经，使胃肠平滑肌兴奋，蠕动加强。

主要用于防治各种原因所致的低钠血症，也用于失水兼失盐的脱水症。

【注意事项】①脑、肾、心脏功能不全及血浆蛋白过低症患畜慎用，肺水肿动物禁用。②生理盐水所含有的氯离子比血浆氯离子浓度高，已发生酸中毒的动物若应用大量的生理盐水可引起高氯性酸中毒，此时可改用碳酸氢钠-生理盐水。

【制剂、用法与用量】氯化钠注射液。静脉注射，一次量，牛、马 1000～3000ml；猪、羊 250～500ml；犬 100～500ml。

氯化钾

【理化性质】无色长棱形、立方形结晶或白色结晶性粉末。无臭、味咸涩。易溶于水，常制成注射液。

【作用与应用】钾离子为细胞内主要阳离子，是维持细胞内渗透压的重要成分。钾离子通过与细胞外的氯离子交换参与酸碱平衡的调节；钾离子亦是心肌、骨骼肌、神经系统维持正常功能所必需。适当浓度的钾离子，可保持神经肌肉的兴奋性。缺钾则导致神经肌肉间的传导阻滞，心肌自律性增高。钾还参与糖和蛋白质的合成及二磷酸腺苷转化为三磷酸腺苷的能量代谢。低血钾表现为心律过快、心律不齐、胃肠弛缓、肌肉松弛无力。临床主要用于低钾血症，亦可用于强心苷中毒引起的阵发性心动过速等。

【注意事项】①无尿或血钾过高时禁用。②肾功能严重减退或尿少时慎用。③高浓度溶液或快速静脉注射可能会导致心搏骤停。④脱水病例一般先给不含钾的液体，等排尿后再补钾。

【制剂、用法与用量】氯化钾注射液。静脉注射，一次量，马、牛 2～5g；羊、猪 0.5～1g。使用时必须用 5%葡萄糖注射液稀释成 0.3%以下的溶液。

二、酸碱平衡药

家畜正常血液 pH 一般为 7.24～7.54，主要通过血液缓冲系统、肺和肾的调节维持 pH 相对稳定。当肺、肾脏功能障碍，机体代谢失常，高热、缺氧和腹泻等，都会引起酸碱平衡紊乱。当 pH 超出其极限值范围时动物即会死亡。因此，给予酸碱平衡调节药，使其恢复正常的酸碱平衡是十分重要的治疗措施。常用药物有碳酸氢钠、乳酸钠和氯化铵。其中氯化铵参见呼吸系统药物介绍。

碳酸氢钠

【理化性质】又称小苏打，为白色结晶性粉末。无臭，味咸。易溶于水，常制成注射液和片剂。

【作用与应用】内服后能迅速中和胃酸，减轻胃酸过多引起的疼痛，但作用持续时间短。内服、静脉注射碳酸氢钠能直接增加机体的碱储备，迅速纠正代谢性酸中毒，并碱化尿液，以防止磺胺类药物的代谢物等对肾脏的损害，加速弱酸性药物的排泄，使弱有机碱药物排泄减慢。

临床主要用于酸血症、胃肠卡他，也用于碱化尿液。

【注意事项】①大量静脉注射时可引起代谢性碱中毒、低钾血症，易出现心律失常、肌肉痉挛，肾功能不全患畜可出现水肿、肌肉疼痛等症状，患有充血性心力衰竭、肾功能不全和水肿或缺钾等患畜慎用。②内服时可在胃内产生大量 CO_2，引起胃肠臌气。③应避免与酸性药物、复方氯化钠、硫酸镁或盐酸氯丙嗪注射液等混合应用。④对组织有刺激性，静脉注射时勿漏出血管外。

【用法与用量】碳酸氢钠片：内服，一次量，马15～60g；牛30～100g；羊5～10g；猪2～5g；犬0.5～2g。碳酸氢钠注射液：静脉注射，一次量，马、牛15～30g；羊、猪2～6g；犬0.5～1.5g。

乳酸钠

【理化性质】无色或几乎无色透明液体。易溶于水，常制成注射液。

【作用与应用】其高渗溶液注入体内后，在有氧条件下经肝脏氧化代谢，转化成碳酸氢根离子，纠正血中过高的酸度，但其作用不及碳酸氢钠迅速和稳定。高钾血症伴有酸中毒时，乳酸钠可纠正酸中毒并使钾离子自血液及细胞外液进入细胞内。

主要用于治疗代谢性酸中毒，尤其是高钾血症等引起的心律失常伴有酸血症的病畜。

【注意事项】①水肿、肝功能障碍、休克、缺氧、心功能不全动物慎用。②一般不宜用生理盐水或其他含氯化钠溶液稀释本品，以免形成高渗溶液。

【制剂、用法与用量】乳酸钠注射液。静脉注射，一次量，牛、马200～400ml，羊、猪40～60ml。使用时需5倍稀释。

三、能量补充药

能量是维持机体生命活动的基本要素。碳水化合物、脂肪和蛋白质在体内经生物转化变为能量，体内50%的能量被转化为热能以维持体温，其余以三磷酸腺苷（ATP）形式贮存供生理和生产之需。能量代谢过程中的释放、贮存、利用任何一环节发生障碍，都会影响机体的功能活动。能量补充药有葡萄糖、ATP等，其中以葡萄糖最常用。

葡萄糖

【理化性质】白色或无色结晶粉末；易溶于水，常制成5%、10%、25%、50%的葡萄糖注射液。

【作用与应用】①供给能量，补充血糖。葡萄糖是机体重要能量来源之一，在体内氧化代谢释放出能量，以供机体所需。②等渗补充体液，高渗可消除水肿。5%葡萄糖溶液与体液等渗，输入机体后，葡萄糖很快被吸收、利用，并供给机体水分。25%～50%葡萄糖溶液为高渗液，大量输入机体后能提高血浆渗透压，使组织水分吸收入血，经肾脏排出带走水分，从而消除水肿。但作用较弱，维持时间较短，且可引起颅内压回升。③强心利尿。葡萄糖可供给心肌能量，改善心肌营养，从而增强心脏功能。胰岛素可提高心肌细胞对葡萄糖的利用率。因此以每4g葡萄糖加入1IU的胰岛素的比例混合静注，疗效更好。大量输入葡萄糖溶液，尤其是高渗液，由于体液容量的增加和部分葡萄糖自肾排出并带走水分，因而产生渗透性利尿作用。④解毒。肝脏的解毒能力与肝内糖原含量有关。同时某些毒物通过与葡萄糖的氧化产物葡萄糖醛酸结合或依靠糖代谢的中间产物乙酰基的乙酰化作用而使毒物失效，故具有一定解毒作用。

临床主要用于重病、久病、体质虚弱的动物以补充能量，也用作脱水、失血、低血糖症、心力衰竭、酮血症、妊娠中毒症、药物中毒、细菌毒素中毒等的辅助治疗。

【注意事项】长期单纯补给葡萄糖可出现低钾血症、低钠血症等电解质紊乱状态。高渗性注射液静脉注射应缓慢，以免加重心脏负担，并勿漏到血管外。

【制剂、用法与用量】葡萄糖注射液。静脉注射，一次量，牛、马50～250g；猪、羊10～50g；犬5～25g。

四、血容量扩充药

机体在大量失血或失血浆时，由于血容量降低，可导致休克。迅速补足和扩充血容量是抗休克的基本疗法。临床应用的血容量扩充剂有全血、血浆和血浆代用品。全血、血浆等血液制品是理想的血容量扩充剂，但其来源有限，应用受到一定限制。葡萄糖和生理盐水有扩容作用，但维持时间短暂，而且只能补充水分、部分能量和电解质，不能代替血液和血浆的全部功能。所以，目前最常用的血容量扩充药是血液代用品如右旋糖酐等。

右旋糖酐

【理化性质】白色或类白色无定形粉末或颗粒。分为中分子（平均分子量7万，又称右旋糖酐70）、低分子（平均分子量4万，又称右旋糖酐40）和小分子（平均分子量1万）三种右旋糖酐，均易溶于水，常制成注射液。

【作用与应用】右旋糖酐能提高血浆胶体渗透压，吸收血管外的水分而扩充血容量，维持血压；使已经聚积的红细胞和血小板解聚，降低血液黏滞性，从而改善微循环和组织灌注，使静脉回流量和心搏输出量增加；抑制凝血因子Ⅱ的激活，使凝血因子Ⅰ和Ⅲ活性降低，有抗血栓形成和渗透性利尿作用。右旋糖酐70的扩充血容量及抗血栓作用较右旋糖酐40强。

右旋糖酐40因分子量小，在体内停留时间较短，经肾脏排泄亦快，故扩充血容量作用维持时间较短，维持血压时间仅为3h左右。右旋糖酐70在体内停留时间较长，排泄较慢，1h排出30%，在24h内约50%从肾排出。

主要用于补充和维持血容量，治疗失血、创伤、烧伤及中毒性休克。

【注意事项】①静脉注射应缓慢，用量过大可致出血。②充血性心力衰竭和有出血性疾患动物禁用，肝、肾疾患动物慎用。③偶见过敏反应，可用苯海拉明或肾上腺素药物治疗。④与维生素B_{12}混合可发生变化；与卡那霉素、庆大霉素合用可增强其毒性。

【制剂、用法与用量】右旋糖酐70葡萄糖注射液、右旋糖酐40葡萄糖注射液、右旋糖酐40氯化钠注射液、右旋糖酐70氯化钠注射液。静脉注射，一次量，牛、马500～1000ml；猪、羊250～500ml。

五、病畜的合理补液原则

1. 根据脱水性质合理补液

高渗性脱水：家畜在饮水不足或吞咽困难时，由于水的进入量减小而畜体仍通过呼吸、排汗、排尿及粪便等途径不断失水，造成失水多、失盐少的脱水。血清钠浓度超过160mmol/L以上（犬），表现为口渴、少尿、尿相对密度增加、细胞脱水、皮肤皱缩。补液应以补水为主，可输给5%的葡萄糖溶液，或5%的葡萄糖溶液2份加生理盐水1份。出现酸中毒者应用5%的碳酸氢钠溶液同5%葡萄糖注射液稀释成等渗溶液静脉注射。

低渗性脱水：家畜在中暑、急性过劳，或在使役中全身大出汗，体液大量丧失，如只喂服大量水而不补盐，造成失盐多、失水少的脱水。血清钠浓度低于135mmol/L（犬），表现为无口渴感，早期多尿、尿相对密度低，皮温降低、四肢厥冷，后期易发生低血容量性休克。补液应以输入生理盐水，或生理盐水2份与5%的葡萄糖溶液1份为宜。若出现急性酸中毒者急需纠正，可直接注入5%碳酸氢钠溶液。

等渗性脱水：家畜在腹泻、腹痛、大出汗后饮水不足时，水、钠损失量基本近似（等渗性脱水）。血清钠浓度为136～159mmol/L（犬），常见的脱水多为此种类型。补液应以复方氯化钠注射液或5%葡萄糖生理盐水为宜，也可滴注生理盐水与5%葡萄糖各等份的注射液。如果伴有酸中毒、低血钾等，还要补充碱性药物、钾制剂。

2. 根据脱水程度确定补液总量

临床上估计脱水的程度主要通过观察患畜的精神状态、皮肤弹性是否降低、口腔黏膜干燥程度、眼窝下陷程度和毛细血管再充盈时间等来判断。实验室可根据红细胞比容、尿素氮、总蛋白和尿密度等判断脱水程度。

轻度脱水：病畜表现精神沉郁，有渴感，尿量减少，口腔干燥，皮肤弹力减退，常见于疾病的初期。失水量约为体重的4%。需补液量为每千克体重30～50ml。

中度脱水：病畜尿少或不排尿，血液黏稠度增高，全身贫血，口干舌燥，渴欲明显，眼窝下陷，皮肤弹性降低，疲乏无力。失水量约为体重的6%。需补液量为每千克体重50～80ml。

重度脱水：病畜眼窝塌陷，角膜干燥，发热，表现兴奋或抑制，甚至昏睡，失水量约为体重的8%。需补液量为每千克体重80～120ml。

临床上每天输液量：(维持量40ml/kg体重×体重)+[脱水比例(%)×体重×1000]+临床可见损失量（如呕吐量、腹泻量等）。如1只体重10kg的犬1天不吃不喝，呕吐2次，每次约60ml，脱水8%，其输液量为：(40×10)+(8%×10×1000)+(60×2)=1320ml。

在补液中或补液后，患畜精神好转、脱水的症状与体征减轻或消失、心跳呼吸趋于正常、尿量恢复正常是补足的表现，不见排尿是没有补够的指征，可酌情加大输液量。

3. 选择合理的补液方法

补液方法有口服、灌肠和注射3种。对有饮欲的病畜，尽量通过饮水解决脱水问题，注意在饮水中加入适量电解质。必要时可以通过胃管灌服药液或用灌肠法补液。在采用静脉注射补液时应注意：凡加有钙、钾、镁制剂时，输液速度要缓慢，以防病畜心跳突然停止；药液加温不应超过40℃；补液时注意观察病畜有无输液反应，如发现病畜不安、躁动、心跳和呼吸加快、肌肉震颤或大出汗，应立即停止输液，并注射盐酸肾上腺素、盐酸苯海拉明等进行解救。

4. 掌握正确的补液顺序和补液速度

补液时，一般按照先快后慢、先浓后淡、先盐后糖、见尿补钾的原则进行。补液的关键在于第1天24h，重度脱水、低血容量性休克和严重酸中毒，首先要扩容纠酸，继而补充累积损失、异常及继续生理丢失量。待血液循环和肾功能恢复后，机体自身就能调节。纠正脱水过程中，注意补钾。大量补糖或碳酸氢钠，血液中钾转移入细胞内，故极易造成低钾血症。缺钾表现为心律过快、心律不齐、胃肠弛缓、肌肉松弛无力。临床上常用10%氯化钾5～10ml，加入500ml液体中静脉注射。

补液速度，宜先快后慢。通常每分钟60滴，相当于每小时250ml。心、脑、肾功能障碍者补液及补钾时速度应慢，动物休克时速度应快。

> 知识拓展

复方氯化钠注射液

【理化性质】 又称林格液。无色的澄明液体。其为氯化钠、氯化钾与氯化钙混合制成的灭菌水溶液。

【作用与应用】钠离子是细胞外液中极为重要的阳离子，而钾离子为细胞内主要的阳离子。体内适当浓度的钠离子和钾离子是维持细胞、神经肌肉兴奋性的必要条件。钠和钾也是维持细胞内外渗透压的重要成分，对调节体液的酸碱平衡也具有重要作用。钙则是构成骨组织的重要元素，除促进骨骼和牙齿正常发育，维持骨骼正常的结构和功能、神经纤维和肌肉的正常兴奋性外，还具有降低毛细血管膜的通透性及促进凝血等作用。

主要用于脱水症。

【注意事项】输注过多、过快，可致水钠钾潴留，引起水肿，血压升高，心率加快。过多、过快给予低渗氯化钠可致溶血、脑水肿等。肺水肿患畜禁用。脑、肾、心脏功能不全及血浆蛋白过低患畜慎用。本品所含有的氯离子比血浆氯离子浓度高，已发生酸中毒动物，如大量应用，可引起高氯性酸中毒。此时可改用碳酸氢钠和生理盐水。

【制剂、用法与用量】复方氯化钠注射液。静脉注射，一次量，马、牛1000～3000ml；羊、猪250～500ml；犬100～500ml。

同步练习题

1. 单项选择题

(1) 扩充血容量应选用（　　）。

A. 高分子右旋糖酐　　B. 中分子右旋糖酐
C. 低分子右旋糖酐　　D. 右旋糖酐
E. 以上均可

(2) 右旋糖酐扩充血容量的机制为（　　）。

A. 在血管内维持胶体渗透压　　B. 在血管内维持血浆晶体渗透压
C. 抑制肾小管水分重吸收　　D. 增加肾小管水分重吸收
E. 减少血管外的水分进入血管内

(3) 氯化钠用于防治低钠综合征和缺钠性脱水症的浓度是（　　）。

A. 10%　　B. 0.1%　　C. 0.9%　　D. 1%　　E. 以上都不是

(4) 葡萄糖具有哪种药理作用？（　　）。

A. 补充体液　　B. 供给能量　　C. 强心　　D. 脱水利尿　　E. 以上都是

(5) 葡萄糖用于脱水的浓度是（　　）。

A. 5%　　B. 10%　　C. 50%　　D. 1%　　E. 以上都不是

(6) 属于葡萄糖的用途的是（　　）。

A. 高渗溶液用于肺水肿、脑水肿和牛、羊酮血症
B. 等渗溶液用于脱水、大失血时补充体液
C. 稍高于等渗的溶液用于重病、久病、过劳时补充营养
D. 药物、毒物中毒治疗
E. 以上都是

(7) 不属于碳酸氢钠应用范围的是（　　）。

A. 酸化尿液　　B. 纠正代谢性酸中毒　　C. 中和胃酸
D. 碱化尿液　　E. 加速弱酸性药物的排泄

2. 填空题

（1）临床应用的血容量扩充剂有________、________和__________。

（2）氯化钠作为水盐平衡调节药，主要用于防治____________和____________。

（3）氯化钾作为水盐平衡调节药，主要用于____________和__________。

（4）碳酸氢钠可降低体液中的氢离子浓度，临床主要用于__________。

（5）乳酸钠在体内可转化为碳酸氢根离子，纠正酸中毒，临床用于治疗____________和__________。

（6）5%葡萄糖溶液为________，能被机体很快吸收利用，主要用于补充______。10%、50%葡萄糖溶液为__________，具有______作用。

3. 简答题

（1）葡萄糖注射液的临床用途有哪些？

（2）动物脱水的病因有哪些？判断脱水及脱水程度的依据有哪些？

（3）动物低钠血症、低钾血症的临床表现有哪些？常采用哪些药物治疗？

4. 论述题

试述动物出现以下代谢紊乱情况，需使用哪些体液补充剂纠正？①酮症酸中毒；②中暑所致的脱水；③严重呕吐、腹泻所致脱水。

5. 案例分析题

一只黑色藏獒，6月龄，体重40kg，精神沉郁，食欲下降，体温41℃，持续性呕吐，呕吐物呈黄色水样黏液，腹泻，排出具有腥臭味的咖啡色水样便，病犬被毛粗乱、四肢乏力、眼窝凹陷，皮肤失去弹性，脱水症状严重。采集病犬的粪便，用犬细小病毒快速诊断试纸检测呈阳性，结合临床症状，被确诊为肠炎型细小病毒性肠炎。

临床上采用了细小病毒单克隆抗体和犬用干扰素治疗的同时，还配合使用抗菌消炎、补液强心、止吐、止泻等综合性治疗方法。针对上述疾病，就补充体液一项，拟定一个合理的治疗方案。

单元二　维生素

学习目标

1. 知识目标：理解维生素的分类和作用机制；掌握常见维生素缺乏症。
2. 能力目标：掌握常用维生素的作用特点、临床应用，做到合理选药用药。
3. 素质目标：遵守执业兽医职业道德行为规范，爱岗敬业、诚实守信，不滥用药物。

维生素是维持动物正常生理功能所必需的低分子有机化合物。其本身不是构成机体的主要物质和能量的来源。但它们主要以辅酶和催化剂的形式广泛参与机体新陈代谢，保证机体组织器官的细胞结构和功能的正常，以维持动物的正常生产和健康。大多数必须从饲料中获得，仅少数可在体内合成或由肠道内的微生物合成。动物机体每日对维生素的需要量很少，但其作用是其他物质所无法替代的。机体缺乏维生素时可引起“维生素缺乏症”，如代谢功能障碍、生长停滞、生产性能下降、繁殖力和抗病力下降等，严重的甚至可致死亡。维生素类药物主要用于防治维生素缺乏症，临床上也可用于某些疾病的辅助治疗。维生素一般根据其溶解性能分为脂溶性和水溶性维生素两类。

一、脂溶性维生素

脂溶性维生素易溶于大多数有机溶剂，不溶于水。在食物中常与脂类共存，脂类吸收不良时其吸收亦减少，甚至发生缺乏症。常用的脂溶性维生素包括维生素 A、维生素 D、维生素 E、维生素 K 等。脂溶性维生素吸收后可在体内的肝、脂肪组织中贮存，长期超量使用超过机体的贮存限量时可引起动物中毒。

维生素 A

【理化性质】本品为淡黄色的油溶液，不溶于水。

【作用与应用】维生素 A 具有促进生长、维持上皮组织如皮肤、结膜、角膜等正常功能的作用，并参与视紫红质的合成，增强视网膜感光力。还参与体内许多氧化过程，尤其是不饱和脂肪酸的氧化。维生素 A 缺乏时则生长停止，骨骼生长不良，繁殖能力下降，皮肤粗糙、干燥，角膜软化并发生干性眼炎和夜盲症等。

临床主要用于防治维生素 A 缺乏症，如干眼症、夜盲症、角膜软化症和皮肤硬化症等。

【注意事项】过量可致中毒。

【制剂、用法与用量】维生素 AD 油，每 1g 含维生素 A5000 单位与维生素 D500 单位。内服，一次量，马、牛 20～60ml；羊、猪 10～15ml；犬 5～10ml；禽 1～2ml。

维生素 D

【理化性质】本品为无色针状结晶或白色结晶性粉末，无臭、无味，不溶于水。

【作用与应用】维生素 D 对钙、磷代谢及幼畜骨骼生长有重要影响，其主要功能是促进钙、磷在小肠内正常吸收。其代谢活性物质能调节肾小管对钙的重吸收，维持循环血液中钙的水平，并促进骨骼的正常发育。缺乏时，动物机体肠道对钙、磷的吸收减少，血中钙、磷的浓度下降，骨骼钙化异常，引起佝偻病和骨软症，奶牛产乳量减少，鸡产蛋率下降、蛋壳易碎等。

临床用于防治维生素 D 缺乏症，如佝偻病、骨软症等。

【注意事项】①过多使用维生素 D 会直接影响钙和磷的代谢，减少骨的钙化作用，在软组织出现异位钙化，以及导致心律失常和神经功能紊乱等症状。②维生素 D 过多还会间接干扰其他脂溶性维生素（如维生素 A、维生素 E 和维生素 K）的代谢。③应注意补充钙剂，中毒时应立即停用本品和钙制剂。

【制剂、用法与用量】维生素 D_3 注射液。肌内注射：一次量，每 1kg 体重，家畜 1500～3000 单位。

维生素 E

【理化性质】又称生育酚。微黄色或黄色透明的黏稠液体，几乎无臭，不溶于水，遇氧迅速被氧化。

【作用与应用】本品可阻止体内不饱和脂肪酸及其他易氧化物的氧化，保护细胞膜的完整性，维持其正常功能。维生素 E 与动物的繁殖功能也密切相关，具有促进性腺发育、促成受孕和防止流产等作用。另外，维生素 E 还能提高动物对疾病的抵抗力，增强抗应激能力。

动物缺乏维生素 E 时，会发生多种功能障碍。如家禽蛋的孵化率下降，幼雏发生脑软化和渗出性素质；处于生长期的犊牛、羔羊、仔猪则表现为营养性肌肉萎缩，早期症状为僵硬和不愿走动，剖检尸体可见骨骼肌有变性的灰白色区域和心肌损害。

主要用于治疗维生素 E 缺乏所致不孕症、白肌病等。

【注意事项】①过高剂量可诱导犬凝血障碍。②偶尔可引起死亡、流产或早产等过敏反应，可立即注射肾上腺素或抗组胺药物治疗。③注射体积超过 5ml 时应分点注射。

【制剂、用法与用量】维生素 E 注射液。皮下、肌内注射，一次量，驹、犊 0.5～1.5g；羔羊、仔猪 0.1～0.5g；犬 0.03～0.1g。

维生素 K_1

【理化性质】黄色至橙色澄清的黏稠液体；不溶于水，常制成注射液。

【作用与应用】维生素 K_1 能促进肝脏合成凝血酶原（凝血因子Ⅱ）和凝血因子Ⅶ、Ⅸ、Ⅹ，并起激活作用，从而参与机体的凝血过程。若动物缺乏维生素 K_1 可导致内出血，凝血时间延长或流血不止。

主要用于防治维生素 K 缺乏所引起的出血性疾病，如长期使用抗菌药物引起维生素 K 缺乏而导致的出血；也用于霉烂的苜蓿干草或青贮料中所含双香豆素引起的低凝血酶原血症而发生的出血等。

【注意事项】①本品静脉注射时可出现包括死亡在内的严重反应，应缓慢注射。注射液可用生理盐水、5%葡萄糖注射液或 5%葡萄糖生理盐水稀释，稀释后应立即注射，成年家畜每分钟不应超过 10mg，新生仔畜或幼畜每分钟不应超过 5mg。②维生素 K_1 注射液如有油滴析出或分层，则不宜使用，但可在遮光条件下加热至 70～80℃，振摇使其自然冷却，若澄明度正常仍可使用。

【制剂、用法与用量】维生素 K_1 注射液，肌内、静脉注射，一次量，每 1kg 体重，犊 1mg；犬、猫 0.5～2mg。

二、水溶性维生素

水溶性维生素包括 B 族维生素和维生素 C，均易溶于水。已发现的 B 族维生素有 20 多种。动物胃肠道内微生物，尤其是反刍动物瘤胃内的微生物能合成部分 B 族维生素，所以成年反刍动物一般不会缺乏，但家禽、犊牛、羔羊等则需要从饲料中获得足够的 B 族维生素才能满足其生长发育需要。水溶性维生素在体内不易贮存，摄入的多余量全部由尿排出，因此毒性很低。

维生素 B_1

【理化性质】又称硫胺素。白色结晶或结晶性粉末，有微弱的特臭，味苦，易溶于水。

【作用与应用】参与体内糖代谢中丙酮酸、α-酮戊二酸的氧化脱羧反应，为糖类代谢必需物质。维生素 B_1 对维持神经组织、心脏及消化系统的正常功能起着重要作用。缺乏时，血中丙酮酸、乳酸增高，并影响机体能量供应；禽及幼年家畜则出现多发性神经炎、心肌功能障碍、消化不良、生长受阻等。

主要用于维生素 B_1 缺乏症，如多发性神经炎；也用于胃肠弛缓等。

【注意事项】①注射时偶见过敏反应，甚至休克。②吡啶硫胺素、氨丙啉与维生素 B_1 有拮抗作用，饲料中此类物质添加过多会引起维生素 B_1 缺乏。③与其他 B 族维生素或维生素 C 合用，可发挥综合疗效。

【制剂、用法与用量】维生素 B_1 片，内服，一次量，马、牛 100～500mg；羊、猪 25～50mg；犬 10～50mg；猫 5～30mg。维生素 B_1 注射液，皮下、肌内注射，一次量，马、牛 100～500mg；羊、猪 25～50mg；犬 10～25mg；猫 5～15mg。

维生素 B_2

【理化性质】又称核黄素，为橙黄色结晶性粉末，微臭、味微苦，易溶于水。

【作用与应用】本品是体内黄素酶类辅基的组成部分。黄素酶在生物氧化还原中发挥递氢作用，参与体内碳水化合物、氨基酸和脂肪的代谢，并对中枢神经系统的营养、毛细血管功能具有重要影响。本品缺乏时会影响生物氧化，使代谢发生障碍。雏鸡出现独特的足趾蜷缩、腿软弱无力、生长迟缓等症状，产蛋期则表现为产蛋率下降，蛋孵化率降低；猪表现腿肌僵硬、眼晶体混浊、腹泻、皮肤粗糙、食欲不振，母猪则出现早产，胚胎死亡及胎儿畸形；犊、羔羊可表现为口角、嘴唇破裂，食欲不振、脱毛、腹泻等。

主要用于防治维生素 B_2 缺乏症，如口炎、脂溢性皮炎、角膜炎等。

【注意事项】动物使用本品后，尿液呈黄色。

【制剂、用法与用量】维生素 B_2 片，内服，一次量，马、牛 100～150mg；羊、猪 20～30mg；犬 10～20mg；猫 5～10mg。维生素 B_2 注射液，皮下、肌内注射，一次量，马、牛 100～150mg；羊、猪 20～30mg；犬 10～20mg；猫 5～10mg。

烟酰胺

【理化性质】白色的结晶性粉末；无臭或几乎无臭；略有引湿性；在水中易溶，常制成片剂和注射剂。

【作用与应用】烟酰胺为水溶性维生素，与烟酸统称为维生素 PP、抗癞皮病维生素。烟酰胺是辅酶Ⅰ和辅酶Ⅱ的组成部分，在体内氧化还原反应中起传递氢的作用。它与糖酵解、脂肪代谢、丙酮酸代谢，以及高能磷酸键的生成有着密切关系，在维持皮肤和消化器官正常功能方面亦起着重要作用。烟酰胺缺乏症在反刍动物不常见，但反刍动物补充烟酰胺可提高氮的利用效率，促进生长及提高泌乳动物瘤胃内微生物蛋白质的合成和奶产量。猪缺乏症表现为食欲下降，生长不良，口炎，腹泻，表皮脱落性皮炎和脱毛。鸡可表现口炎、羽毛生长不良和坏死性肠炎等。

主要用于烟酸缺乏症。

【注意事项】肌内注射可引起注射部位疼痛。

【制剂、用法与用量】烟酰胺片，内服，一次量，每千克体重，家畜 3～5mg。烟酰胺注射液，肌内注射，一次量，每千克体重，家畜 0.2～0.6mg；幼畜不得超过 0.3mg。

烟酸

【理化性质】白色结晶或结晶性粉末，无臭或有微臭在水中略溶。常制成片剂。

【作用与应用】烟酸又称维生素 B_3。烟酸在体内转化成烟酰胺，进一步生成辅酶Ⅰ和辅酶Ⅱ，在体内氧化还原反应中起传递氢的作用。它与糖酵解、脂肪代谢、丙酮酸代谢，以及高能磷酸键的生成有着密切关系，在维持皮肤和消化器官正常功能方面亦起着重要作用。

【作用与用途】主要用于烟酸缺乏症。

【注意事项】按规定的用法用量使用尚未见不良反应。

【制剂、用法与用量】烟酸片，内服，一次量，每千克体重，家畜 3～5mg。

泛酸钙

【理化性质】白色粉末；无臭，有引湿性；易溶于水，水溶液呈中性或弱碱性。

【作用与应用】泛酸又称维生素 B_5。泛酸是辅酶 A 的组成部分，辅酶 A 在物质代谢中传递酰基，参与糖、脂肪和蛋白质的代谢。泛酸还在脂肪酸、胆固醇及乙酰胆碱的合成中起着十分重要的作用，并参与维持皮肤和黏膜的正常功能和毛皮的色泽，以及增强机体对疾病的抵抗力。泛酸缺乏，雏鸡表现生长缓慢，皮炎，眼内分泌物增多，眼睑周围结痂；母鸡产蛋率及孵化率下降等；猪表现鳞片状皮炎，脱毛，呕吐，胃肠功能紊乱，腹泻，便血，腿内弯，呈“鹅行步伐”。

主要用于动物泛酸缺乏症。

【注意事项】本品在B族维生素中最易缺乏，单胃动物易缺乏，反刍动物不缺乏。

【制剂、用法与用量】泛酸钙，混饲，一次量，每1000kg饲料，猪10～13g；禽6～15g。

维生素B_6

【理化性质】白色或类白色结晶或结晶性粉末；无臭，味酸苦，易溶于水。

【作用与应用】维生素B_6在体内经酶作用生成具有生理活性的磷酸吡哆醛和磷酸吡哆醇，是氨基转移酶、脱羧酶及消旋酶的辅酶，参与体内氨基酸、蛋白质、脂肪和糖的代谢。此外，维生素B_6还在亚油酸转变为花生四烯酸等过程中发挥重要作用。

维生素B_6缺乏症在成年反刍动物不常见，但犊缺乏时可出现厌食、腹泻、呕吐、生长不良、视觉受损、小细胞低色素性贫血，以及因外周神经脱髓鞘而出现神经功能紊乱；犬、猫缺乏会引起食欲不振，体重减轻，共济失调，惊厥和心肌损害，以及小细胞低色素性贫血。

主要用于防治维生素B_6缺乏症，如皮炎、周围神经炎等。

【注意事项】与维生素B_2合用，可促进维生素B_2的吸收。

【制剂、用法与用量】维生素B_6片，内服，一次量，马、牛3～5g；羊、猪0.5～1g；犬0.02～0.08g。维生素B_6注射液，皮下、肌内或静脉注射，一次量，马、牛3～5g；羊、猪0.5～1g；犬0.02～0.08g。

维生素B_{12}

【理化性质】又称钴胺素，为深红色结晶或结晶性粉末；无臭、无味，略溶于水，常制成注射液。

【作用与应用】维生素B_{12}是合成核苷酸的重要辅酶成分，参与体内甲基转移及叶酸代谢，促进5-甲基四氢叶酸转变为四氢叶酸。缺乏时，可致叶酸缺乏，并由此导致DNA合成障碍，影响红细胞的发育与成熟。本品还促使甲基丙二酸转变为琥珀酸，参与三羧酸循环。此作用关系到神经髓鞘脂类的合成及维持有鞘神经纤维功能的完整。维生素B_{12}缺乏时，机体的细胞、组织生长发育将受抑制。红细胞生成减少尤为明显，可引起动物恶性贫血。此外，其他组织代谢也发生障碍，如神经系统损害等。

主要用于维生素B_{12}缺乏所致的贫血、幼畜生长迟缓等。

【注意事项】在防治巨幼红细胞性贫血症时，常与叶酸合用。肌内注射偶可引起皮疹、瘙痒、腹泻以及过敏性哮喘。

【制剂、用法与用量】维生素B_{12}注射液，肌内注射，一次量，马、牛1～2mg；猪、羊0.3～0.4mg；犬、猫0.1mg。

叶酸

【理化性质】黄色或橙黄色结晶性粉末；无臭、无味；不溶于水。

【作用与应用】叶酸进入体内被还原并甲基化为具有活性的5-甲基四氢叶酸。5-甲基四氢叶酸作为甲基供体使维生素B_{12}转变为甲基维生素B_{12}，自身则变成四氢叶酸。四氢叶酸作为一碳基团转移酶的辅酶参与体内多种氨基酸、嘌呤及嘧啶的合成和代谢，并与维生素B_{12}共同促进红细胞的生长和成熟。叶酸缺乏时，氨基酸、嘌呤及嘧啶的合成受阻，以致核酸合成减少，细胞分裂与发育不完全。主要病理表现为巨幼红细胞性贫血、腹泻、皮肤功能受损及生长发育受阻等。

主要用于防治因叶酸缺乏而引起的贫血病。

【注意事项】 对甲氧苄啶、乙胺嘧啶等所致的巨幼红细胞性贫血无效。对维生素 B_{12} 缺乏所致恶性贫血，大剂量叶酸治疗可纠正血象，但不能改善神经症状。

【制剂、用法与用量】 叶酸片，内服，一次量，犬、猫 2.5～5mg。

维生素 C

【理化性质】 又称抗坏血酸，为白色结晶或结晶性粉末；无臭，味酸；久置色渐变微黄；水溶液显酸性反应；易溶于水。

【作用与应用】 维生素 C 在体内和脱氢维生素 C 形成可逆的氧化还原系统，此系统在生物氧化还原反应和细胞呼吸中起重要作用。维生素 C 参与氨基酸代谢及神经递质、胶原蛋白和组织细胞间质的合成，可降低毛细血管通透性，具有促进铁在肠内吸收，增强机体对感染的抵抗力，以及增强肝脏解毒能力等作用。

主要用于维生素 C 缺乏症，发热，慢性消耗性疾病等。

【注意事项】 ①与维生素 B_2、碱性药物和铁离子等溶液配伍，可降低药效，故不宜配伍。②可破坏饲料中的维生素 B_{12}，并与饲料中的铜离子、锌离子发生络合，阻断其吸收。③给予高剂量时，尿酸盐、草酸盐或胱氨酸结晶形成的风险增加。④大剂量应用时可酸化尿液，使某些有机碱类药物排泄增加。

【制剂、用法与用量】 维生素 C 片，内服，一次量，马 1～3g；猪 0.2～0.5g；犬 0.1～0.5g。维生素 C 注射液，肌内、静脉注射，一次量，马 1～3g；牛 2～4g；羊、猪 0.2～0.5g；犬 0.02～0.1g。

三、维生素的合理使用

维生素是临床应用较普遍的药物之一，科学、合理使用维生素应考虑以下几方面：

1. 正确把握维生素的需要量

维生素的添加不应一成不变，应考虑饲料品种、动物健康状况、饲养环境、配方成本、贮存时间、天气季节等多种因素的影响，灵活科学地调整，以保证动物在实际情况下对维生素的需求。如动物在高温、疫情期、运输、转群、疫苗接种等应激状态时，维生素水平应提高，特别是维生素 C 的含量；高钙、磷的蛋鸡饲料应适当提高维生素 A 与维生素 D 的水平，以提高钙、磷的吸收利用；动物繁殖期应提高维生素 E 与生物素的含量，以保持较好的繁殖性能。同时，因维生素多数稳定性不高，在加工与贮存过程中，容易造成损失与效价降低，为了保证动物摄食到足量的维生素，应当在需要量的基础上，适当超量应用维生素，以确保畜禽生产的最佳效果。畜禽在不同的季节对维生素的种类需求也不同，青绿饲料充足时，不需要给畜禽添加 B 族维生素；冬季枯草期要注意各种维生素的平衡；秋季育肥时则要补充 B 族维生素。

2. 注意维生素的理化性质和配伍禁忌

使用维生素时，应根据维生素的理化特性，合理搭配，注意配伍禁忌，防止各营养成分间的相互拮抗，以减少维生素在加工贮存过程中的损失。如：氯化胆碱呈碱性，与其他维生素添加剂一起配合时，影响其他维生素的效价，一般应单独添加；维生素与微量元素、抗球虫药物与维生素 B_1、有机酸防霉剂与多种维生素、泛酸钙与烟酸、泛酸钙与维生素 C 等均应避免配伍禁忌，一般使用时应独立添加。维生素 A、维生素 K_3、维生素 C 和维生素 B_1 之间存在一定的拮抗作用，不宜混用。广谱抗生素可引起 B 族维生素缺乏。

3. 注意不良反应

不同的维生素各有其特异的不良反应，维生素 B_1、维生素 K 都有严重过敏反应；长期大剂量使用维生素 D 可致骨脱钙变脆，易于变形和骨折；过高剂量维生素 E 可引起凝血障碍，抑制雏鸡生长等。但这些反应多易在剂量过大时发生，从防止不良反应要求出发，要严格控制给药剂量。

4. 正确使用与贮存，防止霉菌污染变质

维生素需贮藏在干燥、密闭、避光、低温条件下。密封包装的高浓度单项维生素添加剂一般可贮存 1～2 年，不含氯化胆碱和维生素 C 的维生素预混料不超过 6 个月，含维生素和微量元素的复合预混料，最好不超过 1 个月。所有维生素添加剂产品开封后须尽快用完。饲料应存放在通风干燥的地方，以防霉菌及其毒素的侵害。饲料中霉菌及其毒素不仅危害畜禽健康，而且破坏饲料中的维生素。在饲料中添加防霉剂以防止饲料的霉变，同时添加抗氧化剂以防止饲料氧化，从而延长饲料的保质期。

➢ 知识拓展

维生素 D_2 胶性钙注射液

【理化性质】 白色乳状液体。

【作用与应用】 维生素 D 对钙、磷代谢及幼畜骨骼生长有重要影响，主要生理功能是促进钙和磷在小肠内正常吸收。维生素 D 的代谢活性物质能调节肾小管对钙的重吸收，维持循环血液中钙的水平，并促进骨骼的正常发育。

主要用于因维生素 D 缺乏所引起的钙质代谢障碍，如软骨病、佝偻病等不适于口服给药者。

【注意事项】 过多的维生素 D 会直接影响钙和磷的代谢，减少骨的钙化作用，在软组织出现异位钙化，以及导致心律失常和神经功能紊乱等。维生素 D 过多还会间接干扰其他脂溶性维生素（如维生素 A、维生素 E 和维生素 K）的代谢。

鱼类缺乏维生素

【制剂、用法与用量】 维生素 D_2 胶性钙注射液，皮下、肌内注射，一次量，马、牛 5～20ml；羊、猪 2～4ml；犬 0.5～1ml。临用前摇匀。

同步练习题

1. 单项选择题

（1）维生素 D 可用于治疗（　　）。

A. 白肌病　B. 佝偻病　C. 甲状腺功能减退症

D. 角膜软化症　E. 干眼病

（2）维生素 E 或硒缺乏可引起鸡小脑发生（　　）。

A. 非化脓性脑炎　B. 化脓性脑炎　C. 脑软化　D. 脑脊髓炎　E. 脑膜脑炎

（3）维生素 A 的作用是（　　）。

A. 维持视网膜的感光功能　B. 维持上皮细胞的形态和功能

C. 促进幼畜生长发育　D. 以上都是

（4）猪，主要喂甜菜渣，病猪出现生长缓慢，食欲减退，腹泻，皮肤粗糙，运动障碍，呈痉挛性鹅步。母猪所产仔猪出现畸形。最可能的疾病是（　　）。

A. 维生素A缺乏症　　B. 维生素B_2缺乏症

C. 维生素C缺乏症　　D. 维生素D缺乏症

E. 维生素E缺乏症

（5）蛋鸡群，200日龄，在产蛋高峰期时，突然产蛋量下降，蛋白稀薄，孵化率低下，雏鸡呈现生长缓慢，腹泻，不能走路，趾爪向内弯曲。最可能的疾病是（　　）。

A. 维生素A缺乏症　　B. 维生素B_2缺乏症

C. 维生素C缺乏症　　D. 维生素D缺乏症

E. 维生素E缺乏症

（6）犊牛，3月龄，夜晚行走时易碰撞障碍物，眼角膜增厚，有云雾状形成，皮肤有麸皮样痂块，出现阵发性惊厥。最可能的疾病是（　　）。

A. 维生素A缺乏症　　B. 维生素B_2缺乏症

C. 维生素C缺乏症　　D. 维生素D缺乏症

E. 泛酸缺乏症

2. 填空题

（1）根据溶解性可将维生素分为______维生素和______维生素两大类。

（2）维生素D主要用于防治幼龄动物的________及成年动物的________。

（3）维生素E缺乏可引起犊牛、仔猪的______和雏鸡的________、________。

（4）维生素C又称为________，能______毛细血管的致密度，降低其通透性和脆性。

3. 简答题

（1）维生素C有哪些药理作用和临床应用？

（2）维生素E有哪些药理作用和临床应用？

4. 论述题

请说出以下常见营养缺乏症的所有可能发病的原因：①佝偻病；②干眼症；③幼畜白肌病；④口角炎；⑤坏血症；⑥贫血；⑦皮炎、脱毛伴胃肠功能紊乱、生长缓慢、神经炎。

5. 案例分析题

晚春季节，以放养为主的3周龄雏鸭群，少数雏鸭绒毛卷曲，不愿走动，强迫走动时步态不稳，有的转圈，呈阵发性发作；最后倒地抽搐呈角弓反张死亡。病死鸭剖检未见肝肿大。请分析该病最可能的诊断结果是什么？鸭群发生该病可能的原因有哪些？对发病雏鸭最宜采取的措施是什么？

单元三　钙、磷及微量元素

学习目标

1. 知识目标：理解钙、磷及微量元素的作用机制；掌握钙、磷及微量元素缺乏症。
2. 能力目标：掌握钙、磷及微量元素的作用特点、临床应用，做到合理选药用药。
3. 素质目标：遵守执业兽医职业道德行为规范，爱岗敬业、诚实守信，不滥用药物。

钙、磷和微量元素是维持动物正常生理功能所必需的物质，当机体缺乏时，会引起相应的缺乏症，从而影响动物的生长发育和生产性能，并降低对疾病的抵抗力，产生各种病状，严重时可导致动物死亡。生产中通过在饲料中添加予以预防，但当动物机体处于特殊生理阶段或严重缺乏时，应使用药物进行治疗。

一、钙、磷

钙、磷占体内矿物元素总量70%，主要以碳酸钙、磷酸钙、磷酸镁形式存在。体内99%的钙和80%～85%的磷存在于骨骼和牙齿中，其余的钙与磷则存在于软组织和体液中。骨骼中钙磷含量的比例为2∶1。钙磷之比对动物至关重要，钙磷比不当，即会引起缺钙或缺磷。

氯化钙

【理化性质】白色坚硬的碎块或颗粒。本品极易溶于水，常制成注射液。

【作用与应用】①促进骨骼和牙齿正常发育，维持骨骼正常的结构和功能。②维持神经纤维和肌肉的正常兴奋性，参与神经递质的正常释放。③对抗镁离子的中枢抑制及神经肌肉兴奋传导阻滞作用。④降低毛细血管膜的通透性。⑤促进凝血等。

生长期动物对钙、磷需求比成年动物大，泌乳期动物对钙、磷的需求又比处于生长期的动物高。当动物钙摄取不足时，会出现急性或慢性钙缺乏症。慢性症状主要表现为骨软症、佝偻病。骨骼因钙化不全可导致软骨异常增生、退化，骨骼畸形，关节僵硬和增大，运动失调，神经肌肉功能紊乱，体重下降等。急性钙缺乏症主要与神经肌肉、心血管功能异常有关，如泌乳奶牛产后瘫痪，在其他家畜则表现为分娩抽搐综合征、牛低镁血症。

临床主要用于低钙血症以及毛细血管通透性增加所致疾病。

【注意事项】①钙剂治疗可能诱发高钙血症，尤其是心、肾功能不良患畜。②静脉注射钙剂速度过快可引起低血压、心律失常和心搏停止。③应用强心苷期间禁用本品。④本品刺激性强，其5%溶液不可直接静脉注射，注射前应以10～20倍葡萄糖注射液稀释。⑤勿漏出血管。若漏出，受影响局部可注射生理盐水、糖皮质激素和1%普鲁卡因。

【制剂、用法与用量】氯化钙注射液，静脉注射，一次量，马、牛5～15g；羊、猪1～5g；犬0.1～1g。

葡萄糖酸钙

【理化性质】白色颗粒性粉末。无臭，无味。溶于水，常制成注射液。

【作用与应用】作用同氯化钙。

主要用于钙缺乏症及过敏性疾病，亦可解除镁离子中毒引起的中枢抑制。

【注意事项】对组织刺激性小，比氯化钙安全。注射液若析出沉淀，宜微温溶解后使用。静脉注射速度宜缓慢，且禁止与强心苷、肾上腺素等药物合用。

【用法与用量】葡萄糖酸钙注射液，静脉注射，一次量，马、牛20～60g；羊、猪5～15g；犬0.5～2g。

碳酸钙

【理化性质】白色极细微的结晶性粉末，无味，不溶于水，常制成粉剂。

【作用与应用】作用同氯化钙。碳酸钙内服还可以中和或缓冲胃酸，作用缓和而持久。

用于治疗钙缺乏引起的佝偻病、骨软症及产后瘫痪等疾病；也用作抗酸药，治疗胃酸过多。

【注意事项】内服给药对胃肠道有一定的刺激性。维生素D、雌激素可增加对钙的吸收。

【用法与用量】内服，一次量，马、牛 30～120g；羊、猪 3～10g；犬 0.5～2g。

磷酸氢钙

【理化性质】白色极细微的结晶性粉末，无味。不溶于水，常制成片剂。

【作用与应用】钙磷补充药。钙和磷都是构成骨组织的重要元素，体内约 85%的磷与钙以结合形式存在于骨和牙齿中。骨骼外的磷则具有更为广泛的作用，如参与构成细胞膜的结构物质，体内有机物的合成和降解代谢等。另外，磷以 $H_2PO_4^-$ 或 HPO_4^{2-} 形式存在于体液中，并可由尿排泄，对体液的酸碱平衡起着重要的调节作用。

用于钙、磷缺乏症。

【注意事项】内服可减少四环素类、氟喹诺酮类药物从胃肠道吸收。与维生素 D 类同用可促进钙吸收，但大量可诱导高钙血症。

【制剂、用法与用量】磷酸氢钙片，以 $CaHPO_4 \cdot 2H_2O$ 计，内服，一次量，马、牛 12g；羊、猪 2g；犬、猫 0.6g。

二、微量元素

微量元素是指占动物体重 0.01%以下的元素。动物机体所必需的微量元素有铁、铜、锌、硒、碘、锰及钴等，它们是酶、激素和维生素等的组成成分，对体内的生化过程起着重要的调节作用。当机体缺乏或摄食过多时，均会影响其生长发育甚至引起疾病。

亚硒酸钠

【理化性质】白色结晶性粉末，无臭，溶于水。

【作用与应用】硒作为谷胱甘肽过氧化物酶的组成成分，在体内能清除脂质过氧化自由基中间产物，防止生物膜的脂质过氧化，维持细胞膜的正常结构和功能；硒还参与辅酶 A 和辅酶 Q 的合成，在体内三羧酸循环及电子传递过程中起重要作用。硒以硒半胱氨酸和硒甲硫氨酸两种形式存在于硒蛋白中，通过硒蛋白影响动物机体的自由基代谢、抗氧化功能、免疫功能、生殖功能、细胞凋亡和内分泌系统等而发挥其生物学功能。

动物硒缺乏时可发生营养型肌肉萎缩，初期可能表现为呼吸困难，骨骼肌僵硬，幼畜发生白肌病，雏鸡渗出性素质病。猪还会出现营养性肝坏死。成年动物硒缺乏则对疾病的易感性增高，母畜易出现繁殖功能障碍等。

【注意事项】肌内注射有局部刺激性。有较强毒性，中毒时表现为呕吐、呼吸抑制、虚弱、中枢抑制、昏迷等症状，严重可致死亡。常与维生素 E 联用，提高治疗效果。

【制剂、用法与用量】亚硒酸钠注射液，肌内注射，一次量，马、牛 30～50mg；驹、犊 5～8mg；羔羊、仔猪 1～2mg。亚硒酸钠维生素 E 注射液，肌内注射，一次量，驹、犊 5～8ml；羔羊、仔猪 1～2ml。

硫酸亚铁

【理化性质】淡蓝绿色柱状结晶或颗粒；无臭，味咸涩。易溶于水，常制成粉剂。

【作用与应用】铁为构成血红蛋白、肌红蛋白和多种酶（细胞色素氧化酶、琥珀酸脱氢酶、黄嘌呤氧化酶等）的重要成分。铁缺乏不仅能引起贫血，还可能影响其他生理功能。通常正常的日粮摄入足以维持体内铁的平衡，但在哺乳期、妊娠期和某些缺铁性贫血情况下，铁的需要量增加，补铁能纠正因铁缺乏引起的异常生理症状和血红蛋白水平的下降。

本品用于缺铁性贫血，如孕畜及哺乳仔猪、慢性失血、营养不良等的缺铁性贫血。

【注意事项】①铁盐对胃肠道黏膜具有刺激作用，内服大量可引起呕吐、腹痛、出血乃至肠坏死等，宜饲喂料后投药。②在服用期间，禁喂高钙、高磷及含鞣质较多的饲料。③禁与抗酸药、四环素类药物等合用。④铁可与肠道内硫化氢结合生成硫化铁，减少硫化氢对肠蠕动的刺激作用，但易便秘，并排出黑便。

【制剂、用法与用量】内服，一次量，马、牛2～10g；羊、猪0.5～3g；犬0.05～0.5g；猫0.05～0.1g。配成0.2%～1%溶液。

右旋糖酐铁

【理化性质】棕褐色至棕黑色结晶性粉末；无臭；在热水中易溶，常制成注射液。

【作用与应用】铁为血红蛋白及肌红蛋白的主要组成成分。血红蛋白为红细胞中主要携氧者。肌红蛋白系肌肉细胞贮存氧的部位，以助肌肉运动时供氧需要。与三羧酸循环有关的大多数酶和因子均含铁，或仅在铁存在时才能发挥作用。所以对缺铁动物积极补充铁剂后，除血红蛋白合成加速外，与组织缺铁和含铁酶活性降低的有关症状如生长迟缓、行为异常、体力不足均能逐渐得以纠正。

主要用于驹、犊、仔猪、幼犬和毛皮兽的缺铁性贫血。

【注意事项】①仔猪注射铁剂偶尔会因肌无力而出现站立不稳，严重时可致死亡。②本品毒性较大，需严格控制肌内注射剂量。③肌内注射时可引起局部疼痛，应深部肌内注射。④超过4周龄的猪注射，可引起臀部肌肉着色。⑤需防冻，久置可发生沉淀。⑥铁盐可与许多化学物质或药物发生反应，故不宜与其他药物同时或混合内服给药。

【制剂、用法与用量】右旋糖酐铁注射液，肌内注射，一次量，驹、犊200～600mg；仔猪100～200mg；幼犬20～200mg；狐狸50～200mg；水貂30～100mg。

➢ 知识拓展

有机微量元素

有机微量元素指微量元素与有机物以化学键或物理键结合而成的盐类，一般称为络合物。络合物指一个有机物的基团与一个金属离子进行配位反应而生成的化学物。螯合物是一种特殊的络合物，也称作内络合物。由于它的环状结构，通常比络合物稳定。螯合微量元素的研究起始于1952年。这种结合体的功能就是保持金属元素可溶性，被动物机体吸收，提高生物利用率。在饲料添加剂中，有机微量元素主要是指微量元素铜、锌、锰、铁和氨基酸，与小肽、蛋白质、多糖衍生物、有机酸等配体形成配位键结合成的络合物或螯合物。

常见的氨基酸微量元素螯合物主要指在一个分子中同时带有氨基（$-NH_2$）与羧基（—COOH）的有机化合物。自然界中有几百种氨基酸结构存在，但是在所有种类的微生物、植物和动物的蛋白质中可找到20多种共同的氨基酸。氨基酸是一类两性电解质，即它兼有酸性及碱性两种物质，因为氨基酸中至少含有一个羧基和一个氨基，在纯水溶液和晶态的氨基酸皆是以两性离子状态存在。在不同的反应条件下，氨基酸与二价金属离子可以形成1∶1或2∶1物质的量比的螯合物，具有载氧活性。

有机微量元素的优点：①促进微量元素消化吸收。②促进微量元素高效利用。③避免微量元素之间拮抗。④减少微量元素对消化道损伤。长期高量无机态的金属元素例如铁、铜具有腐蚀性，对消化道上皮组织和黏膜有损伤，对幼年动物和病理状态的动物消化道上皮组织和黏膜更敏感。有机微量元素一般不具有腐蚀性，有利于减少微量元素对消化道损伤。⑤减少微量元素对其他营养的破坏。长期高量无机态的金属元素具有氧化功能，对部分营养如维生素、脂肪酸等有破坏作用。⑥维持肠道良好理化环境。有机微量元素一般属于中性，有利于维持肠道良好理化环境。⑦避免微量元素受抗营养因子影响；植物源饲料原料有大量的抗营养因子，其中植酸和草酸等可与金属元素结合，特别是植酸是很强的络合剂，络合物的稳定常数过高，影响动物对微量元素的吸收和利用。而微量元素与中等稳定常数的氨基酸等结合后，可避免微量元素与植酸发生不可逆的结合，使微量元素能够发挥营养作用。

有机微量元素最大价值就是安全性：添加量少，生物利用率高，环境污染少；较低的剂量可以完成微量元素的营养学功效；更多地沉积到肌肉中，肉品营养价值高；免疫、抗病力增强；肉品安全；环境友好。

家禽：减少啄毛和争斗现象，减少皮肤损伤；降低胸部囊肿、尾脂腺发炎、结痂导致的胴体不合格率；减少种禽死亡率，提高种蛋孵化率，降低种公禽比例；提高骨骼强度、蛋壳强度及饲料报酬率。

仔猪及生长猪：生长速度显著提高；毛色光亮，皮肤自然红润；饲料转化率显著上升；减少耳尖坏死、咬耳、咬尾症状。母猪：母猪产死胎和木乃伊胎大量减少；胎产活仔数显著提高；后备母猪及经产母猪淘汰率大幅度下降；首次配种受胎率显著提高，种公猪需要量大幅度下降。

奶牛：使牛奶中体细胞数迅速降低达30%～50%；大幅度缩短空怀期；显著提高头期受胎率。

同步练习题

1. 单项选择题

（1）博美犬，不久前产仔犬5只；检查体温40.5℃，突发呼吸急促，流涎，步态不稳，难以站立；血清钙浓度1.5mmol/L。

① 该病最可能的诊断是（　　）。

A. 中暑　　B. 肺水肿　　C. 急性肺炎　　D. 脑膜脑炎

E. 产后低钙血症

② 与该病发生无关的因素是（　　）。

A. 日粮中钙缺乏　　B. 日粮中锌缺乏

C. 日粮中维生素D缺乏　　D. 多胎吸收大量母体钙

E. 血钙随泌乳大量流失

③ 治疗该病的首选药物是（　　）。

A. 安乃近　　B. 硫酸镁　　C. 氨苄西林　　D. 葡萄糖酸钙

E. 肾上腺皮质激素

（2）雏鸡群，腿无力，喙与爪变软易弯曲，采食困难，行走不稳，常以跗关节着地，呈蹲伏状态，骨骼变软肿胀。该病最可能的诊断是（　　）。

A. 骨软症　B. 佝偻病　C. 维生素 B_1 缺乏症

D. 锰缺乏症　E. 禽痛风

(3) 3 日龄肉鸡群，陆续发病，病鸡沉郁，食欲减退，喜卧，跛行。剖检可见腹部皮下胶冻样渗出，胰腺变窄、变薄、变硬，骨骼肌纤维发生透明变性，可见肌纤维肿胀，嗜伊红细胞指数增强，横纹消失，肌间成纤维细胞增生。

① 该病可诊断为（　）。

A. 硒缺乏症　B. 维生素 B_1 缺乏症

C. 维生素 B_2 缺乏　D. 锰缺乏症

E. 维生素 K 缺乏症

② 该病还可能出现的异常是（　）。

A. 肌胃萎缩　B. 观星样姿势　C. 趾爪卷曲症　D. 滑腱症　E. 花斑肾

(4) 为防止骨软症和佝偻病常用哪种药物（　）。

A. 维生素 D　B. 碳酸钙　C. 磷酸二氢钠　D. 葡萄糖酸钙　E. 以上都是

(5) 治疗动物腹膜炎，为制止渗出应选择静脉注射的药物是（　）。

A. 0.9%氯化钠　B. 10%氯化钙　C. 3%氯化钾　D. 5%葡萄糖

E. 0.25%普鲁卡因

2. 填空题

(1) ____和____都是构成骨骼和牙齿的成分，缺乏导致骨软症。

(2) 钙能______毛细血管的通透性，因而可用于肺水肿和炎症的辅助治疗。

(3) 维生素 E 和硒均有抗氧化作用，可用于防治幼畜______和雏鸡______、________。

(4) 右旋糖酐铁用于治疗__________。

3. 简答题

(1) 硒缺乏有哪些临床表现？补硒常用制剂及用药注意事项有哪些？

(2) 钙制剂有哪些药理作用和临床应用？

4. 论述题

口服硫酸亚铁和肌内注射右旋糖酐铁的用药注意事项分别有哪些？

5. 案例分析题

一窝 20 日龄皮特兰仔猪，饲养在水泥地面的猪舍内，母猪因饲料营养欠缺而泌乳量不足。仔猪每日补充一定量的豆浆。病初仔猪外表浑圆，稍微活动后呼吸明显加快，随着病程发展，仔猪结膜苍白，被毛无光，生长缓慢。请问：(1) 仔猪可能的疾病和判断依据是什么？(2) 怎样预防该病的发生？(3) 治疗该病常用制剂及注意事项有哪些？

单元四　抗过敏药物

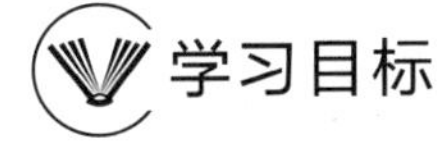

1. 知识目标：掌握抗过敏药物的分类与作用机制。
2. 能力目标：掌握常用抗过敏药物的作用特点、临床应用，做到合理选药用药。
3. 素质目标：遵守执业兽医职业道德行为规范，爱岗敬业、诚实守信，不滥用药物。

引起动物过敏的常见过敏原有药物、疫苗、饲料、昆虫叮咬、花粉、霉菌、粉尘、冷风等。动物的过敏性疾病常以突发性、偶然性和差异性出现。饲料性过敏反应常出现皮肤病变和胃肠道症状；吸入性过敏反应多数伴有皮肤病变、结膜炎、鼻炎、耳炎、过敏性哮喘等；药物性和疫苗性过敏反应大多数出现药物疹，也可发生过敏性休克，最终死亡；昆虫叮咬性过敏反应多引起皮肤丘疹、红斑、脓疱和急性湿性皮炎。过敏性休克是短时间内发生的急性致死性全身性过敏反应，其特征为心动过速、血压下降、昏迷、抽搐，可在短时间内死亡或经数小时后康复。常用的抗过敏药物有抗组胺药、糖皮质激素药物，过敏性休克还需要使用拟肾上腺素类药物，伴有毛细血管通透性增加所致的水肿需要配合应用钙制剂。

一、抗组胺药

体内的组胺受体有 H_1、H_2、H_3 三种亚型，其中 H_1 受体多分布于毛细血管、支气管、肠道平滑肌，当 H_1 受体活化时，可引起过敏性荨麻疹、血管神经水肿伴随的瘙痒、喉痉挛及支气管痉挛等反应。H_2 受体则主要分布于胃壁细胞及血管平滑肌细胞，具有促进胃酸分泌及毛细血管扩张等作用。兽医临床常用的主要是组胺 H_1 受体拮抗药，如苯海拉明、异丙嗪、氯苯那敏等，能与组胺竞争效应细胞上的 H_1 受体，使组胺不能同 H_1 受体结合，从而抑制其引起过敏反应。

盐酸异丙嗪

【理化性质】白色或类白色的粉末或颗粒；几乎无臭；在空气中日久变质，显蓝色；在水中极易溶解，常制成片剂和注射剂。

【作用与应用】氯丙嗪的衍生物，有较强的中枢抑制作用，但比氯丙嗪弱。也能增强麻醉药和镇静药的作用，还有降温和止吐作用。本品抗组胺作用较盐酸苯海拉明强而持久，作用时间超过 24h。

主要用于变态反应性疾病，如荨麻疹、血清病等。对过敏引起的胃肠痉挛、腹泻也有一定疗效。也可用于因组织损伤而伴发组胺释放的疾病，如烧伤、冻伤、湿疹、脓毒性子宫内膜炎等。还可用于过敏性休克、饲料过敏引起的腹泻、蹄叶炎等的辅助治疗。

【注意事项】①有较强的中枢抑制作用。②小动物在饲喂后或饲喂时内服，可避免对胃肠道产生刺激作用，亦可延长吸收时间。③本品禁与碱性溶液或生物碱合用。

【制剂、用法与用量】盐酸异丙嗪片，内服，一次量，马、牛 0.25～1g；羊、猪 0.1～0.5g；犬 0.05～0.1g。盐酸异丙嗪注射液，肌内注射，一次量，马、牛 250～500mg；羊、猪 50～100mg；犬 25～50mg。

盐酸苯海拉明

【理化性质】白色结晶性粉末；无臭；在水中极易溶解。

【作用与应用】组胺 H 受体阻断药。可完全对抗组胺引起的胃、肠、气管、支气管平滑肌的收缩作用，对组胺所致毛细血管通透性增加及水肿也有明显的抑制作用。作用快，维持时间短。本品尚有较强的镇静、嗜睡等中枢抑制作用和局麻、轻度抗胆碱作用。

主要用于变态反应性疾病，如荨麻疹等。对过敏引起的胃肠痉挛、腹泻也有一定疗效。也可用于因组织损伤而伴发组胺释放的疾病，如烧伤、冻伤、湿疹、脓毒性子宫内膜炎等。还可用于过敏性休克、饲料过敏引起的腹泻、蹄叶炎等的辅助治疗。

【注意事项】有较强的中枢抑制作用。中毒时可静脉注射短效巴比妥类（如硫喷妥钠）进行解救，但不可使用长效或中效巴比妥。对严重的急性过敏性病例，一般先给予肾上腺素，然后再注射本品。全身治疗一般需持续 3 日。

【制剂、用法与用量】盐酸苯海拉明注射液，肌内注射，一次量，马、牛 100～

500mg，羊、猪 40～60mg；每千克体重，犬 0.5～1mg。

马来酸氯苯那敏

【理化性质】白色结晶性粉末；无臭；在水或乙醇或三氯甲烷中易溶，在乙醚中微溶。

【作用与应用】通过对 H 受体的拮抗起抗过敏作用，但不影响组胺的代谢，也不阻止体内组胺的释放。本品抗组胺作用较持久，且具有明显的中枢神经系统抑制作用，可加强麻醉药和镇静药的作用。

主要用于过敏性疾病，如荨麻疹、过敏性皮炎、血清病等。

【注意事项】①有轻度中枢抑制作用和胃肠道反应。②对于过敏性疾病，本品仅对症治疗，同时还须对因治疗，否则病状会复发。③小动物在进食后或进食时内服可减轻对胃肠道的刺激性。④可增强抗胆碱药、氟哌啶醇、吩噻嗪类及拟交感神经药等的作用。

【制剂、用法与用量】马来酸氯苯那敏片，内服，一次量，马、牛 80～100mg；羊、猪 10～20mg；犬 2～4mg；猫 1～2mg。马来酸氯苯那敏注射液，肌内注射，一次量，马、牛 60～100mg；羊、猪 10～20mg。

二、糖皮质激素药

糖皮质激素的作用

1. 糖皮质激素药物的作用

糖皮质激素为肾上腺皮质分泌的甾体激素，对糖、脂肪、蛋白质代谢起调节作用，并能提高机体对各种不良刺激的抵抗力。药理剂量的糖皮质激素，具有明显的抗炎、抗毒素、抗休克和免疫抑制等作用，被广泛应用于兽医临床。

（1）抗炎作用　对各种原因所致的炎症，以及炎症的不同阶段均有强大的抗炎作用。炎症早期，可减轻渗出、水肿、毛细血管扩张和局部炎症细胞浸润，从而减轻红、肿、热、痛等症状；炎症后期，可抑制毛细血管和成纤维细胞的增生，延缓肉芽组织生长，防止粘连及瘢痕形成，减轻后遗症。但应注意，炎症反应是机体的一种防御功能，炎症后期的反应是组织修复的重要过程。因此，糖皮质激素在抗炎的同时，也降低了机体的防御及修复功能，可诱发或加重感染，阻碍创口愈合。

（2）抗毒素作用　能提高机体对细菌内毒素的耐受力，但不能中和内毒素，对细菌外毒素的损害无保护作用。糖皮质激素在感染性毒血症中的解热和改善中毒症状的作用，与其稳定溶酶体膜，减少内致热原的释放，降低体温调节中枢对内致热原的敏感性有关。

（3）抗休克作用　可用于各种严重休克，特别是中毒性休克。其机制与抗炎、抗毒素及免疫抑制作用的综合因素有关，其中糖皮质激素对溶酶体膜的稳定作用是它抗休克的重要药理基础。此外，大剂量的糖皮质激素能降低外周血管阻力，改善微循环阻滞，增加回心血量，对休克也可起到良好的治疗作用。

（4）免疫抑制作用　小剂量时，能抑制巨噬细胞对抗原的吞噬和处理，阻碍淋巴母细胞的生长，加速小淋巴细胞的解体，从而抑制迟发性过敏反应和异体排斥反应；大剂量时，可抑制浆细胞合成抗体，干扰体液免疫。

（5）对代谢的影响　①糖代谢。能增强肝脏的糖原异生作用，降低外周对葡萄糖的利用，使肝糖原、肌糖原含量增高，血糖升高。②蛋白质代谢。可加速蛋白质的分解，抑制蛋白质的合成和增加尿氮的排出，导致负氮平衡。长期大量使用可导致肌肉萎缩、伤口愈合不良、幼畜生长缓慢等。③脂肪代谢。能加速脂肪分解，并抑制其合成。长期使用能使脂肪重新分布，即四肢脂肪向面部和躯干积聚，出现向心性肥胖。这可能与不同部位的脂肪组织对激素的敏感性不同有关。④水盐代谢。对水盐代谢的影响较小，尤其是人工半合成品。但长期使用仍可引起水、钠潴留及低血钾，并促进钙、磷排泄。

（6）对血细胞的作用　概括起来为“三多两少”，即红细胞、血小板、中性粒细胞三者增多，而淋巴细胞和嗜酸性粒细胞两者减少。此外，还能增加血红蛋白和纤维蛋白原的数量。

2. 糖皮质激素药物的应用

本类药物主要用于治疗如下疾病：①治疗代谢性疾病，如牛的酮血症、羊妊娠毒血症。②治疗严重的感染性疾病，如各种败血症、中毒性肺炎、中毒性菌痢、腹膜炎、产后急性子宫内膜炎等，但必须配合应用足量的有效抗菌药物。③治疗过敏性疾病，如荨麻疹、血清病、过敏性哮喘、过敏性皮炎、过敏性湿疹等。④治疗局部性炎症，如关节炎、腱鞘炎、乳腺炎、结膜炎、角膜炎等。⑤治疗休克，如中毒性休克、过敏性休克、创伤性休克等。

3. 糖皮质激素药物的不良反应与注意事项

应用本类激素不当时，可出现不良反应，因此在用药过程中应引起注意。具体表现为：①抑制机体的防御功能，降低机体的抵抗力。易引起继发感染或加重感染，使病灶扩大或散播，导致病情恶化，故对严重感染性疾病应与足量的抗菌药配合使用。在激素停用后，仍需继续抗菌治疗。②扰乱代谢平衡。其保钠排钾的作用常导致动物出现水肿和低钾血症；具有增加钙、磷排泄和加强蛋白质的异化作用，易引起动物肌肉萎缩无力、骨质疏松，抑制幼畜生长、影响创口愈合等。故用药期间应注意补充维生素 D、钙及蛋白质；孕畜、幼畜不宜长期使用，骨软症、骨折和外科手术后均不宜使用。③免疫抑制作用。机体免疫过程受到干扰，因此结核菌素或鼻疽菌素诊断期和疫苗接种期等均不宜使用。④皮质激素的负反馈调节作用。长期用药可使肾上腺皮质功能受到抑制，而使皮质激素的分泌减少或停止。如突然停药，可出现停药综合征，如发热、无力、精神沉郁、食欲不振、血糖和血压下降等。因此，必须采取逐渐减量、缓慢停药的方法，以促进肾上腺皮质功能的恢复。

糖皮质激素药物的不良反应

氢化可的松

【理化性质】白色或类白色的结晶性粉末；无臭，味苦；不溶于水，常制成注射液。

【作用与应用】①抗炎作用：能对抗各种原因（如物理、化学、生物、免疫等）所引起的炎症。②免疫抑制作用：抑制细胞和体液免疫，可治疗或控制许多过敏性疾病的临床症状。③抗毒素作用：能提高机体有害刺激的应激能力，减轻细菌内毒素对机体的损害，缓解毒血症状。④抗休克作用：超大剂量糖皮质激素可增强机体抗休克的能力，对各种休克如过敏性、中毒性、低血容量、心源性等休克都有一定疗效。⑤影响代谢：如升高血糖、促进肝糖原形成，增加蛋白质和脂肪的分解、抑制蛋白质合成。

糖皮质激素类药物

临床主要用于炎症性、过敏性疾病，牛酮血症和羊妊娠毒血症。醋酸氢化可的松一般不做全身治疗，主要供乳室内和关节腔、鞘内等局部注入，局部注射吸收缓慢，药效作用持久。氢化可的松滴眼液用于结膜炎、虹膜炎、角膜炎和巩膜炎等。

【注意事项】①可诱发或加重感染，用于严重急性的细菌性感染应与足量有效的抗菌药合用。②可诱发或加重溃疡。③可致骨质疏松、肌肉萎缩、伤口愈合延缓。④大剂量可增加钠的重吸收和钾、钙、磷的排出，长期使用可致水肿、骨质疏松等。⑤严重肝功能不良、骨软症、骨折治疗期、创伤修复期、疫苗接种期动物禁用。⑥妊娠后期大剂量使用可引起流产，因此妊娠早期及后期母畜禁用。⑦长期用药不能突然停药，应逐渐减量，直至停药。

【制剂、用法与用量】 氢化可的松注射液，静脉注射，一次量，马、牛 0.2～0.5g，羊、猪 0.02～0.08g。醋酸氢化可的松注射液，肌内注射，一次量，马、牛 250～750mg，羊 12.5～25mg，猪 50～100mg，犬 25～100mg；滑囊、腱鞘或关节囊内注射，一次量，马、牛 50～250mg。氢化可的松滴眼液，滴眼。

地塞米松

【理化性质】 白色或类白色的结晶性粉末；无臭，味微苦。不溶于水，其醋酸盐常被制成片剂，磷酸钠盐则被制成注射液。

【作用与应用】 具有抗炎、抗过敏、抗毒素、抗休克作用。抗炎作用与糖原异生作用为氢化可的松的 25 倍，而水钠潴留和排钾的作用仅为氢化可的松的 3/4。对垂体-肾上腺皮质轴的抑制作用较强。

临床用于炎症性、过敏性疾病及牛酮血病、羊妊娠毒血症等。

【注意事项】 同氢化可的松。

【制剂、用法与用量】 地塞米松磷酸钠注射液，肌内、静脉注射，一日量，马 2.5～5mg；牛 5～20mg；羊、猪 4～12mg；犬、猫 0.125～1mg。醋酸地塞米松片，内服，一次量，马、牛 5～20mg；犬、猫 0.5～2mg。

醋酸泼尼松

【理化性质】 又称强的松，为白色或几乎白色的结晶性粉末；无臭，味苦；不溶于水，常制成片剂和眼膏。

【作用与应用】 具有抗炎、抗过敏、抗毒素和抗休克作用。抗炎作用与糖原异生作用为氢化可的松的 4 倍，而水钠潴留及排钾作用比氢化可的松小。因抗炎、抗过敏作用强，副作用较少，故较常用。能促进蛋白质转变为葡萄糖，减少机体对糖的利用，使血糖和肝糖原增加，出现糖尿。

内服用于炎症性、过敏性疾病及牛酮血病、羊妊娠毒血症等。局部用于结膜炎、虹膜炎、角膜炎和巩膜炎等。

【注意事项】 角膜溃疡禁用；眼部细菌感染时，应与抗菌药物配伍使用。其它同氢化可的松。

【制剂、用法与用量】 醋酸泼尼松片，内服，一次量，马、牛 100～300mg；羊、猪 10～20mg；每 1kg 体重，犬、猫 0.5～2mg。醋酸泼尼松眼药膏，0.5%，眼部外用，一日 2～3 次。

倍他米松

【理化性质】 白色或类白色的结晶性粉末；无臭，味苦；几乎不溶于水，常制成片剂。

【作用与应用】 作用与地塞米松相似，但其抗炎作用与糖原异生作用较后者强，为氢化可的松的 30 倍；水钠潴留作用稍弱于地塞米松。

常用于犬、猫的炎症性、过敏性疾病等。

【注意事项】 参见氢化可的松。

【制剂、用法与用量】 倍他米松片，内服，一次量，犬、猫 0.25～1mg。

醋酸氟轻松

【理化性质】 白色或类白色的结晶性粉末；无臭，无味。不溶于水，常制成乳膏剂。

【作用与应用】 外用糖皮质激素，具有较强的抗炎及抗过敏作用。局部涂敷，对皮肤和黏膜的炎症、瘙痒和皮肤过敏反应等都能迅速显效。

主要用于过敏性皮炎、湿疹、皮肤瘙痒等皮肤病。

【注意事项】局部细菌感染，应与抗菌药配伍使用。真菌性或病毒性皮肤病禁用。长期或大面积应用，可引起皮肤萎缩及毛细血管扩张，发生痤疮样皮炎和毛囊炎，口周皮炎，偶尔可引起变态反应性接触性皮炎。

【制剂、用法与用量】醋酸氟轻松乳膏，外用，涂患处适量。

> 知识拓展

激素类药物

目前所用激素类药物多为人工合成。激素按其化学性质的不同可分为两类：一类是含氮激素，包括蛋白质类、多肽类和胺类激素，如儿茶酚胺、促肾上腺皮质激素、促甲状腺素、促黄体素、前列腺素等，除促甲状腺素外，均易被消化酶破坏；另一类是类固醇（甾体）类激素，如性激素和肾上腺皮质激素，这类激素不易被消化酶破坏，可内服使用。

从药理角度看，激素类药物主要可用于以下四个方面：①应用激素的生理作用作替代疗法，如对内分泌功能不足的患病动物，外源性扩充生理剂量；②应用激素的药理作用，如应用药理剂量（大剂量）的糖皮质激素，产生抗炎、抗休克、抑制免疫和抗内毒素等作用，治疗有关疾病；③调节激素的分泌，如用拮抗药、合成阻碍药，抑制激素的过度分泌或者用分泌促进药治疗一些激素的分泌不足；④合理利用激素的反馈调节机制，产生所需效果，如使用大剂量黄体酮控制动物同期发情。

同步练习题

1. 单项选择题

（1）苯海拉明的抗组胺作用是通过阻断哪种受体而实现的？（　　）。

A. H_1 受体　B. H_2 受体　C. α 受体　D. M 受体　E. β 受体

（2）苯海拉明不具有下列哪一种作用？（　　）。

A. 阿托品样作用　B. 血管扩张作用

C. 中枢抑制作用　D. 止吐作用

E. 舒张平滑肌作用

（3）下列哪种药物不属于抗组胺药？（　　）。

A. 苯海拉明　B. 氯苯那敏　C. 氯丙嗪　D. 异丙嗪　E. 氯雷他定

（4）常用抗过敏（抗组胺）药是（　　）。

A. 苯海拉明　B. 氯化胆碱　C. 叶酸　D. 亚甲蓝　E. 地塞米松

（5）属于 H_1 受体阻断药的是（　　）。

A. 阿托品　B. 普萘洛尔　C. 新斯的明　D. 苯海拉明　E. 肾上腺素

（6）糖皮质激素对机体代谢的影响表现为（　　）。

A. 升高血糖，增加肝糖原　B. 促进蛋白质的分解代谢，抑制其合成代谢

C. 大剂量增加钠重吸收和钾、磷排出　D. 增加脂肪的分解

E. 以上都是

(7) 可的松的抗炎作用是指( )。

A. 杀灭病原菌 B. 杀灭病毒 C. 减轻炎症症状 D. 产生抗体 E. 以上都是

(8) 糖皮质激素的不良反应有( )。

A. 诱发或加重感染

B. 代谢紊乱

C. 长期用药导致肾上腺皮质功能减退

D. 诱发或加重溃疡

E. 以上都是

(9) 不属于糖皮质激素的药物是( )。

A. 氢化可的松 B. 强的松 C. 氢化泼尼松 D. 胰岛素 E. 地塞米松

2. 填空题

(1) 组胺 H_1 受体阻断药能选择性地对抗组胺所致的血管______及平滑肌____作用。

(2) 糖皮质激素是________分泌的激素，生理剂量主要影响机体______和________代谢。

(3) 糖皮质激素的药理作用表现为四抗，分别是______、______、______、________。

(4) 长期应用糖皮质激素类药物可使________潴留，导致________。

(5) 糖皮质激素药物抗炎不抗菌，治疗细菌感染性疾病必须联用有效而足量的________。

3. 简答题

(1) 糖皮质激素药物有哪些药理作用？常用的糖皮质激素有哪些？

(2) 地塞米松的临床应用有哪些？

4. 论述题

(1) 糖皮质激素药物能降低机体免疫力，为什么还可以用于严重感染？

(2) 长期使用糖皮质激素的不良反应和注意事项有哪些？

5. 案例分析题

某奶牛场，近一段时间牛群中出现少数患病奶牛，精神沉郁，食欲降低。个别牛狂躁不安，产奶量降低，但奶的外观无明显的变化，加热后有烂苹果味，影响了奶的销售。初步诊断为奶牛酮病。针对上述疾病，请拟定采用含糖皮质激素类药物的治疗方案，并说明各药物的治疗作用。其他非药物治疗措施有哪些？

单元五 解热镇痛抗炎药物

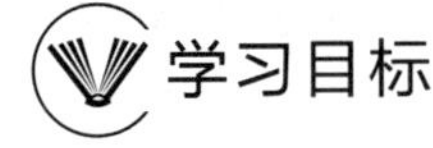

1. 知识目标：理解解热镇痛抗炎药的作用机制。
2. 能力目标：掌握常用药物的作用特点、临床应用，做到合理选药用药。
3. 素质目标：遵守执业兽医职业道德行为规范，爱岗敬业、诚实守信，不滥用药物。

本类药物在兽医临床上使用的有水杨酸类、苯胺类、吡唑酮类、丙酸类及其他五大类药物近 20 种。其中，水杨酸类是苯甲酸类衍生物，生物活性部分是水杨酸阴离子，常用药物有水杨酸钠和阿司匹林；苯胺类药有非那西汀和对乙酰氨基酚（对乙酰氨基酚为非那西汀的代谢产物）；吡唑酮类的常用药有氨基比林、安乃近等，都是安替比林的衍生物，均有解热、镇痛和消炎作用；丙酸类是一类较新型的非甾体抗炎药，为阿司匹林类似物，对消化道的刺激比阿司匹林轻，主要药物有布洛芬、酮洛芬等；其他药主要有氟尼辛葡甲胺和复方制剂安痛定。

一、作用及作用机制

本类药物具有解热、镇痛作用，其中大多数药物还有抗炎和抗风湿作用。解热镇痛抗炎药能够抑制体内前列腺素（PG）的合成而发挥药理作用。

解热镇痛抗炎药的作用机制

1. 解热作用

细菌、病毒、内毒素以及抗原抗体复合物等外源性致热原作用于机体，使体内白细胞释放内源性致热原（简称内热原，如白介素-1、白介素-6、肿瘤坏死因子等），内热原作用于视前区-下丘脑前部，促使前列腺素（PG）大量合成和释放，其中前列腺素 E（PGE）可使体温调节中枢的调定点提高，致使机体产热增加，散热减少，体温升高。解热镇痛抗炎药可抑制 PG 合成酶（环加氧酶），减少 PG 的合成；并能加快机体散热，使皮肤血管显著扩张，出汗增加，最终使体温趋于正常。本类药物对各种原因引起的高热均有一定的解热作用，但不同于氯丙嗪，不能降低正常动物的体温。兽医常见的发热多为传染病，解热药只能作为对症治疗的药物。

2. 镇痛作用

解热镇痛抗炎药的镇痛作用部位主要在外周。在组织损伤或炎症时，局部产生与释放某些致痛的化学物质（也是致炎物质），如缓激肽、组胺、PG 等。缓激肽直接刺激痛觉感受器而致痛；PG 可使痛觉感受器对缓激肽、组胺等致痛物质的敏感度升高，而且 PG（E_1、E_2、$F_{2\alpha}$）本身也有致痛作用。解热镇痛抗炎药减弱了炎症时 PG 的合成，同时作用于中枢下丘脑，能阻断痛觉经下丘脑向大脑皮层传递，发挥镇痛作用。本类药物对轻度、中度的钝痛，如神经痛、肌肉痛、关节痛及局部炎症所致的疼痛有效，对创伤性剧痛和内脏平滑肌绞痛无效。

3. 抗炎和抗风湿作用

解热镇痛抗炎药的抗炎作用也与抑制 PG、缓激肽等致炎物质的合成和释放有关；抗风湿作用则是本类药物解热、镇痛和消炎作用的综合结果。水杨酸类有明显的消炎、抗风湿作用，但不能消除病因，只能缓解临床症状。

二、常用药物

常用的解热镇痛药

阿司匹林

【理化性质】又称乙酰水杨酸，为白色结晶或结晶性粉末；无臭或微带醋酸臭，味微酸；微溶于水，常制成片剂。

【作用与应用】阿司匹林解热、镇痛效果较好，抗炎、抗风湿作用强。可抑制抗体产生及抗原抗体结合反应，阻止炎症渗出，抗风湿的疗效确实。较大剂量时还可抑制肾小管对尿酸的重吸收，增加尿酸排泄。

临床主要用于发热性疾患、肌肉痛、关节痛。

【注意事项】①本品能抑制凝血酶原合成，连续长期应用可引发出血倾向。②对胃肠道有刺激作用，剂量大时易导致食欲不振、恶心、呕吐乃至消化道出血，长期使用可引发胃肠溃疡。③产乳供人食用的牛，在泌乳期不得使用。④胃炎、胃溃疡患畜慎用，与碳酸钙同服，可减少对胃的刺激。不宜空腹投药。发生出血倾向时，可用维生素 K 治疗。⑤解热时，动物应多饮水，以利于排汗和降温，否则会因出汗过多而造成水和电解质平衡失调或虚脱。⑥老龄动物、体弱或体温过高患畜，解热时宜用小剂量，以免大量出汗而引起虚脱。⑦动物发生中毒时，可采取洗胃、导泻、内服碳酸氢钠及静脉注射5%葡萄糖和0.9%氯化钠等解救。

【制剂、用法与用量】阿司匹林片，内服，一次量，马、牛15～30g；羊、猪1～3g；犬0.2～1g。

对乙酰氨基酚

【理化性质】又称扑热息痛，为白色结晶或结晶性粉末；无臭，味微苦；略溶于水，常制成片剂和注射液。

【作用与应用】对乙酰氨基酚具有解热与镇痛作用。解热作用类似阿司匹林，但镇痛作用较弱。其抑制下丘脑前列腺素合成与释放的作用较强，抑制外周前列腺素合成与释放的作用较弱。对血小板及凝血机制无影响。

主要作为中小动物的解热镇痛药，用于发热、肌肉痛、关节痛和风湿症。

【注意事项】①偶见厌食、呕吐、缺氧、发绀、红细胞溶解、黄疸和肝脏损害等症状。②猫禁用，因给药后可引起严重的毒性反应。③大剂量可引起肝、肾损害，在给药后12h内使用乙酰半胱氨酸或甲硫氨酸可以预防肝损害。肝、肾功能不全的患畜及幼畜慎用。

【制剂、用法与用量】对乙酰氨基酚片，内服，一次量，马、牛10～20g；羊1～4g；猪1～2g；犬0.1～1g。对乙酰氨基酚注射液，肌内注射，一次量，马、牛5～10g；羊0.5～2g；猪0.5～1g；犬0.1～0.5g。

氨基比林

【理化性质】白色或几乎白色的结晶性粉末；无臭，味微苦；溶于水，常与巴比妥制成复方氨基比林注射液。

【作用与应用】氨基比林是一种环氧合酶抑制剂，通过抑制环氧合酶的活性，从而抑制前列腺素前体物——花生四烯酸转变为前列腺素这一过程，使前列腺素合成减少，进而产生解热、镇痛、抗炎和抗风湿作用。与巴比妥类合用能增强镇痛效果。

主要用于马、牛、羊、猪等动物的解热和抗风湿，也可用于马属动物的疝痛，但镇痛效果较差。

【注意事项】剂量过大或长期应用，可引起高铁血红蛋白血症、缺氧、发绀、粒细胞减少症等。连续长期应用应定期检查血象。

【制剂、用法与用量】复方氨基比林注射液，肌内、皮下注射，一次量，马、牛20～50ml；羊、猪5～10ml。

安乃近

【理化性质】白色或略带微黄色的结晶或结晶性粉末；无臭，味微苦。安乃近为氨基比林与亚硫酸钠的合成物，易溶于水，常制成片剂和注射液。

【作用与应用】解热作用和镇痛作用较强，并有一定的消炎和抗风湿作用。

用于肌肉痛、风湿症、发热性疾病及疝痛等。

【注意事项】长期应用可引起粒细胞减少；抑制凝血酶原的合成，加重出血倾向。

【制剂、用法与用量】安乃近片，内服，一次量，牛、马4～12g；猪、羊2～5g；犬0.5～1g。安乃近注射液，肌内注射，一次量，牛、马3～10g；猪1～3g；羊1～2g；犬0.3～0.6g。

萘普生

【理化性质】白色或类白色结晶性粉末；无臭或几乎无臭；几乎不溶于水，常制成片剂和注射液。

【作用与应用】对前列腺素合成酶的抑制作用为阿司匹林的20倍，抗炎作用明显，亦有镇痛和解热作用。对类风湿性关节炎、骨关节炎、强直性脊椎炎、痛风、运动系统（如关节、肌肉及腱）的慢性疾病以及轻中度疼痛的药效比保泰松强。

主要用于肌炎、软组织炎症疼痛所致的跛行和关节炎等。

【注意事项】①对血小板黏着和聚集亦有抑制作用，可延长凝血时间。②偶致黄疸和水肿。长期应用应注意肾功能损害。③消化道溃疡患畜慎用。④犬对本品敏感，可见溃疡出血或肾损伤，慎用。

【制剂、用法与用量】以萘普生计。萘普生片，内服，一次量，每千克体重，马5～10mg；犬2～5mg。萘普生注射液，静脉注射，一次量，每千克体重，马5mg。

安痛定注射液

【理化性质】内含氨基比林、安替比林、巴比妥，为无色或淡棕色的澄明液体。

【作用与应用】氨基比林解热作用强而持久，为安替比林的3～4倍，亦强于对乙酰氨基酚；还具有抗风湿和抗炎作用。安替比林解热作用迅速，但维持时间较短，并有一定的镇痛、消炎作用。巴比妥的中枢抑制作用随剂量而异，具有镇静、催眠和抗惊厥作用。配成复方制剂能增强镇痛效果，有利于缓解疼痛症状。

用于发热性疾患、关节痛、肌肉痛和风湿症等。

【注意事项】剂量过大或长期应用，可引起高铁血红蛋白血症、缺氧、发绀、粒细胞减少症等。连续长期应用应定期检查血象。可使其他药物代谢加速，影响药效。

【制剂、用法与用量】以本品计。安痛定注射液，肌内或皮下注射，一次量，马、牛20～50ml；羊、猪5～10ml。

氟尼辛葡甲胺

【理化性质】白色或类白色结晶性粉末，溶于水，常制成颗粒剂和注射液。

【作用与应用】其是强效环氧合酶抑制剂，具有镇痛、解热、抗炎和抗风湿作用。

主要用于家畜及小动物发热性、炎症性疾患及肌肉痛和软组织痛等。

【注意事项】长期大剂量使用本品可能导致动物胃溃疡及肾功能损伤。消化道溃疡患畜慎用。肌内注射对局部有刺激作用。

【制剂、用法与用量】以氟尼辛计。氟尼辛葡甲胺颗粒，内服，一次量，每千克体重，犬、猫2mg，一日1～2次，连用不超过5日。氟尼辛葡甲胺注射液，肌内、静脉注射，一次量，每千克体重，肉牛、猪2mg；犬、猫1～2mg。一日1～2次，连用不超过5日。

三、解热镇痛抗炎药的合理使用

发热是机体的一种防御性反应，常为感染性疾病的重要临床表现，也是某些非感染性疾病的特有症状，对各种热型的疾病诊断和预后有一定的帮助。中等程度的发热，能增强新陈代谢，加速抗体形成，有利于机体消灭病原。发热也有对机体不利的一面，尤其是高热可导致各系统特别是中枢神经系统的功能紊乱，高热更易引起惊厥和昏迷，甚至危及生命。解热镇痛药的应用掩盖了发热这一重要疾病特征而导致误诊，滥用解热镇痛药会导致畜体自我调节紊乱，降低抵抗力。因此在使用该类药物时要注意以下几点：

1. 低热不要急用解热镇痛药

疼痛的性质与部位往往是诊断疾病的重要依据，患畜在病因未确定前，为避免掩盖病情，延误诊断，不宜使用镇痛药。解热镇痛药暂时起退热及止痛作用，而发热及疼痛是疾病发展过程中的一种症状。因此在兽医临床上遇有高热病畜，首先应及早对疾病做出正确诊断，进行对因治疗。如果病畜（特别是幼畜）体温过高，有引起昏厥而危及生命的危险，以及持续的发热已妨碍病畜食欲、休息及疾病康复时，可根据药物特点，适当选用解热镇痛药。

2. 注意配伍禁忌

氨基比林、安乃近、水杨酸钠等的水溶液呈碱性，而青霉素G钠、硫酸链霉素、硫酸庆大霉素、氢化可的松、地塞米松等呈酸性，如果这两类药物混合使用，可发生酸碱中和反应，其化学性质或稳定性必然要发生改变，就会不可避免地出现疗效降低、毒性增大等后果，甚至会导致病情加重。因此，不能用解热镇痛类药物的针剂充当青霉素、链霉素的稀释液或溶剂取代注射用水。

3. 掌握用药剂量和疗程

不随便加大剂量和延长疗程，用药最多不过5天。用药不退的长期发热，大多隐匿着重大疾病。

4. 掌握用药时间

为避免药物对胃肠道的刺激，解热镇痛药宜在饲喂后2h，即半空腹时服用或与等量的抗酸药（氢氧化铝等）同时服用。切忌空腹服用，否则可加重药物对胃肠道的刺激，严重者可致胃出血及胃穿孔。

5. 注意各类解热镇痛药的不良反应

应用前应了解解热镇痛药的毒副作用和防治方法。该类药物对消化系统、造血系统、循环系统、中枢神经系统以及肝、肾都有损害，并能引起过敏反应及皮疹等。例如，一些解热镇痛药如阿司匹林、安乃近、萘普生等都可引起不同程度的过敏反应，表现为过敏性皮疹、瘙痒、剥脱性皮炎、血管神经性水肿、哮喘，严重可发生过敏性休克。诱发哮喘以阿司匹林较常见，发生率为2.3%～20%。阿司匹林可引起抗凝血功能障碍和胃出血；安乃近因体温下降过快、出汗过多可引起虚脱等。使用解热镇痛药时要掌握患畜的既往不良反应情况，减少不良反应发生。有既往不良反应的，因重复用药，容易再次诱发。

6. 熟悉解热镇痛抗炎药复方制剂的成分

应了解药物的组成成分，不要重复用药，避免服用商品名不同但含有相同组分药物，导致药物超量服用，引起中毒。有研究显示，只服用1种解热镇痛药患胃肠道出血的概率仅为7.3%，而同时服用2种或2种以上解热镇痛药的患胃肠道出血的概率就增加为10.7%。

实训八 解热镇痛药对发热家兔体温的影响

解热镇痛药对发热家兔体温的影响

【目的与要求】观察解热镇痛药的解热作用。

【原理】当发生感染时，内源性及外源性致热原作用于丘脑前部，促使合成释放大量前列腺素E（PGE）。PGE可使温感受神经元敏感性降低而冷感受神经元敏感性升高，使产温增加散热减少而导致发热。解热镇痛抗炎药则能抑制PG合成酶使PGE的合成释放减少，从而恢复温感神经元和冷感神经元的正常反应性，使体温恢复正常。

【材料】

（1）动物 家兔5只。

（2）器材 电子秤、体温计、注射器。

（3）药品 仔猪副伤寒混合疫苗（灭菌）、灭菌生理盐水、5%氨基比林溶液、25%安乃近注射液、5%氟尼辛葡甲胺。

【方法与步骤】 取正常成年兔5只，编号为甲、乙、丙、丁、戊，分别检查正常体温数次，体温波动较大者不宜用于本实验。兔体温在38.5～39.6℃者最为合适，给乙、丙、丁三兔以耳静脉注射仔猪副伤寒疫苗0.5ml/kg，注射后，一般在0.5h体温明显升高，平均升高在1℃以上，5h后逐渐降低，至8h左右完全恢复正常体温。当体温升高1℃以上时则进行实验，甲兔腹腔注射生理盐水2ml/kg，乙、丙、丁分别按照说明腹腔注射5%氨基比林溶液、25%安乃近注射液、5%氟尼辛葡甲胺注射液，戊兔做对照。给药后，每0.5h测量体温1次；连续测量数次，观察各兔体温的变化（注：皮下注射灭菌牛奶10ml/kg，亦可使体温上升1℃以上）。

【实训记录】 记录给药前后家兔体温的变化。

给药前后家兔体温变化记录表见表5-1。

表5-1 给药前后家兔体温变化表

兔号	体重/kg	药物	正常体温/℃	发热后体温/℃	给药后体温/℃			
					0.5h	1.0h	1.5h	2.0h
甲								
乙								
丙								
丁								
戊								

【思考题】 解热镇痛药对家兔体温的作用是什么？临床上应用解热镇痛药应注意什么？

➢ 知识拓展

颠茄

【理化性质】 茄科植物颠茄的干燥全草。在开花至结果期内采挖，除去粗茎和泥沙，切段干燥。

【作用与应用】 解痉止痛。主治冷痛。证见鼻寒耳冷，口唇发凉，甚或肌肉寒战；阵发性腹痛，起卧不安，或刨地蹴腹，回头观腹，或卧地滚转；肠鸣如雷，连绵不断，粪便稀软带水。少数病例在腹痛间歇期肠音减弱。饮食欲废绝，口内湿滑或流清涎，口温较低，口色青白，脉象沉迟。

【制剂、用法与用量】 颠茄酊，马10～30ml；驹0.5～1ml；牛20～40ml；羊、猪2～5ml；犬、猫0.2～1ml。颠茄浸膏，马0.5～4g；牛1～5g；羊、猪0.1～0.5g；犬0.02～0.03g。

柴胡

【理化性质】 伞形科植物柴胡或狭叶柴胡的干燥根。按性状不同，分别习称“北柴胡”和“南柴胡”。春、秋两季采挖，除去茎叶和泥沙，干燥。味辛、苦。

【作用与应用】 发表和里，升阳，疏肝。主治感冒发热，寒热往来，脾虚久泻，子宫脱垂，脱肛。

【制剂、用法与用量】 柴胡注射液，肌内或静脉注射，马、牛20～40ml；羊、猪5～10ml；犬、猫1～3ml。小柴胡散，由柴胡、黄芩、姜半夏、党参、甘草组成，马、牛100～250g；羊、猪30～60g。

同步练习题

1. 单项选择题

(1) 解热镇痛抗炎药的解热作用机制为（　　）。

A. 抑制外周PG合成　B. 抑制中枢PG合成　C. 抑制中枢IL-1合成

D. 抑制外周IL-1合成　E. 以上都不是

(2) 可预防阿司匹林引起的凝血障碍的维生素是（　　）。

A. 维生素A　B. 维生素B_1　C. 维生素B_2　D. 维生素E　E. 维生素K

(3) 安乃近是（　　）。

A. 杀锥虫药　B. 解热镇痛药　C. 健胃药　D. 抗过敏药　E. 止咳药

(4) 禁用于猫的解热镇痛药是（　　）。

A. 扑热息痛　B. 萘普生　C. 安乃近　D. 氨基比林　E. 保泰松

(5) 具有解热作用的药物是（　　）。

A. 地西泮　B. 麻黄碱　C. 安乃近　D. 氟前列醇　E. 氨茶碱

(6) 非甾体类解热镇痛抗炎药不能缓解（　　）。

A. 肌肉痛　B. 关节痛　C. 头痛　D. 内脏绞痛　E. 痛风

2. 填空题

(1) 解热镇痛药的解热机制是抑制下丘脑__________的合成与释放。

(2) 扑热息痛具有______和______作用。

(3) 阿司匹林对胃肠道平滑肌痉挛所致的腹痛具有______作用。

3. 简答题

(1) 临床常用的解热镇痛抗炎药有哪些？

(2) 简述解热镇痛抗炎药的共同药理作用有哪些。

(3) 非甾体类解热镇痛抗炎药、甾体类糖皮质激素药物、抗菌药的抗炎作用机制有何区别？

4. 论述题

试述非甾体类解热镇痛抗炎药的作用机制、解热作用特点及解热注意事项。

5. 案例分析题

养猪场一育肥舍有60多头仔猪，体重25kg左右，刚从保育舍转入育肥舍后，天气突然变冷，为保证猪舍温度，饲养员及时封闭通风通道，3天后发现部分仔猪精神不振，食欲不振，体温升高达41.5℃以上，持续高温，体表微红，四肢及耳鼻发热，鼻流黄色或白色黏稠鼻涕，部分猪咳嗽，口渴喜饮水，舌潮红，尿短且黄赤，大便微便秘，舌苔黄白而薄等。

初步诊断仔猪可能是什么病？诊断依据是什么？可采用哪些药物治疗？

模块六　解毒药物

内容摘要

本模块包括非特异性解毒药和特异性解毒药。重点介绍有机磷、亚硝酸盐、氰化物、金属及类金属、有机氟化物中毒的解毒药。

单元一　非特异性解毒药物

学习目标

1. 知识目标：理解非特异性解毒药的解毒方法，掌握非特异性解毒药的种类及临床使用注意事项。

2. 能力目标：会使用非特异性解毒药物解救一般中毒。

3. 素质目标：掌握药物与毒物的辩证关系，能够运用对立统一的辩证唯物主义观点分析问题、解决问题。

非特异性解毒药又称一般解毒药，是指能阻止毒物继续被吸收、中和或破坏毒物以及促进其排出的药物。其解毒范围广，但作用无特异性，解毒效果较低，一般作为解毒的辅助治疗。能引起中毒的毒物种类很多，在未能确定毒物的性质和种类之前，特别是急性中毒时，往往采用非特异性解毒药，保护机体免遭毒物进一步损害，赢得抢救时间，在实践中具有重要意义。常用的非特异性解毒药有四种：物理性解毒药、化学性解毒药、药理性解毒药、对症治疗药。

一、物理性解毒药

（一）吸附剂

其为不溶于水而性质稳定的细微粉末状物质。表面积大，吸附力强，可使毒物附着于其表面或孔隙中，以减少或延缓毒物被胃肠道吸收，起到解毒的作用。吸附剂不受剂量的限制，任何经口进入机体的毒物中毒都可以使用。使用吸附剂的同时配合使用泻剂或催吐剂。常用的吸附剂有药用炭、白陶土、木炭末、通用解毒剂(药用炭 50%、氧化镁 25%和鞣酸 25%混合后给中等动物每次服 20～30g，大动物 100～150g)，其中药用炭最为常用。

（二）催吐剂

一般用于中毒初期。在毒物被胃肠道吸收前，使动物发生呕吐，排空胃内容物，防止毒物吸收，避免进一步中毒或减轻中毒症状。但当中毒症状十分明显时，使用催吐剂意义不大。只适用于猪、猫和犬等。常用的催吐剂有 0.5%～1%硫酸铜、吐根末、酒石酸锑钾等。

（三）泻药

一般用于中毒的中期。促进胃肠道内毒物的排出，以避免或减少毒物的进一步吸收。一般应用硫酸镁或硫酸钠等盐类泻药，但升汞中毒时不能用盐类泻药。巴比妥类、阿片类、颠茄中毒时，可使肠蠕动受抑制，增加镁离子的吸收，尤其是肾功能不全的动物，能加深中枢神经及呼吸功能的抑制，所以不能用硫酸镁泻下，尽可能用硫酸钠(见模块三单元一)。使用泻药时尽可能让动物充分饮水或灌服适量的水。对发生严重腹泻或脱水的动物应慎用或不用泻药。

（四）利尿剂

急性中毒的解毒剂。通常选用速尿或依他尼酸加速毒物从体内血液经肾排出。这两个药物的利尿作用强且作用快，使用方便。既可口服也可静脉注射，是极为实用的急性中毒的解毒剂。

（五）其他

通过静脉输入生理盐水、葡萄糖注射液等，以稀释血液中毒物浓度，减轻毒性作用。

二、化学性解毒药

（一）氧化剂

利用氧化剂与毒物间的氧化反应破坏毒物，使毒物毒性降低或丧失。可用于生物碱类药物、氰化物、有机磷、巴比妥类、阿片类、士的宁、砷化物、一氧化碳、烟碱、毒扁豆碱、蛇毒、棉酚等的解毒，但对于有机磷毒物如1605（对硫磷)、1059（内吸磷)、3911（甲拌磷)、乐果等的中毒，因氧化会生成毒性更大的对氧磷类，绝不能使用氧化剂解毒。常用的氧化剂有高锰酸钾、过氧化氢等。

（二）中和剂

利用弱酸弱碱类与强碱强酸类毒物间发生中和作用，使其失去毒性。常用的弱酸解毒剂有食醋、酸奶、稀盐酸、稀醋酸等。常用的弱碱解毒剂有氧化镁、石灰水上清液、小苏打水、肥皂水等。

（三）还原剂

维生素C的解毒作用与其参与某些代谢过程、保护含巯基的酶、促进抗体生成、增强肝解毒能力和改善心血管功能等有关(见模块五单元三)。

（四）沉淀剂

沉淀剂使毒物沉淀，以减少其毒性或延缓吸收产生解毒作用。沉淀剂有鞣酸、浓茶、稀碘酊、钙剂、五倍子、蛋清、牛奶等。其中3%～5%鞣酸水或浓茶水为常用的沉淀剂，能与多数生物碱如士的宁、奎宁等及重金属盐生成沉淀，减少吸收。

三、药理性解毒药

这类解毒药主要通过药物与毒物之间的拮抗作用，部分或完全抵消毒物的作用而产生解毒作用。常见的相互拮抗的药物或毒物如下。

（一）抗胆碱药的拮抗作用

毛果芸香碱、烟碱、氨甲酰胆碱、新斯的明等拟胆碱药与阿托品、颠茄及其制剂、曼陀罗、莨菪碱等抗胆碱药有拮抗作用，可互相作为解毒药。阿托品等对有机磷农药及吗啡类药物，也有一定的拮抗性解毒作用。

（二）中枢抑制药的拮抗作用

水合氯醛、巴比妥类等中枢抑制药与尼可刹米、安钠咖、士的宁等中枢兴奋药及麻黄碱、洛贝林、美解眠（贝美格）等有拮抗作用。

四、对症治疗药

中毒时往往会伴有一些严重的症状，如惊厥、呼吸衰竭、心功能障碍、休克等，如不迅速处理，将影响动物康复，甚至危及生命。因此，在解毒的同时要及时使用抗惊厥药、呼吸兴奋药、强心药、抗休克药等对症治疗药以配合解毒，还应使用抗生素预防肺炎以度过危险期。

> 知识拓展

如何理解药物与毒物的关系

药物与毒物有着密不可分的关系。药物是人或动物在与疾病斗争中用于预防、治疗和诊断疾病的，进入机体后，对机体有益或产生的医疗结果是我们所期望的各种化学物质；而毒物则是指以较小剂量作用于机体，通过化学作用能对人或动物机体产生有害作用的各种化学物质。毒物的概念是相对的，世界上没有绝对的有毒物质和无毒物质，关键在于摄入剂量。药物与毒物之间并不存在绝对的界限，二者没有质的区别。药物和毒物间只有量的不同，只能以引起中毒剂量的大小将它们相对地加以区别。药物超过一定剂量对机体可产生毒害作用；在特定情况下，药物和毒物二者间可相互转化。

例如正常情况下氟是机体所必需的微量元素，但当过量的氟化物进入机体后，可使机体的钙、磷代谢紊乱，导致低血钙、氟骨症和氟斑牙等一系列病理性变化。人们赖以生存的氧和水，如果超过正常需要进入体内也会产生危害，如纯氧输入过多或输液过量过快时，即会发生氧中毒或水中毒。食盐是人体内不可缺少的物质，但如果一次摄入60g左右也会导致体内电解质紊乱而发病。如一次摄入200g以上，即可因电解质严重紊乱而死亡。吗啡常用其盐酸盐或硫酸盐，属于阿片类生物碱，为阿片受体激动剂。通过模拟内源性抗痛物质脑啡肽的作用，激动中枢神经阿片受体而产生强大的镇痛作用。对一切疼痛均有效，对持续性钝痛效果强于间断性锐痛和内脏绞痛。但是过量可致急性中毒，成人中毒量为60mg，致死量为250mg，吗啡长期用药可导致耐受。

反之，一般认为毒性很强的毒物，如砒霜、汞化物、氰化物、蛇毒、乌头、雷公藤等也是临床上常用的药物。砒霜作为药物在《黄帝内经》上曾有记载 ，但作为毒物其历史恐怕更长 ，尤其在文学作品中其毒性作用被渲染得家喻户晓 ，以导致“谈砷色变”。近年来，三氧化二砷在白血病等各种恶性肿瘤治疗的基础研究和临床实践方面已取得了长足的进步。其可以诱导肿瘤细胞凋亡、对癌细胞有靶向作用、对抑癌基因的去甲基化作用，在抑制肿瘤细胞生长和肿瘤新生血管形成等方面也有一定的作用。

研究称砷的三氧化合物能够使得畸形蛋白质产生自我消灭的能力，从而使白细胞的生长恢复正常。细胞凋亡是一种相对于细胞坏死的、主动的、程序化的细胞死亡形式。有人认为癌症是细胞生长和凋亡失衡所致，其依据是大多数化疗药物都能够诱导癌症细胞凋亡且作用的强度与诱导凋亡能力成正比。最近的研究发现三氧化二砷能够诱导其它癌症细胞凋亡，说明其诱导凋亡的效应不仅仅局限于APL细胞。三氧化二砷能够通过激活Caspases（半胱天冬酶）和下调Bcl-2表达引起B淋巴细胞白血病细胞株凋亡。另有报道三氧化二砷也可诱导某些恶性淋巴细胞，如神经母细胞瘤细胞和胰腺癌细胞凋亡。研究还显示，少量的砷也是人体不可缺少的营养成分，它能促进甲硫氨酸的新陈代谢，从而防止头发、皮肤和指甲的生长紊乱。

药物可用于预防、治疗和诊断疾病，而毒物能损害机体健康，二者似乎是两种截然不同的物质，但实际上药物与毒物之间并无明显的界限，它们的起源相同，可以相互转变。因此，正确认识药物和毒物，对确保动物的健康有重要意义。

 同步练习题

1. 单项选择题

（1）一般用于中毒初期的是（　　）。

A. 泻药　　B. 催吐剂　　C. 利尿剂　　D. 氧化剂

（2）一般用于急性中毒的解毒剂是（　　）。

A. 泻药　　B. 催吐剂　　C. 利尿剂　　D. 氧化剂

（3）一般用于中毒中期的解毒剂是（　　）。

A. 泻药　　B. 催吐剂　　C. 利尿剂　　D. 氧化剂

（4）下面哪个中毒可以利用氧化剂与毒物间的氧化反应破坏毒物，使毒物毒性降低或丧失（　　）。

A. 生物碱类药物　　B. 乙基对硫磷　　C. 内吸磷　　D. 乐果

（5）属于还原剂的非特异性解毒药是（　　）。

A. 维生素A　　B. 维生素B　　C. 维生素C　　D. 维生素D

2. 填空题

（1）常用的非特异性解毒药有四种：________、________、________、和________。

（2）利用________与毒物间的氧化反应破坏毒物，使毒物毒性降低或丧失。

（3）水合氯醛、巴比妥类等中枢抑制药与尼可刹米、安钠咖、士的宁等中枢兴奋药及麻黄碱、洛贝林、美解眠（贝美格）等有________。

（4）________等对有机磷农药及吗啡类药物，也有一定的________解毒作用。

（5）利用________类与强碱强酸类毒物间发生________，使其失去毒性。

3. 简答题

（1）常用的弱酸解毒剂有哪些？常用的弱碱解毒剂有哪些？

（2）常用的氧化剂有哪些？临床应用在哪些毒物中毒？注意事项是什么？

4. 论述题

中毒的对症治疗药的临床应用是什么？

5. 案例分析题

当动物误食不明毒物出现中毒症状时，可采取哪些治疗措施？

单元二 特异性解毒药物

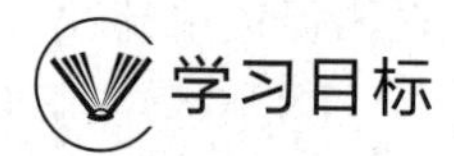

1. 知识目标：理解有机磷、亚硝酸盐、氰化物、金属及类金属、有机氟化物中毒的机制。
2. 能力目标：掌握特异性解毒药的解毒机制，临床上发生中毒时会解救。
3. 素质目标：树立正确的用药意识，树立善待实验动物、敬畏生命、感恩奉献、珍爱生命的动物福利意识。

特异性解毒药可特异性地对抗或阻断毒物的毒作用或效应而发挥解毒作用，而其本身多不具有与毒物相反的效应。本类药物特异性强，在中毒的治疗中占有重要地位。根据解救毒物的性质，一般可分为金属络合剂、胆碱酯酶复活剂、高铁血红蛋白还原剂、氰化物解毒剂和其他解毒剂等。

一、有机磷类中毒的特异性解毒药

有机磷酸酯类（简称有机磷）系一类含磷的高效杀虫药，广泛用于植保、医学及兽医学领域，对防治农业害虫、杀灭人类疫病媒介昆虫、驱杀动物体内外寄生虫等都有重要意义。但其毒性强，如保管或使用不当，可导致人畜中毒。

（一）毒理

有机磷酸酯类化合物经体表、呼吸道或胃肠道进入动物体内，与胆碱酯酶结合形成磷酰化胆碱酯酶，使胆碱酯酶失活，失去原来水解乙酰胆碱的能力，导致体内的乙酰胆碱大量蓄积，与胆碱受体结合，出现一系列胆碱能神经过度兴奋的临床中毒症状（M样、N样症状及中枢神经先兴奋后抑制等）。此外，有机磷酸酯类还可抑制三磷酸腺苷酶、胰蛋白酶、胰凝乳酶、胃蛋白酶等酶的活性，导致中毒症状复杂化，加重病情。中毒过程可用下式表示：

有机磷中毒及解救

有机磷酸酯类＋胆碱酯酶（有活性）⟶磷酰化胆碱酯酶（失去活性）

（二）解毒机制

以胆碱酯酶复活剂结合生理阻断剂进行解毒，配合对症治疗。

（1）生理阻断剂　又称M受体阻断剂。如阿托品、东莨菪碱、山莨菪碱等，它们可竞争性地阻断乙酰胆碱与M受体结合，而迅速解除有机磷酸酯类造成的M样中毒症状，大剂量应用时也能进入中枢，消除中枢神经样中毒症状，并对呼吸中枢产生兴奋作用，可解除呼吸抑制等中毒症状，但对骨骼肌震颤等N受体兴奋样中毒症状无效，也不能使胆碱酯酶复活。

（2）胆碱酯酶复活剂　本类药物包括碘解磷定、氯解磷定、双解磷、双复磷等，它们在化学结构上均属季胺类化合物，分子中含有的肟基（C═NOH）具有强大的亲磷酸酯作用，能与游离的及已与胆碱酯酶结合的有机磷酸根离子相结合，故能使胆碱酯酶复活而达到解毒作用。但对中毒过久，已经“老化”的磷酰化胆碱酯酶则几乎无复活作用。因此，在用于中毒解救时，应尽早应用。鉴于胆碱酯酶复活剂对有机磷的N样作用治疗效果明显，而阿托品对有机磷引起的M样作用解除效果较强，因此在解救有机磷化合物严重中毒时，两种药物常合用。

解毒过程可用下式表示：

胆碱酯酶复活剂＋磷酰化胆碱酯酶（无活性）⟶磷酰化胆碱酯酶复活剂＋胆碱酯酶（有活性）

胆碱酯酶复活剂＋游离有机磷酸酯类（有毒性）⟶磷酰化胆碱酯酶复活剂＋卤化氢

要特别注意是的有机磷中毒要趁早治疗：如果中毒时间过久，超过36h，磷酰化胆碱酯酶即发生“老化”，本类药物难以使胆碱酯酶恢复活性，故应尽早用药。

（三）常用药物

硫酸阿托品

【理化性质】见模块四相关叙述。

【作用与应用】见模块四相关叙述。

【注意事项】①本品单独应用仅适用于轻度有机磷中毒；中度及严重有机磷中毒时，应配合胆碱酯酶复活剂使用，才能取得满意的效果。②用药1h后，症状未见好转时应重复用药，直至病畜出现口腔干燥、瞳孔散大、呼吸平稳、心跳加快，即所谓“阿托品化”时，剂量减半，每隔4～6h用药一次，继续治疗1～2天。

【制剂、用法与用量】见模块四相关叙述。

碘解磷定

【理化性质】又名派姆，为最早合成的肟类胆碱酯酶复活剂。本品呈黄色颗粒状结晶或结晶性粉末。无臭，味苦，遇光易变质，如药液颜色变深，则不可以使用。

【作用与应用】①本品对由有机磷引起的N样症状的治疗作用明显，对M样症状治疗作用较弱，对中枢神经症状治疗作用不明显，对体内已蓄积的乙酰胆碱无作用。②对轻度有机磷中毒，可单独应用本品或阿托品控制中毒症状；中度或重度中毒时，则必须并用阿托品。③对有机磷的解毒作用有一定选择性。如对内吸磷、对硫磷、特普、乙硫磷中毒的疗效较好；而对马拉硫磷、敌敌畏、敌百虫、乐果、甲氟磷、丙胺氟磷和八甲磷等中毒的疗效较差；对氨基甲酸酯类杀虫剂中毒则无效。

本品用于解救有机磷中毒。

【注意事项】①有机磷内服中毒的动物应先以2.5％碳酸氢钠溶液彻底洗胃。②用药过程中定时测定血液胆碱酯酶水平，作为用药监护指标。血液胆碱酯酶应维持在50％～60％以上。必要时应及时重复应用本品。③应用本品至少维持48～72h，以防吸收的有机磷使中毒症状加重、反复或引起动物死亡。④早期用药的效果好，对中毒超过36h时的效果差。⑤禁止与碱性药物配伍，因在碱性溶液中易生成毒性更强的敌敌畏；与阿托品有协同作用，合用时可适当减少阿托品剂量。⑥本品注射速度过快可引起呕吐、心率加快、动作不协调以及血压波动、呼吸抑制等。⑦药液刺激性强，应防止漏至皮下。

【制剂、用法与用量】碘解磷定注射液。以碘解磷定计。静脉注射，一次量，每千克体重，家畜15～30mg。症状缓解前，2h注射一次。

二、亚硝酸盐中毒的特异性解毒药

动物出现亚硝酸盐中毒的主要原因是大量食用了含有亚硝酸盐的物料，如小白菜、白菜、萝卜叶、莴苣叶、菠菜、甜菜茎叶、红薯藤叶、多种牧草和野菜等富含硝酸盐的饲料，它们在长期堆放变质、腐烂或长时间焖煮在锅里的情况下，其中的硝酸盐被大量繁殖的硝酸盐还原菌（反硝化细菌）还原，产生大量的亚硝酸盐。另外，耕地排出的水、浸泡过大量植物的坑塘水及厩舍、积肥堆、垃圾堆附近的水源中也都含有大量硝酸盐或亚硝酸盐，当动物采食以上含有大量硝酸盐的饲料、饮水时，也可引起亚硝酸盐中毒。

（一）毒理

亚硝酸盐被机体吸收后，其毒性表现为两个方面：一是亚硝酸盐利用其氧化性将血液中正常的低铁血红蛋白（ $HbFe^{2+}$ ）氧化为高铁血红蛋白（$HbFe^{3+}$），使其失去携氧和释放氧的能力，导致血液不能给组织供氧，引起全身组织严重缺氧而中毒；二是吸收入血后形成的亚硝酸根离子，还可直接抑制血管运动中枢，使血管扩张，血压下降。另外，在一定的条件下，亚硝酸盐在体内还可转化为致癌物亚硝胺或亚硝酸胺，长期作用可诱发癌症。动物中毒后，主要表现呼吸加快、心跳增速、黏膜发绀、流涎、呕吐、运动失调，严重时呼吸中枢麻痹，最终窒息死亡。血液呈酱油色，且凝固时间延长。

（二）解毒机制

针对亚硝酸盐中毒的毒理，通常使用高铁血红蛋白还原剂，如小剂量亚甲蓝、硫代硫酸钠等，使高铁血红蛋白还原为低铁血红蛋白，恢复其携氧能力，解除组织缺氧的中毒症状。同时使用呼吸中枢兴奋药（尼可刹米等），可提高疗效。

（三）常用药物

亚甲蓝

【理化性质】又名美蓝、甲烯蓝。深绿色、有铜样光泽的柱状结晶或结晶性粉末。易溶于水和乙醇，溶液呈深蓝色。应遮光、密闭保存。

【作用与应用】①本品小剂量可产生还原作用。小剂量（1～2mg/kg）的亚甲蓝进入机体后，体内6-磷酸葡萄糖脱氢过程中的氢离子传递给亚甲蓝（MB），使其被迅速还原成还原型白色亚甲蓝（MBH_2），能将高铁血红蛋白还原为低铁血红蛋白，恢复其运氧能力，同时，还原型白色亚甲蓝又被氧化成为氧化型亚甲蓝（MB），如此循环进行。②大剂量可产生氧化作用。给予大剂量（≥10mg/kg）的亚甲蓝时，体内6-磷酸葡萄糖脱氢过程中的氢离子来不及迅速、完全地将氧化型亚甲蓝转变为还原型白色亚甲蓝，未被转化的氧化型亚甲蓝，可将正常的低铁血红蛋白氧化成高铁血红蛋白，有解除氰化物中毒的作用（因氰化物的氰离子与高铁血红蛋白具有非常强的亲和力）。

本品小剂量常用于亚硝酸盐中毒及苯胺类等药物所致的高铁血红蛋白症；大剂量的亚甲蓝则用于氰化物中毒的解救。

【注意事项】①本品刺激性大，可引起组织坏死，禁止皮下或肌内注射。②静脉注射过快可引起呕吐、呼吸困难、血压降低、心率加快。③用药后尿液呈蓝色，有时可产生尿路刺激症状。④与强碱性溶液、氧化剂、还原剂、碘化物有配伍禁忌。⑤葡萄糖能促进亚甲蓝的还原作用，故应用亚甲蓝解除亚硝酸盐中毒时，常与高渗葡萄糖溶液合用以提高疗效。

【制剂、用法与用量】亚甲蓝注射液。以亚甲蓝计。静脉注射，一次量，每千克体重，家畜 1～2mg。

三、氰化物中毒的特异性解毒药

氰化物是毒性极大、作用迅速的毒物。种类很多，如富含氰苷的饲料有亚麻籽饼，木薯，某些豆类（如菜豆），某些牧草（如苏丹草），高粱幼苗及再生苗，橡胶籽饼及杏、梅、桃、李、樱桃等蔷薇科植物的叶及核仁，马铃薯幼芽，醉马草等。当动物采食大量以上饲料后，氰苷在胃肠内水解形成大量氢氰酸导致中毒。另外，工业生产用的各种无机氰化物（氰化钠、氰化钾、氯化氰等）、有机氰化物（乙腈、丙烯腈、氰基甲酸甲酯）等污染饲料、牧草、饮水或被动物误食后，也可导致氰化物中毒。牛对氰化物最敏感，其次是羊、马和猪。

（一）毒理

氰化物的氰离子（CN^-）能迅速与氧化型细胞色素氧化酶中的 Fe^{3+} 结合，形成氰化高铁细胞色素氧化酶，从而阻碍此酶转化为 Fe^{2+} 的还原型细胞色素氧化酶，使酶失去传递氧的功能，使组织细胞不能利用血中的氧（血中有充足的氧，呈鲜红色），形成“细胞内窒息”，导致细胞缺氧而中毒。由于氢氰酸在类脂质中溶解度大，并且中枢神经对缺氧敏感，所以氢氰酸中毒时，中枢神经首先受到损害，并以呼吸和血管运动中枢为甚，动物表现先兴奋后抑制，终因呼吸麻痹，窒息死亡。

（二）解毒机制

目前一般采用氧化剂（如亚硝酸钠、大剂量的亚甲蓝等）结合供硫剂（硫代硫酸钠）联合解毒。氧化剂使部分低铁血红蛋白氧化为高铁血红蛋白，高铁血红蛋白中的 Fe^{3+} 与 CN^- 有很强的结合力，不但能与血液中游离的氰离子结合，形成氰化高铁血红蛋白，使氰离子不能产生毒性外，还能夺取已与细胞色素氧化酶结合的氰离子，使细胞色素氧化酶复活而发挥解毒作用。但形成的氰化高铁血红蛋白不稳定，可解离出部分氰离子而再次产生毒性，所以需进一步给予供硫剂硫代硫酸钠，与氰离子形成稳定而毒性很小的硫氰酸盐，随尿液排出而彻底解毒。

（三）常用药物

亚硝酸钠

【理化性质】本品为无色或白色至微黄色结晶。无臭，味微咸，有引湿性，在水中易溶，水溶液呈碱性，在乙醇中微溶。

【作用与应用】本品可将血红蛋白中的二价铁氧化成三价铁，形成高铁血红蛋白而解救氰化物中毒。

本品用于解救氰化物中毒。

【注意事项】①本品仅能暂时性地延迟氰化物对机体的毒性，静注数分钟后，应立即使用硫代硫酸钠。②本品容易引起高铁血红蛋白症，故不宜大剂量或反复使用，因过量引起的中毒，可以用亚甲蓝解救。③有扩张血管作用，注射速度过快时，可致血压降低、心动过速、出汗、休克、抽搐。④马属动物慎用。

【制剂、用法与用量】亚硝酸钠注射液。以亚硝酸钠计，静脉注射，一次量，马、牛2g；羊、猪 0.1～0.2g。

硫代硫酸钠

【理化性质】本品又称大苏打，为无色结晶或结晶性细粒，无臭，味咸。有风化性和潮解性。水中极易溶解，乙醇中不溶。水溶液显微弱的碱性反应。

【作用与应用】①本品在肝脏内硫氰酸生成酶（又称转硫酶）的催化下，能与游离的或已与高铁血红蛋白结合的CN^-结合，生成无毒的且比较稳定的硫氰酸盐由尿排出。②本品有还原性，可使高铁血红蛋白还原为低铁血红蛋白，并可与多种金属离子结合形成无毒硫化物排出。③吸收后能增加体内硫的含量，增强肝脏的解毒功能，用作一般解毒药。

本品主要用于解救氰化物中毒；也可用于砷、汞、铅、铋、碘等中毒。

【注意事项】①本品不易由消化道吸收，静注后可迅速分布到全身各组织，故临床以静注或肌注方式给药。②本品解毒作用产生较慢，故应先静脉注射氧化剂如亚硝酸钠或亚甲蓝数分钟后，再缓慢注射本品，但不能与亚硝酸钠混合静注。③对内服氰化物中毒的动物，还应使用5%本品溶液洗胃，并于洗胃后保留适量溶液在胃中。

【制剂、用法与用量】硫代硫酸钠注射液。以硫代硫酸钠计，静脉、肌内注射，一次量，马、牛5～10g；羊、猪1～3g；犬、猫1～2g。

四、金属及类金属中毒的特异性解毒药

随着工业的飞速发展，金属及类金属元素对环境的污染越来越严重，使人类及动物广泛地接触金属及类金属元素，并通过各种生态链进入体内而引起中毒。引起中毒的金属主要有汞、铅、铜、银、锰、铬、锌、镍等，类金属主要有砷化物、锑、磷、铋等。

（一）毒理

金属及类金属进入机体后解离出金属离子或类金属离子，这些离子除了在高浓度时直接作用于组织产生腐蚀作用，使组织坏死外，还能与组织蛋白质和酶系统中巯基结合，抑制酶的活性，使细胞代谢障碍而产生一系列中毒症状。

（二）解毒机制

解毒常使用金属络合剂。它们与金属、类金属离子有很强的亲和力，这种亲和力大于含巯基酶与金属、类金属离子的亲和力，其不仅可与金属离子及类金属离子直接结合，而且还能夺取已经与酶结合的金属离子及类金属离子，使组织细胞中的酶恢复活性，而其自身与金属、类金属离子络合形成无活性难解离的可溶性络合物，随尿排出，起到解毒作用。

（三）常用药物

二巯基丙醇

【理化性质】本品为无色或几乎无色易流动的液体。有强烈的、类似蒜的特臭。在水中溶解，但水溶液不稳定。溶于乙醇、甲醇、苯甲酸和植物油。

【作用与应用】①本品能竞争性地与金属离子结合，形成较稳定的水溶性络合物随尿排出，使巯基酶复活。②对急性金属中毒有效；慢性中毒时，疗效不佳。

本品属巯基酶复活剂，主要用于治疗砷中毒；也可用于汞和金中毒。

【注意事项】①巯基酶与金属离子结合得越久，酶的活性越难恢复，所以在动物接触金属后1～2h内用药，效果较好，超过6h则作用减弱。②本品为竞争性解毒剂，应及早足量使用。与金属离子形成的络合物在动物体内有一部分可重新逐渐解离出金属离子，必须反复给药，使血液中的二巯基丙醇与金属离子浓度保持2∶1的优势，使解离出的金属离子再度与本品结合，直至由尿排出为止。③由于注射后会引起剧烈疼痛，仅供深部肌内注射。④对机体其他酶系统也有一定的抑制作用，如可抑制过氧化物酶系的活性，而且其过氧化产物又

能抑制含巯基酶，故应控制好用量。⑤与依地酸钙钠合用，可治疗幼小动物的急性铅脑病。⑥可与镉、硒、铁、铀等金属形成有毒络合物，故应避免同时应用硒和铁盐等。在停用后至少经过 24h 才能应用硒、铁制剂。⑦碱化尿液可减少络合物的重新解离，减轻肾损害。⑧过量使用可引起动物呕吐、震颤、抽搐、昏迷甚至死亡；对肝、肾具有伤害，肝肾功能不良动物应慎用；因药物排出迅速，一般不良反应可耐过。

【制剂、用法与用量】二巯基丙醇注射液。肌内注射，一次量，每 1 千克体重，家畜 2.5～5mg。

二巯丙磺钠

【理化性质】本品又称解砷灵，为白色结晶性粉末，易溶于水，有类似蒜的特臭。

【作用与应用】本品作用与二巯基丙醇相似，但解毒作用较强、较快，毒性较小（约为二巯基丙醇的 1/2)，除对汞、砷中毒有效外，对铅、镉中毒亦有效。

本品主要用于解救汞、砷中毒，也用于铅、镉中毒。

【注意事项】①一般多采用肌内注射；静脉注射速度宜慢，否则可引起呕吐、心跳加快等。②本品为无色澄明液体，浑浊变色时不能使用。

【制剂、用法与用量】二巯丙磺钠注射液。静脉、肌内注射，一次量，每千克体重，马、牛 5～8mg；猪、羊 7～10mg。中毒后，前 2 天，每日 4～6h 一次，从第 3 天开始，每日 2 次。

五、有机氟中毒的特异性解毒药

有机氟包括如氟乙酸钠、氟乙酰胺、甲基氟乙酸等，在农业生产中常使用的有机氟杀虫剂和杀鼠剂。有机氟可通过皮肤、消化道和呼吸道侵入动物机体发生急性或慢性氟中毒。家畜有机氟中毒通常是因为误食以上有机氟毒饵及因其中毒死亡的动物或被有机氟污染的饲草料、饮水等发生中毒。

（一）中毒及解毒机制

中毒机制尚不完全清楚，目前认为有机氟进入机体后生成氟乙酸，氟乙酸与辅酶 A 作用生成氟乙酰辅酶 A（正常过程应是乙酸与辅酶 A 结合形成乙酰辅酶 A)，后者再与草酰乙酸缩合形成氟柠檬酸。由于氟柠檬酸与柠檬酸的化学结构相似，可与柠檬酸竞争性抑制三羧酸循环中的乌头酸酶，从而阻断柠檬酸的氧化，造成柠檬酸堆积，破坏了体内三羧酸循环，使糖代谢中断，组织代谢发生障碍。同时组织中大量的柠檬酸可导致组织细胞损害，引起心脏和中枢神经系统功能紊乱，使动物中毒。表现不安、厌食、步态失调、呼吸心跳加快等症状，甚至死亡。为此，可使用与氟乙酰胺等有机氟化学结构相似的物质，在体内与氟乙酰胺等有机氟竞争酰胺酶，使氟乙酰胺等不能分解产生对机体有害的氟乙酸，阻止氟乙酸对三羧酸循环的干扰，恢复组织正常代谢功能，从而消除有机氟对机体的毒性。

（二）常用药物

乙酰胺

【理化性质】又名解氟灵，为白色结晶性粉末。在水中极易溶解，在乙醇或吡啶中易溶，在甘油或三氯甲烷中溶解。

【作用与应用】乙酰胺在体内与氟乙酰胺等有机氟竞争酰胺酶，使氟乙酰胺等不能分解产生对机体有害的氟乙酸，从而消除有机氟对机体的毒性。同时乙酰胺本身分解产生的乙酸能干扰氟乙酸的作用，因而解除有机氟中毒。主要用于解除氟乙酰胺和氟乙酸钠的中毒。能延长中毒的潜伏期、减轻症状或制止发病。此外，滑石粉中含有镁离子，能与氟离子形成配合物，减少氟的吸收，降低血中氟浓度。也可用于奶牛地方性氟中毒。

【注意事项】①本品宜早用且量足。②本品刺激性较大，肌注时需与普鲁卡因或利多卡因合用，以减轻疼痛；剂量过大可引起血尿。③与解痉药、半胱氨酸合用较好。

【制剂、用法与用量】乙酰胺注射液。以乙酰胺计，肌内、静脉注射，一次量，每千克体重，家畜 50～100mg。

实训九　有机磷酸酯类中毒及其解救方法

【原理】敌百虫是一种有机磷酸酯类的药物，进入机体后可抑制胆碱酯酶的活性，使体内乙酰胆碱大量蓄积，产生 M 样、N 样和中枢神经系统症状。阿托品和碘解磷定分别为 M 受体阻断药和胆碱酯酶复活药，可缓解其中毒症状。

【材料】

（1）动物　家兔 2 只。

（2）药品　10%敌百虫溶液、硫酸阿托品注射液、碘解磷定注射液。

（3）器材　家兔固定箱、秤、注射器、6 号针头、酒精棉球、干棉球。

【方法与步骤】

① 取家兔 2 只，称重标记。分别观察并记录正常活动的呼吸频率与幅度、瞳孔大小、唾液分泌量、大小便、肌肉张力及震颤等情况。

② 按每千克体重 2ml 给 2 只家兔臀部肌内注射 10%敌百虫溶液，观察并记录上述指标的变化情况。如 20～25min 后未出现中毒症状，再追加 1/3 剂量。

③ 待中毒症状明显后，给甲兔耳静脉注射硫酸阿托品；给乙兔先耳静脉注射硫酸阿托品，然后耳静脉注射碘解磷定，均按照每千克体重 2ml 给药。

④ 观察并记录甲、乙兔解救后各项指标的变化情况。见图 6-1。

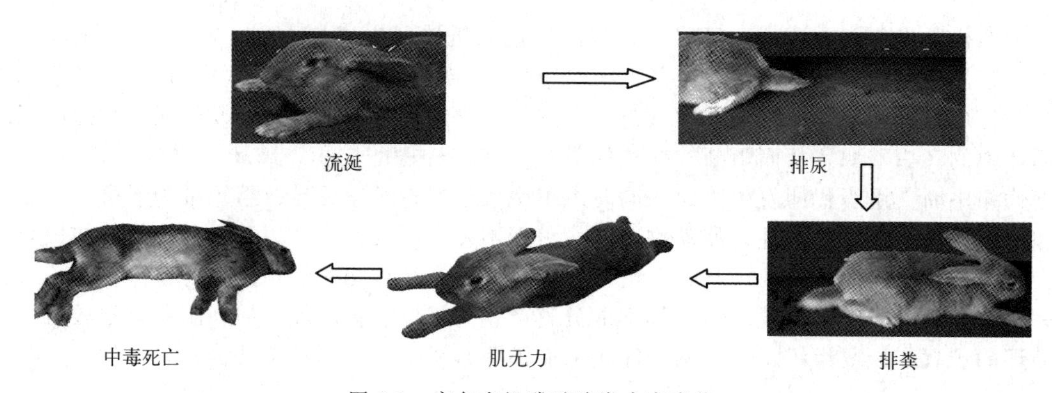

图 6-1　家兔有机磷酸酯类中毒症状

【注意事项】

① 敌百虫可通过皮肤吸收，接触后应立即用自来水冲洗干净，但切忌用碱性肥皂，否则可转化为毒性更强的敌敌畏。

② 解救时动作要迅速，否则动物会因抢救不及时而死亡。

③ 瞳孔大小受光线影响，在整个实验过程中不要随便改变兔固定箱位置，保持光线条件一致。

【实验结果】见表 6-1。

表 6-1 有机磷酸酯类中毒及其解救结果

<table>
<tr><th rowspan="2">兔号</th><th rowspan="2">药物</th><th colspan="5">观察指标</th></tr>
<tr><th>呼吸</th><th>瞳孔大小</th><th>唾液分泌</th><th>肌张力和肌震颤</th><th>大小便</th></tr>
<tr><td rowspan="3">甲</td><td>用敌百虫前</td><td></td><td></td><td></td><td></td><td></td></tr>
<tr><td>用敌百虫后</td><td></td><td></td><td></td><td></td><td></td></tr>
<tr><td>用硫酸阿托品后</td><td></td><td></td><td></td><td></td><td></td></tr>
<tr><td rowspan="3">乙</td><td>用敌百虫前</td><td></td><td></td><td></td><td></td><td></td></tr>
<tr><td>用敌百虫后</td><td></td><td></td><td></td><td></td><td></td></tr>
<tr><td>用硫酸阿托品和碘解磷定后</td><td></td><td></td><td></td><td></td><td></td></tr>
</table>

➢ 知识拓展

常见中毒的毒理与解毒

1. 氨基甲酸酯类农药中毒的毒理与解毒药

近年来，氨基甲酸酯类杀虫剂、杀菌剂、除草剂等在农业生产上的应用较广泛。如西维因、呋喃丹等。该类农药经消化道、呼吸道和皮肤黏膜吸收进入机体，抑制胆碱酯酶水解乙酰胆碱的作用，造成体内乙酰胆碱大量蓄积，出现胆碱能神经过度兴奋的中毒症状。另外，氨基甲酸酯类还可阻碍乙酰辅酶 A 的作用，使糖原的氧化过程受阻。呋喃丹除以上毒性外，尚可在体内水解产生氰化氢，解离出氰离子，产生氰化物中毒的症状。

解救可首选阿托品，并配合输液，消除肺水肿、脑水肿及兴奋呼吸中枢等对症疗法。重度呋喃丹中毒时，应用亚硝酸钠、硫代硫酸钠等。但一般禁用肟类胆碱酯酶复活剂。

2. 杀鼠剂中毒与解毒

氯鼠酮、敌鼠、杀鼠酮等抗凝血杀鼠剂经消化道吸收，进入机体后，干扰维生素 K_3 的氧化还原循环，使肝细胞生成的凝血酶原和维生素 K_3 依赖性凝血因子Ⅱ、Ⅴ及Ⅶ等不能转化为有活性的凝血蛋白，从而影响凝血过程，导致出血倾向。华法林等香豆素类杀鼠剂只影响维生素 K_3 依赖性凝血因子的生成，对血浆中已形成的维生素 K_3 依赖性凝血因子不产生影响。此外，华法林还可扩张并破坏毛细血管，使其通透性、脆性增加，导致血管破裂，出血加重。动物中毒后，以肺出血最严重，其次为脑、消化道和胸腔血管出血，如不及时解救，可引起死亡。

解毒主要通过增加体内维生素 K_3 的含量，提高其与杀鼠剂竞争的优势，恢复并加强原有的各种生理功能。亚硫酸氢钠甲萘醌（维生素 K_3）是本类杀鼠剂中毒的特效解毒药，同时配合应用维生素 C 和氢化可的松及其他对症治疗药。

3. 蛇毒中毒与解毒

毒蛇种类很多，蛇毒成分也很复杂，每种蛇毒含一种以上的有毒成分。蛇毒的成分有神经毒、心脏毒、血液毒及出血毒等。神经毒可抑制乙酰胆碱的释放和阻断 N_2 胆碱受体，使胆碱能神经兴奋性降低，导致全身肌肉麻痹，呼吸停止而死亡；心脏毒可损害心脏功能，甚至可使心脏停止于收缩期，毒性比神经毒低；血液毒常因其凝血毒素和抗凝血毒素引起血栓或出血。

解毒首先采用非特异性处理措施，将毒蛇咬伤的局部进行处理，破坏毒素，延缓毒素吸收。同时应用特效药抗蛇毒血清，中和蛇毒。有单价抗蛇毒血清和多价抗蛇毒血清，前者针对某一种蛇毒效果好，后者治疗范围较广，但疗效较差。

同步练习题

1. 单项选择题

（1）抢救中毒动物的最佳疗法是（　　）。

A. 特效解毒　B. 强心利尿　C. 对症施治　D. 保肝利胆　E. 加速排泄

（2）亚甲蓝作为特效解毒药常用于治疗（　　）。

A. 棉籽饼中毒　B. 菜籽饼中毒　C. 氢氰酸中毒　D. 有机磷中毒　E. 亚硝酸盐中毒

（3）某猪群在多雨季节，因饲喂存储不当的配合饲料而发生中毒性疾病。该病最可能是（　　）。

A. 氢氰酸中毒　B. 棉籽饼中毒　C. 菜籽饼中毒　D. 亚硝酸盐中毒　E. 黄曲霉毒素中毒

2. 填空题

（1）碘解磷定用于解救__________中毒。

（2）小剂量__________常用于亚硝酸盐中毒及苯胺类等药物所致的高铁血红蛋白症；大剂量则用于氰化物中毒的解救。

（3）亚硝酸钠用于解救__________中毒。

（4）__________为我国创制的广谱金属解毒剂，毒性较低，无蓄积性作用。

（5）__________对氟乙酰胺、氟乙酸钠等的中毒具有解毒作用。

3. 简答题

（1）动物发生有机磷中毒时，应如何解毒？并说明其解毒机制。

（2）动物发生氰化物中毒时，应如何解毒？并说明其解毒机制。

4. 论述题

（1）亚甲蓝为什么既能解亚硝酸盐中毒，又能解氰化物中毒？

（2）有机氟、氨基甲酸酯类农药、氯鼠酮、砷、汞、铅、铜、铁等中毒时，用何药解救？

5. 案例分析题

一头仔猪因食用大量堆混变质的大白菜，而发生中毒现象，表现为可视黏膜发绀、呼吸困难等症状，拟诊为亚硝酸盐中毒，请选用治疗药物，并说明理由。

模块七　药物毒理学

学习目标

1. 知识目标：理解药物毒理学概念、常用术语及参数术语的含义。熟悉中毒原理及毒物分类，了解动物源性食品中兽药及化学物残留的危害。

2. 能力目标：熟悉动物源性食品中兽药及化学物残留防范措施。

3. 素质目标：通过辩证角度看待药物和毒物，关注动物性食品安全，关注人类健康。

药物在发挥其药理作用时常对机体产生有害作用。本篇主要介绍药物毒理学的基本概念、常用术语、研究内容、药物毒性作用类别、毒理机制、药物安全性毒理学评价方法和动物源性食品中的兽药残留现状、原因、危害、监控及防范措施。

单元一　药物毒理学基础

药物毒理学是研究药物在一定条件下对动物机体有害作用及其机制的科学，是在毒物学、动物药理学、动物中毒病学、兽医学等学科基础上发展起来的一门新兴学科。动物药理学研究兽医临床药物的治疗作用及其机制，而药物毒理学则研究这些药物对机体的毒害作用及其毒理机制。药物毒理学主要探索药物的毒性反应。药物都具有治疗作用和不良反应两重性，即应用药物诊断、预防和治疗动物疾病的过程中，药物会对机体产生不良影响，包括副作用和毒性作用，确定药物的靶器官，确定药物毒性作用的剂量范围，加强对药物的安全性和危害性评价，有毒物质、药物和化学药品在食用动物组织中的残留，确定是否禁用、使用范围和目的、允许使用的动物种类、休药期、制定允许残留量标准、提出监测与控制药物在组织中残留的措施等。

一、药物毒理学常用术语

1. 毒性

指药物与机体接触或进入体内的特定部位以后，引起相应损害的相对能力。

2. 急性毒性

指机体（实验动物或人）一次接触或24h内多次接触化学物后在短期（14天）内所发生的毒效应。

3. 蓄积作用

机体多次接触外来化学毒物，当这些毒物进入机体的速度或总量超过代谢转化和排泄的速度或总量时，化学毒物或其代谢产物可在机体内逐渐增加并潴留，这种现象称之为蓄积作用。

4. 慢性毒性

动物长期接触低剂量化学物后，对机体所产生的毒性称为慢性毒性。一般认为毒物染毒时间在6个月以上。

5. 毒代动力学

又称毒物动力学，是利用动力学原理和数学方法，定量地研究外源性化学物通过各种途径进入机体后的吸收、分布、生物转化和排泄等过程的动态变化规律的一门学科，是毒理学的一个分支。

6. 毒素

生命有机体（包括某些动物、植物和微生物）产生的有毒物质，称为毒素。例如，蓖麻种子中含的蓖麻毒素、毒蛇的毒腺中所含的毒素等。

7. 半数致死量（LD_{50}）

引起实验动物总数中一半的个体死亡的最小毒物剂量称为半数致死量。

8. 绝对致死量（LD_{100}）

引起实验动物总数中全部个体死亡的最小毒物剂量称为绝对致死量。

9. 最高无毒剂量（ED_0）

某种物质在一定时间内按一定的方式给予实验动物后，使用一定的检测、检验、检查方法和指标测定，该物质不能对动物体造成血液性、化学性、病理性及临床症状等方面的伤害作用的最大剂量，又称最大无作用剂量。它是评价某种物质毒性高低和药物安全的重要指标之一，也可以用来指导确定药物的最大使用剂量等。

10. 致畸作用

指毒物通过母体而影响胎儿的发育，使胚胎的细胞分化或器官的发育不能正常进行，导致胎儿的器官形态结构出现异常（畸形），又叫致畸胎作用。能够导致胎儿畸形的物质成为致畸物或致畸原。

11. 致癌作用

能引起动物发生恶性肿瘤，增加肿瘤发生率和死亡率的作用称为致癌作用。具有致癌作用的物质称为致癌物。通常将致癌、致畸、致突变简称为“三致”。

12. 致敏作用

有些物质具有抗原性，与机体接触后可导致机体产生特异性的免疫抗体，当机体再次接触同样物质时，就会出现超出寻常的免疫反应，反应性增高，即发生过敏反应或变态反应，造成组织的损伤及不同程度的临床症状。这种具有致敏作用的物质称为致敏原或致敏物。

二、中毒原因及毒物分类

能够引起动物中毒的原因比较多，大体可以分为自然因素引起的中毒、人为因素引起的中毒和动物自体代谢产物引起的中毒。其中生产中最常发生的还是由于某种人为的因素造成的中毒或某种疾病引起动物的自体中毒。

（一）中毒原因

1. 自然因素引起的中毒

包括自然界存在或自然生成的有毒矿物、有毒植物、有毒动物叮咬等引起的中毒。

（1）有毒矿物中毒　有些矿物岩石、土壤、饮水中含有对动物有毒的矿物质元素（如氟等），可通过饮水等而中毒。矿石、土壤中毒素虽不能直接通过采食造成中毒，但有些有毒元素（如硒等）可通过在这些地方生长的植物吸收后，再被动物采食而中毒。因此，有毒矿物中毒都具有明显的地方性、区域性。

（2）有毒植物中毒　有些植物中含有某种特有的成分，这些成分可能对该植物本身是有益的，但对动物来说有些是有毒害作用的，有些甚至是致命的毒害，动物误食后可导致中毒（如夹竹桃中毒）。已知的有毒植物成分有：生物碱、非蛋白氨基酸、毒肽、毒蛋白、酚类及其他有机化合物等。

（3）有毒动物叮咬引起的中毒　有些动物体内具有一定的毒素，成为这些动物防御或进攻的武器，通过叮、咬、刺等将毒液注入其他动物体内而使之中毒（如蛇毒、蜂毒、蝎毒等中毒）。

2. 人为因素引起的中毒

人为因素大多由于管理不当、失职、误用或过量使用药物等而发生，极少数为故意投毒。诸如饲料因受潮发霉产生霉菌毒素、土豆保管不当发芽变绿产生毒素等均可引起动物中毒。农药、化肥、杀鼠药等因管理不当引起动物误食或因饲喂刚施用过农药化肥的作物、青草等引起中毒。常见的有：有机磷、有机氯、有机氟、除锈剂、灭鼠剂等。由于治疗动物寄生虫病选用驱杀药不当、剂量过大、频繁多次使用或使用对某种动物比较敏感的药物而引起中毒。如使用敌百虫驱杀动物体内、外寄生虫时用药量过大或浓度过高都会引起动物中毒；用马度米星防治球虫感染时，家兔若使用鸡的治疗量会引起严重的中毒，甚至死亡。工农业生产中产生的大量废弃物（废气、废水、废渣等），如不经处理或处理不当排放到环境中，会对饲料、饲草、饮水、空气等造成不同程度的污染，引起动物中毒。维生素、微量元素以及抗病促生长物质等饲料添加物质使用过量，会造成不同程度的中毒。如因食盐添加过多会发生食盐中毒等。在使用煤炉取暖的养殖场，会出现煤气中毒。菜籽及其饼粕、棉籽及其饼粕、大豆及其饼粕等饲料中的毒素未经脱毒处理或饲喂过量而引起中毒。人为投毒，由于某些原因故意投放毒物，此类事件发生较少。

3. 自体代谢产物引起的中毒

动物自体代谢产物引起的中毒叫作自体中毒，包括泌尿系统疾病引起的尿液排泄障碍导致的尿毒症、消化道疾病引起消化不全产物及消化道病原微生物产生的毒素导致的自体中毒、其他代谢性疾病引起代谢产物蓄积出现的中毒（如奶牛酮血症、代谢性酸中毒）等，都已列在相关疾病中进行介绍。

（二）毒物分类

可引起动物中毒的毒物种类繁多，常见的有以下分类方法。

1. 按中毒动物的体内外来源

可分为内源性毒物和外源性毒物。其中，内源性毒物是在动物机体的代谢过程中形成的对动物机体有毒害作用的代谢产物，在正常情况下内源性毒物可由动物本身的解毒和排泄机制解除或排泄掉，一般不会对动物机体造成临床可见的伤害作用，只有在动物的解毒或排泄机制发生障碍时才会引起毒物的蓄积而发生中毒（又称自体中毒）。外源性毒物则是在动物机体之外的环境中存在的毒物，一般此类毒物需要与动物机体接触或进入动物机体内部才能造成对动物机体的毒害作用，是引起动物中毒性疾病主要物质。

2. 按伤害动物主要组织器官划分

可分为血液毒（一氧化碳、亚硝酸盐等）、肝脏毒（有机砷化物、磷等）、肾脏毒（升汞、草酸等）、心脏毒（洋地黄、夹竹桃等）、神经毒（硫化氢、吗啡等）、眼毒（甲醇、烟碱等）、子宫毒（烟碱、剧泻药等），这些毒物会造成相应组织或器官的严重伤害。

3. 按毒物作用的性质

分为刺激性毒物（氨等）、腐蚀性毒物（强酸、强碱等）、麻醉性毒物（吗啡、醇等）、窒息性毒物（一氧化碳、硫化氢等）、致癌性毒物（砷化物等）。

4. 按毒物的理化性质

分为有机毒物（甲醇、吗啡等）、无机毒物（氟、砷等）、有毒气体（一氧化碳、硫化氢等）。

5. 按毒物的生成来源

分为植物性毒物（棉酚、芥子苷等）、动物性毒物（蛇毒、蝎毒等）、矿物性毒物（铅、砷等）、霉菌性毒素（黄曲霉毒素等）。

6. 按毒物的毒性

分为极毒毒物（氰化钾、氟乙酰胺等）、剧毒毒物（有机磷农药、一氧化碳等）、低毒毒物（磺胺类药物、石炭酸等）。

7. 按毒物是否由生物体生成

分为生物性毒物与非生物性毒物。生物性毒物包括有毒动物、有毒植物、微生物产生的毒素（细菌毒素、霉菌毒素）等；非生物性毒物包括天然毒物（矿质毒物）及人工合成的有毒化学物质等。

单元二　动物源性食品中兽药及化学物残留

一、药物及化学残留的概念

在目前养殖业生产中使用兽药及化学物质在控制和防治动物疾病、降低发病率和死亡率、促进畜禽的生长、增加畜禽体重、提高饲料利用率、提高养殖效益等方面起到了至关重要的作用。而使用的兽药和化学物质被动物吸收后要经过血液循环转运分布到动物的各组织器官，有些药物在这些组织中可直接产生药理作用或毒性作用，有的在组织中储存或改变自己的结构和性质，进而通过机体的各种防御机制或代谢活动，经尿液或胆汁等排出体外。由于药物及化学物质种类繁多，结构和理化性质差别也很大，动物吸收后代谢或排出体外的时间也各不相同，使得有些药物或化学物质在动物体内不同组织器官中存留较长的时间，甚至到屠宰时也不能完全排出，以至于残留在屠宰后的动物组织器官中，便形成药物残留。如果食品动物出现药残，人食用具有药残的动物食品后，其残留的药物便进入人体，对人健康产生不同程度的影响或造成伤害。例如，2006 年上海，部分人因食用了残留盐酸克仑特罗（瘦肉精）的猪肉后，出现了中毒，甚至危及生命。因此，应有效地控制动物食品的药残。

二、药物及化学物质残留的原因

造成药物残留的主要原因有：①大剂量使用药物。畜牧业生产中普遍采用大剂量抗生素类和激素类等药物治疗动物疾病，造成了动物食品中抗生素、激素等药物在动物体内的浓度提高，代谢或排泄时间延长，而导致残留。②长期使用亚治疗剂量的药物。将亚治疗剂量的药物长期以添加剂的形式添加到饲料或饮水中，用于非治疗性的防治或促生长，造成药物残留以及产生耐药性。③使用违禁药物。使用有关法规禁用的药物治疗动物疾病或使用禁止用于促生长的药物作促生长剂，造成药物残留。④不遵守休药期。有些药物在屠宰上市前需要一定的休药期，在未达到规定的休药期便屠宰上市。⑤使用药物掩饰动物疾病。在动物发病时，使用药物减缓或掩饰发病动物的疾病症状或变化，逃避宰前检查而造成有关药物及化学物质残留问题，目前已备受世界各国的关注，制定了严格的监控监测机制和绿色壁垒。如美国和欧洲国家已实施计划监控，并定期向社会公布市场监测结果。日本也制定了严格的动物食品最高药残标准，如肉鸡食品中抗球虫药氯羟吡啶的残留量不得超过 1mg/kg。

三、兽药及化学物残留的监控和防范措施

为加强兽药残留监控，《兽药管理条例》对兽药残留监控做出了明确规定，要求研制用于食用动物的新兽药时，必须进行兽药残留试验并提供休药期、最高残留限量标准、残留检测方法及其制定依据等资料。兽药使用单位必须遵守国务院兽医行政管理部门制定的兽药安全使用规定，并建立用药记录，严格执行休药期规定。禁止使用假、劣兽药以及国务院兽医行政管理部门禁止使用的药品和其他禁用限用化学物。对违反本条例规定，销售含有违禁药物和兽药残留超标的动物产品用于食品消费的，给予严厉处罚。

为了实施《兽药管理条例》中控制动物源性食品中兽药残留有关条款，我们可以采取以下措施：

① 建立养殖业生产准入制度。兽药生产和经营已经有了严格的准入制度，如 GMP。但是，兽药的应用却难以规范。这和我国非规模化养殖的历史和现状有关，这个过程也许还要持续一段时间，但是只有完全实现养殖业的规模化，才有望从根本上解决动物源性食品的兽药残留问题。

② 严格执行残留的最高限量标准。我国于 1999 年制定了《动物性食品中兽药最高残留限量》，并于 2002 年做了修订。

③ 建立有效的兽药残留监控计划。包括制订兽药残留监控计划和官方取样工作程序，经农业农村部和国家市场监督管理总局批准后发布。内容包括确定残留监控的具体项目、取样方法和程序、标准的监测方法（测定试剂盒和监测设备），以及统一的样品封存程序和监测报告的签章程序。

④ 赋予执行监控计划的部门或机构以责任和权力，保障定期强制执行取样和监控计划的工作内容。

⑤ 赋予监督机构以更高的权力，对执行兽药残留监控计划的机构获得的监测数据进行独立核实，包括核实样品采集。

⑥ 建立生产企业、兽药残留监控计划执行机构、监督机构、海关与外贸测试以及政府机构共享的实时数据网络系统。

⑦ 制定对兽药生产、使用到监控过程中违法违规行为的处罚条款，强化这些处罚的行政和法律程序。

为了预防兽药残留，确保食品安全，倡导和推广无公害养殖，在无公害养殖中，养殖从业者需要遵循以下准则：

① 必须遵循农业农村部颁布的与畜禽、水产和蜜蜂养殖用药有关的兽药使用准则。

② 合理选择兽药种类、剂型，严格遵守使用方法和剂量、使用对象和休药期规定。

③ 动物疾病以预防为主，优先使用疫苗预防畜禽疾病，所用疫苗应符合《兽用生物制品质量标准》的规定和无公害养殖标准规定的畜禽兽医防疫准则。建立严格的生物安全体系，防止动物发病和死亡，及时淘汰有病畜禽，最大限度地减少化学药品和抗生素的使用。

④ 必须使用兽药时，应有兽医处方并在兽医指导下进行，确诊疾病和确定致病菌种类后，再对症下药，避免滥用药物。所有兽药必须符合《中华人民共和国兽药典》《兽药规范》《兽药质量标准》《中华人民共和国兽用生物制品质量标准》《进口兽药质量标准》等的相关规定。

⑤ 正确使用符合《中华人民共和国兽药典》《兽药规范》《兽药质量标准》和《进口兽

药质量标准》规定的消毒防腐剂对饲养环境、厩舍和器具进行消毒，同时应符合畜禽无公害养殖饲养管理准则的规定。

⑥ 正确使用《中华人民共和国兽药典》和《兽药规范》规定的，用于生猪、肉牛、肉羊、肉兔、肉鸡、蛋鸡、奶牛等畜禽疾病预防和治疗的中药材和中成药制剂；正确使用国家畜牧兽医行政管理部门批准的微生态制剂及其他预防、治疗疾病和促进动物生长及提高饲料转化率的饲料添加剂，所有添加剂必须符合《饲料药物添加剂使用规范》的有关规定。

⑦ 不使用未经国家畜牧兽医行政管理部门批准的或已经淘汰的兽药和《食品动物禁用的兽药及其它化合物清单》中的药物及其他化合物。

附录　不同动物用药量换算表

1. 不同畜禽用药剂量比例简表

畜别	马 (400kg)	牛 (300kg)	驴 (200kg)	猪 (50kg)	羊 (50kg)	鸡 (1岁以上)	犬 (1岁以上)	猫 (1岁以上)
比例	1	1～1.5	1/3～1/2	1/8～1/5	1/6～1/5	1/4～1/20	1/10～1/16	1/16～1/22

2. 家畜年龄与用药比例表

畜别	年龄	比例	畜别	年龄	比例	畜别	年龄	比例
猪	1岁半以上	1	羊	2岁以上	1	牛	3～8岁	1
猪	9～18个月	1/2	羊	1～2岁	1/2	牛	9～15岁	1/2
猪	4～9个月	1/4	羊	6～12个月	1/4	牛	15～20岁	1/2
猪	2～4个月	1/8	羊	3～6个月	1/8	牛	2～3岁	1/4
猪	1～2个月	1/16	羊	1～3个月	1/16	牛	4～8个月	1/8
马	3～12岁	1	犬	6个月以上	1	牛		
马	15～20岁	1/2	犬	3～6个月	1/2	牛		
马	20～25岁	1/2	犬	1～3个月	1/4	牛		
马	2岁	1/4	犬	1个月以上	1/16	牛		
马	1岁	1/2	犬			牛		
马	2～6个月	1/24	犬			牛		

3. 给药途径与剂量比例关系表

途径	内服	直肠给药	皮下注射	肌内注射	静脉注射	气管注射
比例	1	1.5～2	1/3～1/2	1/3～1/2	1/4～1/3	1/4～1/3

注：以上换算比例为经验计算，因各动物种类、个体对药物的敏感性不同存在差异。

参考文献

[1] 中国兽药典委员会. 中华人民共和国兽药典（2020年版）[M]. 北京：中国农业出版社，2021.

[2] 李春雨，谢淑玲. 动物药理 [M]. 南京：江苏教育出版社，2016.

[3] 赵明珍. 动物药理 [M]. 3版. 南京：江苏教育出版社，2019.

[4] 操继跃. 兽医药物动力学 [M]. 北京：中国农业出版社，2007.

[5] 李端. 药理学 [M]. 5版. 北京：人民卫生出版社，2006.

[6] 沈建忠，谢联金. 兽医药理学 [M]. 北京：中国农业大学出版社，2000.

[7] 全国执业兽医资格考试委员会编写组. 2021年执业兽医师资格考试应试指南（上、下册）[M]. 北京：中国农业出版社，2021.

[8] 沈建忠. 动物毒理学 [M]. 北京：中国农业出版社，2002.

[9] 陈杖榴，曾振灵. 兽医药理学 [M]. 4版. 北京：中国农业出版社，2020.

[10] 郭常文，刘桂丽. 药物制剂技术 [M]. 3版. 北京：中国医药科技出版社，2021.

[11] 贺生中. 宠物药理 [M]. 北京：中国农业出版社，2014.

[12] 许剑琴. 中兽医方剂精华 [M]. 北京：中国农业出版社，2001.

[13] 梁运霞. 动物药理与毒理 [M]. 北京：中国农业出版社，2006.

[14] 张红超，孙洪梅. 宠物药理 [M]. 北京：中国农业出版社，2018.

[15] 蔡年生. 中国抗生素发展纪事 [M]. 北京：中国农业出版社，2022.

[16] 彭雷. 极简新药发现史 [M]. 北京：清华大学出版社，2018.

[17] 周新民. 动物药理 [M]. 北京：中国农业出版社，2001.

[18] 孙志良，罗永煌. 兽医药理学实验教程 [M]. 北京：中国农业大学出版社，2007.